"十三五"国家重点出版物出版规划项目
高分辨率对地观测前沿技术丛书

主编 王礼恒

高分辨率光学遥感卫星微振动测量与抑制技术

王光远 李劲东 杨 冬 编著

国防工业出版社

·北京·

内 容 简 介

本书系统地阐述了遥感卫星所涉及的微振动环境需求,论述了微振动源测试与建模、微振动传递特性和多层级微振动抑制,介绍了微振动地面试验、微振动在轨测量与图像补偿等方面的关键技术、解决方法和设计经验等。本书可供光学遥感卫星工程技术人员参考,也可作为相关专业大学高年级学生和研究生的教材或教学参考书。

图书在版编目(CIP)数据

高分辨率光学遥感卫星微振动测量与抑制技术/王光远,李劲东,杨冬编著. —北京:国防工业出版社,2021.7

(高分辨率对地观测前沿技术丛书)

ISBN 978-7-118-12310-4

Ⅰ.①高… Ⅱ.①王… ②李… ③杨… Ⅲ.①高分辨率—遥感卫星—振动测量—研究 Ⅳ.①V474.2

中国版本图书馆 CIP 数据核字(2021)第 155647 号

※

国防工业出版社出版发行

(北京市海淀区紫竹院南路23号 邮政编码100048)
雅迪云印(天津)科技有限公司印刷
新华书店经售

*

开本 710×1000 1/16 插页 7 印张 19 字数 306 千字
2021 年 7 月第 1 版第 1 次印刷 印数 1—2000 册 定价 128.00 元

(本书如有印装错误,我社负责调换)

| 国防书店:(010)88540777 | 书店传真:(010)88540776 |
| 发行业务:(010)88540717 | 发行传真:(010)88540762 |

丛书学术委员会

主　　任　王礼恒

副 主 任　李德仁　艾长春　吴炜琦　樊士伟

执行主任　彭守诚　顾逸东　吴一戎　江碧涛　胡　莘

委　　员　（按姓氏拼音排序）

　　　　　白鹤峰　曹喜滨　陈小前　崔卫平　丁赤飚　段宝岩
　　　　　樊邦奎　房建成　付　琨　龚惠兴　龚健雅　姜景山
　　　　　姜卫星　李春升　陆伟宁　罗俊　　宁　辉　宋君强
　　　　　孙　聪　唐长红　王家骐　王家耀　王任享　王晓军
　　　　　文江平　吴曼青　相里斌　徐福祥　尤　政　于登云
　　　　　岳　涛　曾　澜　张　军　赵　斐　周　彬　周志鑫

丛书编审委员会

主　　编　王礼恒

副 主 编　冉承其　吴一戎　顾逸东　龚健雅　艾长春
　　　　　　彭守诚　江碧涛　胡　莘

委　　员（按姓氏拼音排序）
　　　　　　白鹤峰　曹喜滨　邓　泳　丁赤飚　丁亚林　樊邦奎
　　　　　　樊士伟　方　勇　房建成　付　琨　苟玉君　韩　喻
　　　　　　贺仁杰　胡学成　贾　鹏　江碧涛　姜鲁华　李春升
　　　　　　李道京　李劲东　李　林　林幼权　刘　高　刘　华
　　　　　　龙　腾　鲁加国　陆伟宁　邵晓巍　宋笔锋　王光远
　　　　　　王慧林　王跃明　文江平　巫震宇　许西安　颜　军
　　　　　　杨洪涛　杨宇明　原民辉　曾　澜　张庆君　张　伟
　　　　　　张寅生　赵　斐　赵海涛　赵　键　郑　浩

秘　　书　潘　洁　张　萌　王京涛　田秀岩

序　言

高分辨率对地观测系统工程是《国家中长期科学和技术发展规划纲要（2006—2020年）》部署的16个重大专项之一，它具有创新引领并形成工程能力的特征，2010年5月开始实施。高分辨率对地观测系统工程实施十年来，成绩斐然，我国已形成全天时、全天候、全球覆盖的对地观测能力，对于引领空间信息与应用技术发展，提升自主创新能力，强化行业应用效能，服务国民经济建设和社会发展，保障国家安全具有重要战略意义。

在高分辨率对地观测系统工程全面建成之际，高分辨率对地观测工程管理办公室、中国科学院高分重大专项管理办公室和国防工业出版社联合组织了《高分辨率对地观测前沿技术》丛书的编著出版工作。丛书见证了我国高分辨率对地观测系统建设发展的光辉历程，极大丰富并促进了我国该领域知识的积累与传承，必将有力推动高分辨率对地观测技术的创新发展。

丛书具有3个特点。一是系统性。丛书整体架构分为系统平台、数据获取、信息处理、运行管控及专项技术5大部分，各分册既体现整体性又各有侧重，有助于从各专业方向上准确理解高分辨率对地观测领域相关的理论方法和工程技术，同时又相互衔接，形成完整体系，有助于提高读者对高分辨率对地观测系统的认识，拓展读者的学术视野。二是创新性。丛书涉及国内外高分辨率对地观测领域基础研究、关键技术攻关和工程研制的全新成果及宝贵经验，吸纳了近年来该领域数百项国内外专利、上千篇学术论文成果，对后续理论研究、科研攻关和技术创新具有指导意义。三是实践性。丛书是在已有专项建设实践成果基础上的创新总结，分册作者均有主持或参与高分专项及其他相关国家重大科技项目的经历，科研功底深厚，实践经验丰富。

丛书5大部分具体内容如下：**系统平台部分**主要介绍了快响卫星、分布式卫星编队与组网、敏捷卫星、高轨微波成像系统、平流层飞艇等新型对地观测平台和系统的工作原理与设计方法，同时从系统总体角度阐述和归纳了我国卫星遥感的现状及其在 6 大典型领域的应用模式和方法。**数据获取部分**主要介绍了新型的星载/机载合成孔径雷达、面阵/线阵测绘相机、低照度可见光相机、成像光谱仪、合成孔径激光成像雷达等载荷的技术体系及发展方向。**信息处理部分**主要介绍了光学、微波等多源遥感数据处理、信息提取等方面的新技术以及地理空间大数据处理、分析与应用的体系架构和应用案例。**运行管控部分**主要介绍了系统需求统筹分析、星地任务协同、接收测控等运控技术及卫星智能化任务规划,并对异构多星多任务综合规划等前沿技术进行了深入探讨和展望。**专项技术部分**主要介绍了平流层飞艇所涉及的能源、囊体结构及材料、推进系统以及位置姿态测量系统等技术,高分辨率光学遥感卫星微振动抑制技术、高分辨率 SAR 有源阵列天线等技术。

丛书的出版作为建党 100 周年的一项献礼工程,凝聚了每一位科研和管理工作者的辛勤付出和劳动,见证了十年来专项建设的每一次进展、技术上的每一次突破、应用上的每一次创新。丛书涉及 30 余个单位,100 多位参编人员,自始至终得到了军委机关、国家部委的关怀和支持。在这里,谨向所有关心和支持丛书出版的领导、专家、作者及相关单位表示衷心的感谢!

高分十年,逐梦十载,在全球变化监测、自然资源调查、生态环境保护、智慧城市建设、灾害应急响应、国防安全建设等方面硕果累累。我相信,随着高分辨率对地观测技术的不断进步,以及与其他学科的交叉融合发展,必将涌现出更广阔的应用前景。高分辨率对地观测系统工程将极大地改变人们的生活,为我们创造更加美好的未来!

王礼恒

2021 年 3 月

前 言

微振动是指航天器在轨运行期间,由于活动部件的运动、管路中工质的流动、进出地影的热冲击等引起的航天器结构小幅度的交变应力或整体的小幅晃动。卫星的微振动会使空间遥感相机光学系统的视轴指向发生抖动,从而造成成像质量下降。通过对微振动进行测量,准确评估其对有效载荷的影响,并采取针对性的振动抑制措施,是获取高分辨率高质量航天遥感图像的关键技术。

随着高分专项的实施,遥感卫星的分辨率进入亚米级,高精密观测载荷越来越多,对外部振动敏感度越来越高,星上活动部件引起的微振动会导致成像产生扭曲或模糊,严重影响卫星应用效能。高分专项实施期间,是微振动技术发展最为迅速的时期,形成了一系列新的理论研究和工程应用成果,解决微振动问题的技术体系也逐渐完备和丰富。近年来我国一系列高分辨率遥感卫星在轨成功应用,标志着我国在高稳定度遥感卫星平台技术方面取得显著进步,特别是对高分辨率成像有关键影响的微振动抑制技术由理论研究走向了工程应用。

本书系统总结了高分二号、高分四号、高分七号、高分八号、高分十一号等高分专项卫星研制过程中为解决微振动问题在建模仿真、高精度测量、减振装置等方面开展的工作,部分技术内容在上述型号中已获得成功应用,在解决图像抖动问题、保障成像质量中发挥了重要作用。

本书结合近年来高分辨率遥感卫星工程实践,系统地阐述了遥感卫星所涉及的微振动环境、微振动源测试与建模、微振动传递特性、多层级微振动抑制、微振动地面试验、微振动在轨测量与图像补偿等方面的关键技术、解决方法和设计经验。随着遥感卫星的分辨率越来越高,对微振动抑制能力的要求也在不断提升。本书基于当前光学遥感卫星微振动技术研究和工程实践所形成的成果编写而成,可以作为后续遥感卫星开展相关工作的参考。

全书共分9章,具体内容安排如下。第1章简要介绍了微振动的概念和内涵，并根据近年来工程实践的情况给出了微振动抑制需求的分级策略及对应的解决思路；第2章从微振动对成像质量影响的分析方法入手，介绍了光学成像载荷对微振动环境的需求；第3章介绍了微振动源特性的建模、分析和测试方法，对卫星上常见活动部件的微振动特性进行了归纳；第4章介绍了微振动仿真分析方法，包括微振动结构传递特性分析和光学－控制－结构多学科耦合分析两个方面；第5章介绍了微振动抑制系统设计方法，重点阐述了隔振装置与柔性结构耦合设计方法，梳理了主/被动减隔振装置类型；第6章给出了针对振源的双状态非线性隔振装置设计方法和工程应用实例；第7章介绍了针对有效载荷的电磁阻尼隔振装置设计方法和工程应用实例；第8章介绍了如何在地面开展系统级试验验证以测试微振动对成像质量的影响；第9章介绍了微振动在轨测量方法以及基于测量数据对图像进行补偿的方法。

  本书主要由王光远、李劲东和杨冬撰写，下列人员提供了部分资料并提出了修改意见：檀傈锰、李婷、倪辰、郑照明月、刘飞虎、关新、崔杰、罗敏、王云杰、王楠、卢广锋、李贞、高行素。在本书写作过程中，得到了清华大学郑钢铁教授及北京航空航天大学程伟教授的悉心指导，许多科研院所和高校同志们也提出了非常宝贵的意见，书中还引用了一些单位的科研成果，在此衷心表示感谢。

  由于笔者的水平、能力和经验有限，书中疏漏和不妥之处在所难免，恳请广大读者批评指正。

作者

2021年2月

目　录

第1章　绪论 ··· 1

1.1　微振动抑制基本概念 ·· 1
1.1.1　微振动抑制需求分析 ·· 4
1.1.2　微振动影响预示 ·· 4
1.1.3　微振动抑制设计 ·· 5
1.1.4　成像质量分析与修复 ·· 7
1.2　微振动问题的典型案例 ·· 7
1.2.1　哈勃太空望远镜 ·· 8
1.2.2　钱德拉 X 射线天文台 ··· 8
1.2.3　太阳动力学观测器 ··· 9
1.2.4　太阳和日球层探测器 ··· 10
1.2.5　詹姆斯－韦伯太空望远镜 ·· 11
1.2.6　地球静止环境业务卫星 ··· 11
1.2.7　中巴资源卫星 ··· 12

第2章　光学成像载荷对航天器微振动环境需求 ·········· 15

2.1　像质评价要素 ··· 15
2.1.1　空间相机成像原理 ··· 15
2.1.2　光学相机性能指标 ··· 16
2.2　微振动对 MTF 影响分析方法 ······································· 18
2.2.1　计算运动 MTF 的经典方法 ···································· 18
2.2.2　计算运动对面阵成像 MTF 影响的半解析法 ·············· 25

2.3 光学载荷对微振动环境需求 ······ 28
2.3.1 面阵成像光学载荷对微振动环境需求 ······ 28
2.3.2 线阵推扫成像光学载荷对微振动环境需求 ······ 31

第3章 微振动源特性分析、测试与建模 ······ 35
3.1 微振动源理论模型 ······ 35
3.1.1 高速转子 ······ 35
3.1.2 低速驱动 ······ 53
3.1.3 往复运动类 ······ 58
3.2 微振动源测试 ······ 61
3.2.1 测量原理 ······ 62
3.2.2 标定方法 ······ 63
3.2.3 失真与校正 ······ 67
3.3 建模与测试实例 ······ 74
3.3.1 动量轮动力学模型参数确定 ······ 74
3.3.2 分析与试验结果对比 ······ 80
3.4 典型微振动源特性 ······ 82
3.4.1 CMG 扰动特性 ······ 82
3.4.2 数传天线扰动特性 ······ 84
3.4.3 SADA 扰动特性 ······ 86
3.4.4 三浮陀螺扰动特性 ······ 88
3.4.5 微振动源比较 ······ 89

第4章 微振动仿真分析方法 ······ 91
4.1 卫星结构微振动传递特性分析 ······ 91
4.1.1 微振动传递的特点与关键问题 ······ 91
4.1.2 微振动传递特性分层测试与模型修正 ······ 93
4.1.3 微振动传递分析的频响子结构法 ······ 95
4.1.4 基于有限元模型的频响子结构法 ······ 96
4.1.5 有限元模型与试验模型混合子结构法 ······ 103
4.2 结构-控制-光学一体化分析方法 ······ 112
4.2.1 控制系统数学模型 ······ 112

  4.2.2 光学灵敏度 ·············· 112
  4.2.3 一体化分析模型 ·············· 113
  4.2.4 模型适用性 ·············· 114
 4.3 整星微振动分析实例 ·············· 115
  4.3.1 有限元模型 ·············· 115
  4.3.2 模态分析 ·············· 116
  4.3.3 平台结构微振动传递特性分析 ·············· 119
  4.3.4 相机微振动响应 ·············· 120
  4.3.5 成像质量预示 ·············· 122
  4.3.6 小结 ·············· 123

第 5 章　多层级微振动抑制方案设计 ·············· 124

 5.1 微振动抑制方案设计方法 ·············· 124
  5.1.1 减振方案选取 ·············· 124
  5.1.2 传递路径设计 ·············· 125
  5.1.3 微振动源抑制 ·············· 126
  5.1.4 降低有效载荷敏感性 ·············· 128
 5.2 隔振装置与柔性结构耦合设计 ·············· 129
  5.2.1 线弹性隔振器与柔性结构耦合设计 ·············· 130
  5.2.2 非线性隔振器与柔性结构耦合设计 ·············· 138
 5.3 减振装置的主要类型 ·············· 157
  5.3.1 被动减振 ·············· 157
  5.3.2 半主动隔振 ·············· 159
  5.3.3 主动隔振 ·············· 159
  5.3.4 混合隔振 ·············· 160
  5.3.5 智能作动器 ·············· 160

第 6 章　微振动源非线性隔振设计 ·············· 162

 6.1 双状态非线性隔振设计方法 ·············· 162
  6.1.1 隔振器力学模型 ·············· 162
  6.1.2 在轨状态参数选择 ·············· 164
  6.1.3 发射段参数选择 ·············· 164

  6.1.4　设计实例与参数讨论 ······ 166
 6.2　全金属阻尼 CMG 隔振设计 ······ 169
  6.2.1　金属橡胶元件力学特性建模 ······ 169
  6.2.2　隔振装置设计实例与验证 ······ 181

第 7 章　有效载荷涡流阻尼隔振设计 ······ 196

 7.1　含有效载荷隔振器的整星动力学建模 ······ 196
  7.1.1　相机隔振简化模型 ······ 196
  7.1.2　相机隔振效果评价 ······ 197
 7.2　涡流阻尼器的理论模型 ······ 198
  7.2.1　涡流阻尼机理 ······ 198
  7.2.2　阻尼器结构 ······ 200
  7.2.3　磁场的计算 ······ 200
  7.2.4　阻尼力的计算 ······ 204
 7.3　涡流阻尼器特性测试与分析 ······ 205
  7.3.1　试验参数 ······ 205
  7.3.2　试验结果 ······ 206
  7.3.3　结果分析 ······ 208
 7.4　涡流阻尼隔振器设计实例 ······ 212
  7.4.1　设计方案 ······ 212
  7.4.2　试验验证 ······ 214

第 8 章　微振动对成像质量影响地面试验验证 ······ 216

 8.1　试验方案设计 ······ 216
  8.1.1　试验需求分析 ······ 216
  8.1.2　试验误差源分析 ······ 218
  8.1.3　试验项目设计 ······ 219
 8.2　自由边界模拟方法 ······ 220
  8.2.1　自由边界模拟需求分析 ······ 220
  8.2.2　线性弹簧边界 ······ 220
  8.2.3　近零刚度边界 ······ 227

  8.3 微振动测量方法 ·· 243
    8.3.1 面向成像质量的微振动测量需求分析 ················· 243
    8.3.2 基于模拟光路的像移测量 ································ 244
    8.3.3 激光反射式角振动测量 ··································· 247
    8.3.4 基于分布式角振动传感器的像移测量 ················ 249
  8.4 地面微振动试验实例 ·· 249

第9章 微振动在轨测量与图像补偿 ····························· 253

  9.1 微振动在轨测量系统及应用 ·································· 253
    9.1.1 系统组成 ··· 253
    9.1.2 加速度测点布置方法 ····································· 255
    9.1.3 角振动传感器配置方法 ·································· 255
    9.1.4 测量项目 ··· 255
  9.2 基于遥测数据的动力学分析与设计 ························ 256
    9.2.1 多扰动源信号分离与反演 ······························· 256
    9.2.2 空间环境下复杂结构动力学特性识别 ··············· 259
  9.3 基于在轨测量的图像补偿 ····································· 262
    9.3.1 在图像质量评估的应用 ·································· 263
    9.3.2 在图像辐射质量校正中的应用 ························· 264
    9.3.3 在图像几何质量校正中的应用 ························· 268

参考文献 ··· 274

第1章 绪 论

随着高分专项的实施,我国一系列亚米级遥感卫星在轨成功应用,标志着我国在高稳定度遥感卫星平台技术方面的显著进步,特别是对高分辨率成像有关键影响的微振动抑制技术由理论方法研究走向了工程应用。通过近年来的工程实践,逐步形成了一套行之有效的微振动问题系统解决方案,在微振动分析预示、试验验证、减振方法、在轨测量等方面积累了丰富的理论成果和工程经验。

随着未来空间观测载荷的性能提升,对卫星微振动抑制能力的需求越来越高。微振动抑制指标每提高一个量级,都会带来建模仿真、高精度测量、减振装置等多方面的理论与技术挑战,需要付出巨大的工程代价。因此,对微振动抑制指标进行分级,有针对性地采取适当的系统解决方案,对于工程型号具有重要价值。同时,以系统工程的视角对微振动抑制的核心问题进行分析,准确判断影响系统能力提升的关键技术,是牵引专业理论研究和专项技术开发的基本方法。

本章依据近年来国内外微振动抑制技术工程实践的情况,对微振动抑制需求进行了分级,给出了每级所面临的关键问题及对应的系统解决策略,系统性地阐述了解决微振动问题的一般性工程方法以及需要重点关注的技术问题,并根据公开发表的文献,搜集整理了一些微振动问题的典型案例。

1.1 微振动抑制基本概念

卫星的微振动会导致空间遥感相机光学系统的视轴指向发生抖动,从而造成成像质量下降。为了解决这一问题,需要对微振动进行测量,准确评估其对有效载荷的影响,并采取针对性的振动抑制措施。一般而言,完整的工程实施流程包括微振动环境需求分析、微振动源测试与建模、微振动传递特性设计、多层级微振动抑制、微振动地面试验、微振动在轨测量与图像补偿等方面。

微振动是直接影响系统任务成败的要素之一,与系统方案耦合度强,系统方案的优化对微振动抑制往往会起到事半功倍的效果。在系统方案设计初期,需要开展多学科一体化的协同设计,并开展必要的迭代。微振动问题是系统级的问题,需要系统总体与控制、结构、力学、光学等多个专业密切配合。系统总体根据任务目标确定微振动抑制需求,制定研制流程,开展跨学科技术协调。微振动抑制工作内容包括:①研制与任务需求指标匹配的振动抑制装置;②开展全面的组件级和子系统级地面测试;③建立多学科一体化分析模型进行微振动预示;④开展系统级微振动传递及响应特性试验验证;⑤开展在轨测量与测试并修正分析模型。

有效载荷敏感度不同,所需要的微振动抑制指标也会存在较大差异,在系统方案设计、分析、验证等多方面的需求也不相同。根据近年来国内外高精度观测卫星的实践经验,微振动抑制系统方案可根据指向稳定度指标分为6级。

(1)第一级:大于$100''$。一般不需要采取特殊措施即可实现,微振动抑制指标有较大裕度,不需要开展系统级试验验证。姿态控制系统需考虑柔性附件的影响,选取适当的控制参数。

(2)第二级:$10''\sim100''$。若系统设计不当,有效载荷可能会受到微振动影响。需开展仿真分析,并通过部件级试验对模型进行修正,以确认系统具有足够的裕度。对动量轮、控制力矩陀螺(CMG)等的不平衡量需要进行精细控制。

(3)第三级:$0.1''\sim10''$。微振动对任务成败会产生关键性影响。设计过程中,需采用仿真分析进行参数优化和指标确认,对仿真模型的准确度有较高要求。应开展部件级、组件级试验对分析模型进行修正与确认,若有条件还应当开展系统级试验。在建模分析过程中应引入不确定度系数以保证系统指标有适当的裕度。动量轮/CMG需进行必要的筛选以进一步降低其不平衡量。对于制冷机也需要进行隔振处理。

(4)第四级:$0.01''\sim0.1''$。实现这一指标具有一定的难度,需要开展深入细致的系统设计与状态控制。除第三级各项措施外,必须开展系统级试验验证对分析模型进行修正与确认。有必要时,可考虑采用隔振装置对动量轮/CMG等主要振源进行减振。

(5)第五级:$0.001''\sim0.01''$。该指标对系统设计与状态控制有较高要求。研制各阶段,均需开展仿真分析确认系统指标的满足度。必须开展系统级试验,且应采用分布式测量系统对光路的宽频抖动进行测量,直接建立机械振动与光学抖动间的关联关系。可配置振源与有效载荷两级隔振装置、有效载荷主动补偿装置等振动抑制装置。某些任务中可能将动量轮/CMG 替换为冷气微推力器。

（6）第六级:0.0001″~0.001″。针对这一级别,应从系统设计角度尽量避免使用活动部件,如采用冷气微推进作为姿控执行部件,以降低微振动抑制设计的难度。

微振动抑制本质上是通过对传递路径的调整和适配,使扰动能量耗散或重新分配,从而降低由扰动源传递至有效载荷的振动幅值。针对微振动抑制设计与验证的需求,需要从扰动源、传递路径和有效载荷 3 个方面开展工作,着重解决以下 3 个问题。

（1）微振动对有效载荷工作性能有没有影响?

（2）如何避免微振动对有效载荷工作产生影响?

（3）有效载荷受到微振动影响以后如何处理?

针对问题(1),首先需要明确有效载荷能够容忍的微振动环境,对所允许的微振动频率、幅值进行定量分析;然后通过部件层、系统层的一系列分析与试验对星上的微振动响应进行预示,从而判断有效载荷的受扰程度。如果有效载荷工作性能可能受到显著影响,则需要考虑问题(2),通过系统级动力学设计和减隔振装置研制对星上的微振动环境进行控制,尽量将其降低至有效载荷允许的范围内。如果采取振动抑制措施后,有效载荷工作过程中仍受到残余振动的影响,则需要考虑问题(3),采取在轨测量与图像修复的方法,对受扰的图像进行补偿校正。

对于工程型号而言,往往针对这 3 个问题同步开展工作,而非串行工作。当型号研制进行到一定阶段后,对多种设计方案进行确认分析后,最终决定设计状态。一般而言,微振动抑制工作流程如图 1-1 所示。

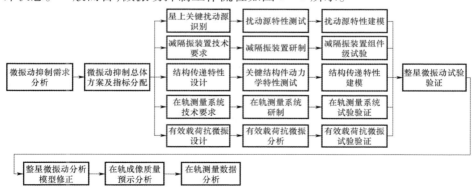

图 1-1 微振动抑制工作流程

1.1.1 微振动抑制需求分析

微振动对成像质量的影响主要包括4个方面：

（1）相机整体晃动造成视轴(Line of Sight，LOS)指向发生抖动，在焦平面形成像移；

（2）相机内部各光学元件相对运动造成光路变化，在焦平面形成像移；

（3）不同视场LOS晃动不一致，导致图像畸变；

（4）相机光学元件发生微变形，造成波相差变化。

应当根据有效载荷的设计方案和成像方式，对成像质量受扰的主要模式进行辨识。对于影响较大的方面进行重点控制，提出微振动抑制需求指标。

对于大型空间相机，其整体结构基频一般会与扰动源的主要特征频率交叠，受到微振动激励时，易发生各光学元件的相对运动。同时，由于相机重量较高，星体结构对相机的支撑频率较低，受到微振动激励时，相机整体可能相对卫星本体运动。这两项均造成视轴抖动，进而在焦平面形成像移，使成像质量下降。

视场不同位置的LOS不同程度的晃动主要影响图像畸变，畸变的大小与光学系统的设计直接相关，一般而言微振动引起的图像畸变较小，可以忽略。

微振动能量很小，光学镜面的刚度一般较高，而且与主承力结构相连，部分镜面有应力卸载环节，因此微振动对镜面面型的影响十分微小，一般可不考虑。

航天器姿态变化带来的LOS晃动，可利用控制系统的姿态稳定度指标对其约束。因此，微振动抑制需求分析主要集中在两个方面：

（1）微振动造成光学相机内部光学器件相对运动和绝对运动造成的LOS晃动指标分析；

（2）微振动造成的图像畸变指标分析。

根据公开的文献，国外的遥感卫星和空间试验室，如Geoeye、SDO、Skylab，对微振动抑制需求的提法包括两个方面：

（1）功率谱密度曲线的上限，为一条曲线；

（2）总均方根，为一个数值。

针对这一问题，需要开展微振动抑制需求分析方法研究，建立微振动抑制需求指标体系。

1.1.2 微振动影响预示

微振动对成像质量影响预示的目的是：①在型号研制的方案阶段，理清卫星上存在的微振动源及其动态特性,分析微振动经过结构传递到光学相机敏感部位的动态响应,评估动态响应对光学相机性能的影响,并根据评估微振动对成像质量的影响,由此确定整星的微振动隔振方案。②在型号研制的初样阶段,利用微振动源电性件、结构星等能够反映微振动相关特性的产品进行微振动试验,以验证和修正方案阶段的分析结果,并最终确认相关产品的技术指标。③在型号研制的正样阶段,对微振动源正样件、卫星正样件等进行微振动试验,以确保相关产品符合设计指标要求,从而保证系统成像质量相关性能指标符合预定战术技术指标要求。

微振动对图像质量影响预示主要分为两个部分:一是分析工作;二是试验工作。不同阶段分析工作的目的略有不同。试验方案设计阶段,分析工作主要目的是利用数学手段了解微振动源、微振动传递以及微振动对成像质量影响的基本情况,并以此指导试验方案设计;在试验完成之后,分析工作主要目的是根据试验结果,对微振动响应的数学模型进行修正,并通过分析手段模拟在轨工作情况,预测微振动对成像质量的影响。

在型号研制的不同阶段,试验工作的目的也略有差别,初样阶段试验工作主要目的是通过试验手段确定微振动源动态特性、卫星结构对微振动传递动态特性和微振动响应对成像质量的动态特性,并根据上述试验结果结合分析工作确定在轨正常工作情况下微振动是否影响到光学相机成像,影响到何种程度,应该利用何种手段降低这种影响,以及利用试验验证这些手段的有效性和可靠性。在正样阶段,试验工作主要目的是了解正样产品微振动相关动态特性是否满足指标要求。

1.1.3 微振动抑制设计

根据公开的资料,国外遥感卫星已经采用的微振动抑制装置包括振源隔振器、有效载荷隔振器、柔性附件阻尼器等 3 种类型,微振动源及稳像措施频谱分布如图 1-2 所示。

振源隔振器包括动量轮隔振器、CMG 隔振器等,安装于动量轮/CMG 单机或总成与星体结构之间,用于隔除动量轮/CMG 传递至星体的高频振动。哈勃望远镜采用了霍尼韦尔公司的 D-Strut 进行动量轮单机隔振,WorldView-II 在 CMG 安装支架和服务舱主承力梁之间安装了全向隔振器,Chandra X-ray 观测器为每个动量轮安装了 Stewart 隔振平台,对动量轮进行单机隔振。由于动量轮/CMG 对控制力矩的传递有特殊要求,同时为了避免引起转子异常振动,这类隔振器一般隔振频率不能太低,一般在15Hz以上。

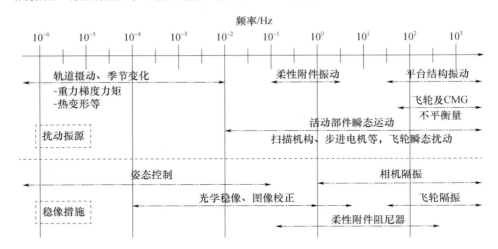

图1-2 微振动源及稳像措施频谱分布

有效载荷隔振器安装于成像设备与星体结构之间,这类隔振器频率一般较低,以达到更宽的有效频段。由于刚度较低,在发射时应采用发射锁将其锁死,避免在发射过程中变形量过大,造成结构破坏。1996年发射的Tacsat-2卫星采用改进型的D-strut连接光学载荷和服务舱,哈勃望远镜在1997年的STS-82维护任务中为近红外相机/多目标光谱仪(NICMOS)安装了低频被动隔振器,采用了基于磁涡流机理的M-Strut,从而避免D-Strut可能引起的流体泄漏和卡死等问题。在James Web太空望远镜的设计方案中,采用4个柔性阻尼杆连接光学载荷和卫星平台,隔振频率约为1Hz。

柔性附件阻尼器连接于柔性附件根部与星体结构之间,用于提高柔性附件的阻尼水平。哈勃望远镜的太阳翼根部采用了阻尼器与星体连接,使太阳翼的弯曲模态阻尼比上升到3%以上,有效降低了其晃动幅值,提高了姿态稳定度。

对于具体的卫星,减振方案的设计首先与其构形布局密切相关。卫星的机械结构除满足承载要求外,还应当能够衰减由振源传递至有效载荷的微振动。振源设备和敏感设备的布局应充分考虑平台结构的动力学特性,同时还应根据布局形式选取适当的振动抑制装置。对于振源设备而言,减隔振装置的设计还应当考虑与活动部件的动力学耦合,以避免对其运动平稳性产生影响。对于有效载荷而言,在有效载荷与星体结构之间加入隔振装置,使有效载荷悬浮安装,在起到隔振作用的同时,还可释放有效载荷与星体结构之间热变形不协调形成的热应力,改善载荷视轴与姿态敏感轴之间的夹角稳定度。因此,有效载荷隔振应与热稳定性统筹考虑。

1.1.4 成像质量分析与修复

微振动对成像质量的影响效果与有效载荷特性直接相关。对成像质量在微振动作用下的退化模式和退化程度进行分析,是确定微振动抑制需求的基础,也是评价微振动对成像质量影响的主要途径。实时测量成像过程中有效载荷的微振动,并根据振动数据进行图像的修复和后处理,是改善图像质量的手段之一。

对于相机整体运动引起的 LOS 晃动造成的像移,可由相机的基本参数直接计算得到。而对于相机内部各光学元件间相对运动引起的像移,则需要开展光机耦合分析。

微振动传递至相机结构后,引起相机的动力学响应,其响应的形态和幅度,与自身的力学特性直接相关。通过动力学响应分析或试验,可获得特定频率下相机的响应模式,进而得到该模式下各光学元件的相对运动。在给定激励频率和激励幅值后,可得到各光学元件相对运动的完整规律。

光学元件的相对运动所引起的像移分析,相对于相机整体运动而言,更为复杂。这与相机的光学系统设计直接相关。对于同轴三反系统,像移量对不同镜面的运动量敏感度有较大差异。因此,在通过力学分析或试验获得各光学元件的运动规律后,还应将其代入光学模型分析光路的变化情况,进而确定像移量,定量分析成像质量的退化程度。

在对微振动抑制设计进行分析或试验验证时,需要通过光机耦合分析才能最终定量确定成像质量受影响的程度。

通过高精度角位移测量系统测量相机的抖动量,进而建立与 LOS 抖动的关系,为图像的几何校正和模糊修复提供基础数据,采用后处理的方法实现成像质量的提升是一种新的技术手段。

1.2 微振动问题的典型案例

根据公开发表的文献,本节选取了 7 个典型的航天器,对其在微振动方面的工作进行了简要总结,供读者参考。

1.2.1 哈勃太空望远镜

哈勃太空望远镜(HST)于 1990 年 4 月 25 日由"发现"号航天飞机发射入轨。HST 要求在观测天体长时间曝光的同时保证严格的视轴稳定性。在最严格的成像条件下,视轴指向变化在 24h 内不超过 0.007″。HST 的指向控制系统(PCS)针对太阳翼和平台-载荷耦合弯曲模态进行了针对性设计。在研制过程中 HST 投入了大量资源进行在轨微振动预示,主要工作集中于扰动源建模和测试,以及对成像质量受扰的仿真分析。主结构模态频率与控制系统带宽也采取了隔离设计。为验证微振动的影响,每台动量轮的飞行产品都进行了扰动特性测试,并研制了全尺寸结构动力学试验模型,开展了系统级微振动试验。试验时,对整器采用了弹性悬吊边界,为了实现所需的测试环境,试验场地周边的街道都禁止车辆通行。

在 HST 入轨后不久,就发现其有效载荷无法正常工作。除发现主镜存在光学缺陷外,飞行遥测数据表明 HST 的姿态受到了较大扰动,在进出地影时最为明显。经详细分析后确定,扰动主要来自太阳翼的热致振动。针对这一问题,HST 重新设计了指向控制系统,对控制计算机的参数进行了重新配置,使姿态稳定度在大部分时间都能够满足要求。通过对控制系统的重新设计和验证,掌握了大量的飞行数据,对航天器在轨动力学行为的了解越来越多,对仿真模型也进行了修正。在设计控制器的过程中,采用了实际飞行数据来模拟太阳翼施加到平台上的干扰,最大限度地利用了实测数据。

为了矫正主光学系统的缺陷,在光路中加入了矫正镜,针对光学系统变化,美国国家航空航天局(NASA)开展了大量的在轨抖动性能测试,以保障成像质量。

在任务的后期,近红外相机和多目标光谱仪(NICMOS)制冷机的微振动问题浮出水面。该制冷机于 2002 年 3 月在 HST 服务任务 3B 中安装。在所有扰动源都处于活动状态的情况下,地面测试和分析预测表明,制冷机将是影响成像质量的主要振源。因此,针对制冷机开展了大量的测试,获取了制冷机扰动幅值的量化数据,并将此数据代入全柔性仿真模型,对成像受扰程度进行量化评价。

1.2.2 钱德拉 X 射线天文台

钱德拉 X 射线天文台(CXO)于 1999 年 7 月入轨,其主要任务是观测宇宙空间的 X 射线。钱德拉项目组在其关键设计评审中发现,由于动量轮不平衡量引起的干扰太大,将影响有效载荷工作,满足观测载荷抖动要求的唯一方法是对动量轮进行隔振。在项目早期的仿真分析中,该问题一直未暴露出来。在关键设计前,各子系统更新了模型,并重新进行了仿真分析,才发现此问题。这一经验表明,需要在分析预测中包含足够的不确定性,以避免后期的设计反复。钱德拉针对动量轮采取了被动隔振装置,并开展了大量的测试工作。

1.2.3 太阳动力学观测器

太阳动力学观测器(SDO)任务的目标是探测太阳的变化及其对太阳系的影响。SDO 搭载了 3 种观测仪器进入地球同步轨道:日球层磁场观测仪(HMI)、大气成像仪(AIA)和极紫外成像仪(EVE)。SDO 的基本任务是在 5 年任务中长时间观测太阳,并以恒定的高数据速率传输到专用地面站。SDO 任务对其太阳观测仪器指向有非常严格的指向抖动要求。SDO 上的 AIA 和 HMI 科学仪器都对高频指向扰动敏感,并具有亚弧秒级 LOS 抖动要求。这些严格的任务要求是整器设计的主要考虑要素。每个科学仪器都配备了一个图像稳定系统(ISS),具有一定的补偿高频运动的能力。在 ISS 的带宽之下,控制系统本身必须抑制控制带宽内的干扰。

在项目初期,将动量轮干扰模型代入整器结构有限元模型进行分析,验证能否满足有效载荷指向稳定度要求。这一分析结果为项目组开展动量轮对比选型提供了支撑,最终从两种动量轮中选出了一种扰动影响较小的作为飞行件。

SDO 还开发了一种新的天线指向控制算法,以减小高增益天线转动引起的指向抖动。SDO 的科学仪器需要精确的指向太阳,并且具有非常低的抖动容限。分析表明,天线的标称跟踪和回转运动引起的抖动超过指标要求。因此,高增益天线的指向控制算法进行了有针对性的改进设计,以减轻抖动。

由于在 SDO 上的 AIA 和 HMI 科学仪器都对抖动引起的模糊非常敏感,NASA 戈达德太空飞行中心(GSFC)进行了大量的建模和分析工作。为了验证扰动模型并在发射前验证微振动抑制性能,NASA GSFC 及其供应商针对多种关键部件开展了测试。尽管进行了详细的分析和系统级测试以提高微振动预测的精度,仍有多项不确定性因素:结构有限元模型与试验数据在 50Hz 以上吻合度不高;ISS 的性能无法直接测试,只能依靠分析模型;正样系统级微振动试验受到多种因素影响可能无法实施,如时间、成本、操作风险等。考虑到这些不确定性,项目组除了在设计指标上留出一定余量之外,还设计了一些有针对性的减振措施。由于其中一些措施会对动量轮和高增益天线等关键部件的工作性能造成影响,SDO 开展了在轨抖动测试,以确定为了满足微振动指标要求,需要实施哪些措施。在轨测试主要目的包括①确定观测模式下可接受的动量轮工作速度范围;②确定高增益天线控制算法的参数;③确定 EVE 仪器滤光轮的可接受旋转速率;④确定 AIA 仪器滤光轮是否激发 AIA 结构的一阶模态。

1.2.4 太阳和日球层探测器

太阳和日球层探测器(SOHO)是欧空局和 NASA 的合作成果,于 1995 年 12 月发射入轨。SOHO 对微振动抑制提出的指标为有效载荷视轴抖动峰值低于 0.3″。考虑到 20 世纪 90 年代初在微振动抑制方面有限的经验和知识基础,这一指标在当时非常有挑战性。为应对这一挑战,SOHO 开展了一系列专题工作。通过对卫星结构开展模态测试,对整器结构的有限元模型进行修正,提高其置信度。通过部件级测试获取各扰动源的特性,最终识别最主要的扰动源为动量轮,同时有效载荷内的扫描、调焦和转动机构也是不可忽视的扰动源。基于扰动源数据和有限元模型开展了微振动响应分析,并以此为基础分配了微振动抑制指标。

1995 年 2 月,SOHO 开展了正样系统级微振动试验,各个微振动源顺序开机,测量了有效载荷上的抖动。研究团队认为 150Hz 以上有限元模型的有效性存在问题,因此在试验中重点关注了这一频段的抖动数据。试验模型采用弹性悬挂将重力影响降到最低,模拟在轨自由边界条件。此次试验获取的测试数据与分析预测有很好的相关性,所存在的偏差也都是符合预期的。值得注意的是,这次试验数据表明,150Hz 以上的振动引起的有效载荷抖动幅值非常小。

SOHO 入轨后,通过对迈克尔逊多普勒成像仪(MDI)的图像稳定系统(ISS)遥测信号进行分析,获取了在轨微振动响应。MDI 的 ISS 采用高带宽的伺服电机,驱动摆镜进行光学稳像。SOHO 的下行遥测信号中包括对伺服电机电流的测量,采样频率为 512Hz。伺服电机的电流直接反映了 MDI 视轴抖动的水平。在地面试验期间,对 MDI ISS 伺服信号进行了系统校准,并在地面测试环境中进行了测试。然而,这种使用 MDI ISS 进行在轨微振动测量的技术存在局限性。由于动量轮变速期间,MDI 不工作,这种方法只能获取动量轮在某些特定转速下的数据。将飞行中的微振动数据与发射前分析抖动预测和地面测试结果进行比较,显示抖动水平总体上相近。然而,在一些仪器中,在轨视轴抖动远小于微振动分析预测结果。造成这些差异的原因有两个:一是分析过程中采用了最差情况的假设;二是实际结构的动力学耦合弱于分析模型。

SOHO 在微振动方面开展的工作具有很强的系统性,ESA 和 NASA 都从中汲取了一些重要的经验教训,为微振动抑制技术的发展建立了坚实的基础。SOHO 的经验表明,全面掌握干扰谱及其对有效载荷的影响非常重要。往往只有通过试验才能判断这些干扰对指向稳定性的影响,并确定有效载荷是否存在局部结构耦合造成干扰放大。有限元模型可以作为判断敏感频率的参考,但在定量分析微振动传递方面存在很大的不确定性。这种不确定性主要来自于对跨结构界面(如接头、铰链、支架等)的能量传输认识不足。开展系统级微振动试验,测量微振动传递和微振动响应,是获取整星复杂动力学耦合特性的必要手段。一般而言,仿真分析应该是保守的,实际飞行性能应当比预期的更好,才能保证航天器可靠工作。但是,SOHO 的经验表明,微振动分析往往无法反映出结构模态被激发的原因,特别是各种干扰源的高频谐波分量。因此,系统级的微振动试验就非常必要。

1.2.5　詹姆斯-韦伯太空望远镜

詹姆斯-韦伯太空望远镜(JWST)对视轴指向稳定度的要求是抖动峰值不超过 0.0037″。为实现这一目标,JWST 采用了两级指向控制和两级被动隔振。姿态控制系统采用了 6 个动量轮、3 个星敏感器和 6 个陀螺仪实现粗指向控制,使太阳翼指向太阳、高增益天线指向地球。为了实现更精细的指向,在集成科学仪器模块(ISIM)中配置了精细制导传感器(FGS)和精密指向镜(FSM),在姿态控制的基础上,对光轴进行二级指向控制,以提升其稳定度。JWST 在每个动量轮与航天器平台之间都安装了 7Hz 的被动隔振器,并且在航天器平台和有效载荷之间安装了 1Hz 的塔式隔振器。动量轮采用了偏置控制模式,将标称转速偏置到 2700r/min,在姿态控制过程中,动量轮转速引起的工频振动在 15~75Hz 范围内变化,避免与隔振装置发生频率耦合。

1.2.6　地球静止环境业务卫星

地球静止环境业务卫星 GOES-16 由美国国家海洋和大气管理局(NOAA)和 NASA 共同主导,由洛克希德·马丁公司设计和制造。GOES-16 于 2016 年 11 月 19 日发射,体现了对地球和太阳天气观测能力的巨大飞跃。

GOES-16 对微振动的敏感频段为 0～512Hz，星上干扰源包括动量轮、推力器、转动机构等，其敏感载荷为地球指向平台(EPP)。为了最大限度地减少这些干扰的影响，整星采取了两级被动隔振设计。首先，EPP 通过霍尼韦尔公司的 D-Strut 隔振器安装为卫星平台上，可在 6 个自由度上衰减 5Hz 以上的振动。同时，采用了 Moog CSA 公司隔振器安装于动量轮与卫星平台之间，隔离主要振源传递至星上的振动，并采用 Kistler 公司的六分量测力平台对其效果进行了测试。为了验证隔振措施的有效性，对 4 种状态的微振动响应进行了分析：①无隔振；②仅 EPP 隔振；③仅动量轮隔振；④两级隔振。分析结果表明，两级隔振时，EPP 指向抖动幅度小于 $1\mu rad$。GOES-16 入轨后的测试结果表明，其在轨表现与微振动分析结果基本一致。

1.2.7 中巴资源卫星

中巴资源卫星(CBERS-4)在研制过程中进行成像测试，发现可见光相机图像出现抖动。在卫星结构的关键部位安装传感器，测试其振动响应，最终确定振源为红外扫描仪的扫摆机构，通过试验测得了扰动振源的激励幅值和频谱分布，扫摆频率为 5Hz，扰动力矩为 $0.85N\cdot m$ 的连续正负脉冲，频谱成分主要为 5Hz 及其奇数次倍频。

扰动振源和受扰设备共用一块舱板，通过调整结构改善微振动响应的效果有限，需要加入减振装置对微振动进行抑制。红外扫描仪除影响可见光相机成像外，对另外两台成像设备都有不同程度的扰动，因此考虑在红外扫描仪和星体结构之间安装隔振器，隔除传递至星体的扰动力矩，从而改善 3 台受扰成像设备的图像质量。隔振器的参数选择主要考虑到以下 3 个因素：

（1）扰动载荷的频率下限为 5Hz，根据隔振理论，隔振频率在 2.8Hz 以下时才能起到隔振效果；

（2）隔振频率不能小于 1Hz，以避免与控制系统频率和柔性附件频率接近而发生耦合振动；

（3）红外扫描仪既是振源设备，又是成像设备，加入隔振器后红外扫描仪本身的晃动量应在允许的范围内。

根据仿真计算结果，隔振器参数最终选择为隔振频率 1～2Hz，阻尼系数 $50N\cdot s/m$ 以上。根据前面所述微振动抑制装置的设计要求和各种阻尼机理对比分析的结论，选取无间隙全向金属弹簧和涡流阻尼器并联组成隔振器。根据卫星结构空间和安装要求，采用 4 个安装脚直列安装的形式。

采用记忆合金驱动解锁器在主动段对隔振器进行防护。在发射段锁定,由发射锁承受主动段载荷;入轨后释放,由隔振器连接红外扫描仪和星体结构。

由于隔振器频率较低,刚度较小,地面试验时,在红外扫描仪自重作用下会丧失有效行程,与在轨状态不一致。因此,采用超低频悬吊装置对红外扫描仪进行悬吊:一方面消除重力对隔振器的影响;另一方面使红外扫描仪处于接近自由边界状态。试验中采用了机械式超低频悬吊系统,悬吊频率为 0.35Hz 左右。微振动试验示意图如图 1-3 所示,分别进行有隔振和无隔振两种状态测试。

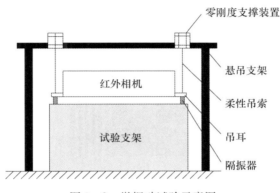

图 1-3 微振动试验示意图

比较加入隔振器前后可见光相机安装面加速度,如图 1-4 所示。加入隔振器后,最高峰频率为 25.6Hz,峰值由原来的 $1.71 \times 10^{-6} g^2/Hz$ 降低为 $4.76 \times 10^{-9} g^2/Hz$,下降了 0.28%;次高峰频率为 15.7Hz,峰值由原来的 $5.33 \times 10^{-8} g^2/Hz$ 降低为 $3.76 \times 10^{-9} g^2/Hz$,下降了 7.05%。在高频段,加速度曲线下降更为明显。造成可见光相机图像扰动的主要微振动成分得到了有效隔离,光学系统的振动环境得到明显改善。

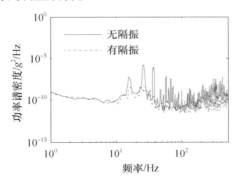

图 1-4 可见光相机安装面加速度

对比红外扫描仪开机时,加入隔振器前后可见光相机的成像效果,如图 1-5 所示。可见,加入隔振器后,图像质量得到明显改善。在加入隔振器之前,可见光相机图像抖动幅度约为 30 像元(pixel)。加入隔振器后,可见光相机图像未见明显抖动,抖动幅度下降至 0.5 像元以内。

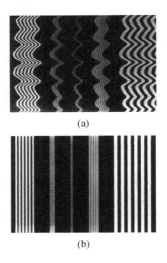

图 1-5 可见光相机图像

(a)未隔振;(b)隔振后。

第 2 章
光学成像载荷对航天器微振动环境需求

2.1 像质评价要素

2.1.1 空间相机成像原理

空间相机由光学系统、探测器、结构、电子设备等部分构成。其工作的基本原理是，光学系统将无穷远处目标发出的平行光会聚为像点，首先由探测器接收并转换为电信号，然后完成采集、处理、传输等工作。

如图 2-1 所示，假设对地观测卫星运行的轨道高度为 H，卫星上的空间相机光学系统焦距为 f'，探测器位于光学系统的焦平面上。此外，描述光学系统右侧即像空间的变量均以上标"'"加以标识。

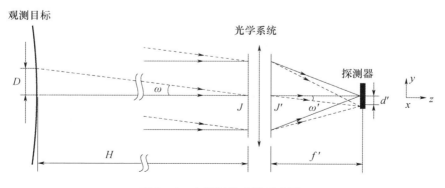

图 2-1 空间相机成像示意图

图中，J 与 J' 分别代表光学系统的物方与像方节点，其特点是经过物方节点 J 的入射光线出射时必经过像方节点 J'，且出射光线与入射光线平行，即

$$\omega = \omega' \tag{2-1}$$

地面与视场中心距离为 D 的目标点，经光学系统成像后形成的像点与探测器中心的距离与为 d'。由几何关系可得

$$\begin{cases} \tan\omega = \dfrac{D}{H} \\ \tan\omega' = \dfrac{d'}{f'} \end{cases} \tag{2-2}$$

由式（2-1）和式（2-2）可得物高与像高关系式为

$$\dfrac{d'}{f'} = \dfrac{D}{H} \tag{2-3}$$

使用式（2-3），可以方便地根据探测器像元尺寸换算出空间相机的地面分辨率，也可以根据外部扰动引起的探测器处的像移量换算出与之对应的地面距离。

卫星的姿态晃动、相机的结构振动等因素均会导致相机光学系统的成像点在探测器平面上与标称位置发生偏离，这里称为像移。像移映射至物方则表现为空间相机视场中心与地面的标称目标位置发生偏离，这里称为视线偏移，高频的视线偏移可以称视线抖动。

一般来说，低分辨率相机具有孔径小、焦距短、结构固有频率较高的特点，相对于卫星平台而言其结构刚度较大，在扰振载荷作用下的动力学响应以相机整体运动为主。而对于大孔径、长焦距的高分辨率相机，其结构固有频率较低且较为密集。在扰振载荷作用下，除相机整体运动外，结构动态变形引起的各光学元件及探测器之间的相对运动也会对像移产生不可忽略的影响。

2.1.2　光学相机性能指标

图 2-2 给出了视线运动可能导致的两种形式的图像质量下降情况。视线的低频晃动会造成图像扭曲，而高频抖动则会造成图像模糊。一般来说，这两种形式的图像质量下降同时存在，它们会降低遥感卫星的定位精度与分辨能力，使其无法发挥应有的效能。

视线低频晃动引起的图像扭曲虽然可以通过一些图像处理的方法结合姿态数据进行校正，但仍然是不希望出现的。图像扭曲程度可以采用特定时间段

内像移量的峰峰值来评价。

视线高频抖动导致的图像模糊可用调制传递函数(Modulation Transfer Function, MTF)评价。MTF是相机研制中常用的一种综合性评价指标,可以将光学系统、探测器、动态像移等各环节引起的像质变化考虑在内。

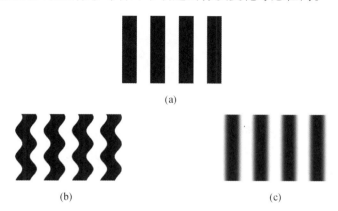

图 2-2　图像质量下降的两种形式
(a)理想图像;(b)扭曲图像;(c)模糊图像。

这里,从与时间域线性系统幅频特性类比的角度对光学系统调制传递函数进行简要阐述。

图 2-3(a)给出了时域线性系统的示意图。其中,频率为 f 的正弦输入信号 $u(t)$ 经时域线性系统变换后得到相同频率的输出信号 $y(t)$,其幅值由 $U(f)$ 变为 $Y(f)$。于是,可将该时域线性系统的幅频特性 $A(f)$ 定义为频率 f 的实值函数,反映了一个时域线性系统对不同频率信号的幅值变换特性,即

$$A(f) = \frac{Y(f)}{U(f)} \tag{2-4}$$

类似地,对于图 2-3(b)所示的线性光学系统,亮度按空间频率为 ν 的正弦规律 $I_{\text{object}}(x)$ 变化的物体,经光学系统成像后,图像亮度仍为按相同空间频率变化的正弦形式 $I_{\text{image}}(x)$,但对比度一般会有所下降。这里,对比度或称为调制度由归一化的图像最大亮度差来定义,即

$$K = \frac{I_{\max} - I_{\min}}{I_{\max} + I_{\min}} \tag{2-5}$$

与时域线性系统的幅频特性类似,定义光学系统的 MTF 为空间频率 ν 的实值函数,MTF 反映了一个光学系统成像时对不同空间频率对象对比度的保持能力,即

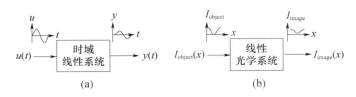

图2-3 时域线性系统与线性光学系统对比
（a）时域线性系统；（b）线性光学系统。

$$\text{MTF}(\nu) = \frac{K_{\text{image}}(\nu)}{K_{\text{object}}(\nu)} \quad (2-6)$$

空间相机光学系统的性能通常使用乃奎斯特（Nyquist）频率处的 MTF（ν_{Nyquist}）评价。其中，乃奎斯特频率定义为

$$\nu_{\text{N}} = \frac{1}{2d} \quad (2-7)$$

式中：d 为空间相机探测器相邻两像元中心的距离。

在空间相机的工作过程中，从观测目标到最终获取遥感图像，中间需要经历如图 2-4 所示的包括大气传输、光学系统、动态扰动等在内的一系列环节，而其中的每一个环节都会影响最终图像的清晰度。

图2-4 遥感图像获取需经历的环节

与时域线性系统类似，图 2-4 中 MTF 可以写为每个环节 MTF 的乘积，即

$$\text{MTF}(\nu) = \prod_{i=1}^{n} \text{MTF}_i(\nu) \quad (2-8)$$

本节主要关注阴影标示的动态扰动环节对空间相机 MTF 的贡献。

2.2 微振动对 MTF 影响分析方法

2.2.1 计算运动 MTF 的经典方法

在振动对电荷耦合器件（CCD）成像系统图像 MTF 的影响分析方面，Holst 等针对一些典型振动形式进行分析，形成了若干经典公式，主要包括错位、线性

振动、正弦振动、复合振动、随机振动引起的 MTF 下降(见"CMOS/CCD Sensors and Camera Systems",Gerald C. Holst 等)。

2.2.1.1 错位

在 CCD 位置和靶标发生的错位如图 2-5 所示,可表示为

$$MC_i = \cos(2\pi N\varphi)\mathrm{sinc}(\pi Nc) = \frac{2}{\pi}\cos(2\pi N\varphi) \qquad (2-9)$$

式中:φ 为像面上靶标与 CCD 错位程度;c 为 CCD 像元尺寸。

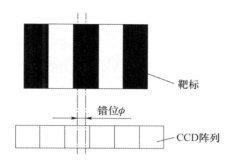

图 2-5 CCD 错位示意图

2.2.1.2 线性运动

一般地,线性运动的模型可表示为

$$x(t) = x_0 + vt \qquad (2-10)$$

对于线性运动,无论在遥感器成像的积分时间 t_e 之内,产生的是单方向的线性运动还是具有一定频率的线性运动,它们都造成遥感器像面上弥散斑直径的增加,一定程度上导致图像模糊传函下降。研究表明,当遥感器 CCD 像元尺寸一定时,线性运动对遥感器成像质量的影响和振动频率无关,只与像面上的振幅有关。即无论是 $t_e > T_0$ 还是 $t_e < T_0$,只要在单位积分时间 t_e 内在像面上产生的振幅一致,那么对遥感器 MTF 的影响是一致的。这种振动对图像 MTF 的影响可表示为

$$\mathrm{MTF}(N) = \mathrm{sinc}(\pi Nd) = \mathrm{sinc}\left(\frac{\pi}{2}d'\right) \qquad (2-11)$$

式中:N 为采样距离;d 为像面上的运动距离($d = vt$);d' 为相对弥散斑直径。

2.2.1.3 正弦振动

正弦振动的影响比较复杂,分析按照以下两个方面进行分析:①单一频率振动;②复合频率振动。积分时间 t_e 与振动周期 T_0 的关系示意图如图 2-6 所示,图 2-6(a)为 $t_e/T_0 \leq 1$ 时的示意图,图 2-6(b)为 $t_e/T_0 > 1$ 时的示意图。

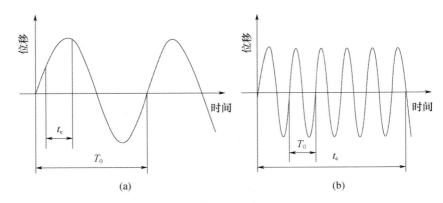

图 2-6 积分时间 t_e 与振动周期 T_0 的关系示意图
(a) $t_e/T_0 \leqslant 1$；(b) $t_e/T_0 > 1$。

（1）单一频率的正弦振动模型如图 2-7 所示。当 $t_e/T_0 < 1$ 时，系统成像质量 MTF 结果如下：

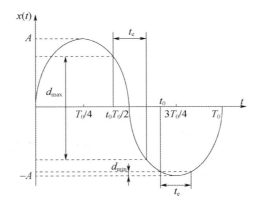

图 2-7 单一频率正弦振动下 $t_e/T_0 < 1$ 时振幅 d 的示意图

$$x(t) = a\cos\left(\frac{2\pi}{T_0}t + \phi_0\right) \quad (2-12)$$

$$d_{\min} = a\left\{1 - \cos\left[\left(\frac{2\pi}{T_0}\right)\left(\frac{t_e}{2}\right)\right]\right\} \quad (2-13)$$

$$d_{\max} = 2a\sin\left[\left(\frac{2\pi}{T_0}\right)\left(\frac{t_e}{2}\right)\right] \quad (2-14)$$

$$\bar{d} = \frac{d_{\min} + d_{\max}}{2} = a\left[1 - \cos\left(\left(\frac{2\pi}{T_0}\right)\left(\frac{t_e}{2}\right)\right) + 2\sin\left(\left(\frac{2\pi}{T_0}\right)\left(\frac{t_e}{2}\right)\right)\right] \quad (2-15)$$

$$\bar{d} = 3.57a \frac{t_e}{T_0}, \frac{t_e}{T_0} < 1 \quad (2-16)$$

$$\mathrm{MTF}(N) = J_0(2\pi N \bar{d}) = J_0(\pi d') \quad (2-17)$$

式中:a 为振幅;φ_0 为初相位角;$d_{\min}$ 和 $d_{\max}$ 分别为采样周期内最小、最大弥散斑直径;式(2-15)中的 $\bar{d}$ 为按照最大、最小弥散斑直径平均后计算的弥散斑平均直径;式(2-16)中的 $\bar{d}$ 为按照概率计算的弥散斑平均直径;J_0 为零阶贝赛尔函数;d' 定义同式(2-2)。

(2) 单一频率正弦振动模型。当 $t_e/T_0 \geqslant 1$ 时,$\mathrm{MTF}(N)$ 可表示为

$$\mathrm{MTF}(N) = J_0(2\pi Na) = J_0(\pi d') \quad (2-18)$$

(3) 当存在复合频率,并且 $t_e/T_i \geqslant 1$ 时,振动模型由下式表示:

$$\begin{cases} x(t) = \sum_{i=1}^{m} x(t_i) \\ x(t_i) = a_i \cos\left(\frac{2\pi}{T_i} t_i + \phi_i\right) \end{cases} \quad (2-19)$$

当振动模型可以分解成多个单频正弦振动时,由于每个振动的幅度 a_i 不同,周期 T_i 不同,所以在像面上的弥散斑直径可以按照概率分布来估算,也可以按照平均值或最大值计算。

当振动模型可以分解,并可以找出最大影响曲线方程时,MTF 估算可以按照最大值估算,有

$$\mathrm{MTF}(N) = J_0(2\pi Na_{\max}) \quad (2-20)$$

式中:$a_{\max}$ 为该曲线振幅。

当振动模型可以分解,并可以求出平均值时,MTF 结果可以按照平均值估算,有

$$\mathrm{MTF}(N) = J_0(2\pi N \bar{a_i}) \quad (2-21)$$

式中 $\bar{a_i}$ 为振幅平均值。

(4) 当存在复合频率时,若 $t_e/T_0 < 1$ 时,当振动模型可以分解,并可以找出最大影响曲线方程时,MTF 估算可以按照最大值估算,有

$$\mathrm{MTF}(N) = J_0(2\pi N d_{\max}) \quad (2-22)$$

式中:$d_{\max}$ 为该曲线振幅。

当振动模型可以分解,并可以求出平均值时,平均弥散斑直径可表示为

$$\bar{d} = \frac{1}{m}\sqrt{\sum_{i=1}^{m} d_i^2} \quad (2-23)$$

MTF 可表示为

$$\mathrm{MTF}(N) = J_0(2\pi N \bar{d}) \quad (2-24)$$

式中：$\bar{d}$ 为振幅平均值。

对于正弦振动对系统 MTF 的影响的零阶贝塞尔函数，可表示为

$$J_0(x) \approx 1 - \frac{x^2}{4} + \frac{x^4}{64} - \frac{x^6}{2048} + \frac{x^8}{147456} \quad (2-25)$$

由上述分析过程得出对于正弦振动，无论是 $t_e/T_0 < 1$ 还是 $t_e/T_0 \geqslant 1$，在单位积分时间 t_e 内产生的振幅 d 一致，那么振动对遥感器 MTF 的影响是一致的。

2.2.1.4 复合振动

对于一般振动曲线，振动模型可表示为

$$x(t) = x_0 + f(t) \quad (2-26)$$

该模型有两种处理方式：①按照傅里叶级数展开方式进行分析，展开成正弦函数形式，然后按照复合频率的正弦振动方式进行计算；②如果可以得到平均像面密度函数 $\overline{i(x,t)}$，可以根据像面密度的最大值 $I_{\max}$ 比最小值 $I_{\min}$ 得到像面上的对比度 $MC_i = I_{\max}/I_{\min}$，再将对比度值除以没有振动时的对比度 $MC_0 = B_m/B_0$，可得系统下降程度，即 $\mathrm{MTF} = MC_i/MC_0$。

平均像面密度函数 $\overline{i(x,t)}$ 可表示为

$$\overline{i(x,t)} = B_0 + \frac{B_m \cos(2\pi N x_0)}{t_e} \cdot A(t_x, N) - \frac{B_m \sin(2\pi N x_0)}{t_e} \cdot B(t_x, N)$$

$$(2-27)$$

式中：

$$A(t_x, N) = \int_{t_x}^{t_x+t_e} \cos[2\pi N f(t)] \mathrm{d}t \quad (2-28)$$

$$B(t_x, N) = \int_{t_x}^{t_x+t_e} \sin[2\pi N f(t)] \mathrm{d}t \quad (2-29)$$

实际系统中发生振动时，一般情况下是复合振动，存在多种频率和不同振动幅度。在这种情况下，由于振动不是线性叠加，只能依靠精确测量得到相对准确的数据，修正数学模型进行分析和研究。

2.2.1.5 随机振动

随机振动模型可表示为

$$x(t) = \sum_{t_i < t} a_i, \quad \sigma = \sqrt{\frac{1}{n}\sum_1^n (a_i - \bar{a})^2} \quad (2-30)$$

其分布假设符合高斯分布,系统成像质量的 MTF 可表示为

$$\mathrm{MTF}(N) = \exp[-2(\pi\sigma N)^2] \qquad (2-31)$$

2.2.1.6 小结

根据上述研究成果,线阵推扫成像体制在推扫方向和横向各种振动情况下 MTF 分别如表 2-1 和表 2-2 所列。对于面阵成像,不存在推扫运动,MTF 与横向振动计算公式一致。

表 2-1 推扫方向各种振动情况 MTF 计算公式

振动形式和模型	MTF(N)	d
线性振动 $x(t) = x_0 + vt$	$\mathrm{MTF}(N) = \mathrm{sinc}(\pi N d)$ $= \mathrm{sinc}\left(\pi N \dfrac{afM}{H}\right)$ $= \mathrm{sinc}\left(\dfrac{\pi}{2}d'\right)$	$d = \|Mvt_e\| = \left\|a\dfrac{f}{H}M\right\|$ $d' = \dfrac{d}{c} = \left\|\dfrac{afM}{Hc}\right\|$
单次正弦振动 $t_e/T_0 \geq 1$ $x = a\cos\left(\dfrac{2\pi}{T_0}t + \phi_0\right)$	$\mathrm{MTF}(N) = J_0(2\pi N d)$ $= J_0\left(2\pi N aM\dfrac{f}{H}\right)$ $= J_0(\pi d')$	
单次正弦振动 $t_e/T_0 < 1$ $x = a\cos\left(\dfrac{2\pi}{T_0}t + \phi_0\right)$	$\mathrm{MTF}(N) = J_0(2\pi N \bar{d})$ $= J_0(\pi \bar{d}')$	$\bar{d} = 3.57 aM \dfrac{f}{H} \dfrac{t_e}{T_0}$ $\bar{d} = aM\dfrac{f}{H}\left[1-\cos\left(\left(\dfrac{2\pi}{T_0}\right)\left(\dfrac{t_e}{2}\right)\right) + \sin\left(\left(\dfrac{2\pi}{T_0}\right)\left(\dfrac{t_e}{2}\right)\right)\right]$
复合频率正弦振动 $t_e/T_0 \geq 1$ $x(t) = \sum_{i=1}^{\infty}\left[a_i\cos\left(\dfrac{2\pi t}{T_i} + \phi_i\right)\right]$	$\mathrm{MTF}(N) = J_0\left(2\pi a_{\max} M \dfrac{f}{H}\right)$ $= J_0(\pi d')$ $\mathrm{MTF}(N) = J_0\left(2\pi \bar{a}_i M \dfrac{f}{H}\right)$	
复合频率正弦振动 $t_e/T_0 < 1$ $x(t) = \sum_{i=1}^{\infty}\left[a_i\cos\left(\dfrac{2\pi t}{T_i} + \phi_i\right)\right]$	$\mathrm{MTF}(N) = J_0(2\pi N d_{\max})$ $= J_0(\pi d')$ $\mathrm{MTF}(N) = J_0(2\pi N \bar{d})$	$d = \dfrac{f}{H}M\sum_{i=1}^{m} x(t_i)$ $x(t_i) = a_i\cos\left(\dfrac{2\pi}{T_i}t_i + \varphi_i\right)$
随机振动 $x(t) = \sum_{t_i<t} a_i$	$\mathrm{MTF}(N) = \exp[-2(\pi\sigma N)^2]$	$\sigma = M\dfrac{f}{H}\sqrt{\dfrac{1}{n}\sum_{1}^{n}(a_i-\bar{a})^2}$

表 2-2 横向各种振动情况下 MTF 计算公式

振动形式和模型	MTF(N)	d
线性运动 $x(t) = x_0 + vt$	$\mathrm{MTF}(N) = \cos(2\pi N\varphi) \dfrac{Si\left(\dfrac{\pi}{2}d'\right)}{\dfrac{\pi d'}{2}}$ $\approx \cos(2\pi N\varphi)\left[1 - \dfrac{1}{3\times 3!}\left(\dfrac{\pi}{2}\times\dfrac{aM}{\mathrm{GSD}}\right)^2\right]$	$d = vt_e' = a\dfrac{f}{H}M = \dfrac{aMc}{\mathrm{GSD}}$ $d' = \dfrac{d}{c}$
单次正弦振动 $t_e/T_0 \geq 1$ $x = a\cos\left(\dfrac{2\pi}{T_0}t + \phi_0\right)$	$\mathrm{MTF}(N) = J_0(2\pi N d_{\max})$ $= J_0(\pi d')$ $\mathrm{MTF}(N) = J_0(2\pi N \bar{d})$	
单次正弦振动 $t_e/T_0 < 1$ $x = a\cos\left(\dfrac{2\pi}{T_0}t + \phi_0\right)$	$\mathrm{MTF}(N) \approx \cos(2\pi N\varphi)\times$ $\left[1 - \dfrac{1}{3\times 3!}\left(3.57\cdot\dfrac{\pi}{2}\cdot\dfrac{t_e}{T_0}\times\dfrac{aM}{\mathrm{GSD}}\right)^2\right]$	$\bar{d} = 3.57 aM \dfrac{f}{H}\dfrac{t}{T_0}$
复合频率正弦振 $t_e/T_0 \geq 1$ $x(t) = \sum\limits_{i=1}^{\infty} x_i(t)$	$\mathrm{MTF}(N) = J_0\left(2\pi a_{\max} M\dfrac{f}{H}\right) = J_0(\pi d')$ $\mathrm{MTF}(N) = J_0\left(2\pi \bar{a}_i M\dfrac{f}{H}\right)$	
复合频率正弦振动 $t_e/T_0 < 1$ $x(t) = \sum\limits_{i=1}^{\infty} x_i(t)$ $x_i = a_i\cos\left(\dfrac{2\pi}{T_i}t_i + \phi_{0i}\right)$	$\mathrm{MTF}(N) = \cos(2\pi N\varphi)\dfrac{Si(\pi Na't_e)}{\pi Na't_e}$	$\bar{d}_i = 3.57\dfrac{1}{m}\sum\limits_{i=1}^{m}\left(a_i M\dfrac{f}{H}\dfrac{t}{T_i}\right)$ $= a't$
随机振动 $x(t) = \sum\limits_{t_i < t} a_i$	$\mathrm{MTF}(N) = \exp[-2(\pi\sigma N)^2]$	$\sigma = M\dfrac{f}{H}\sqrt{\dfrac{1}{n}\sum\limits_{1}^{n}(a_i - \bar{a})^2}$

2.2.2 计算运动对面阵成像 MTF 影响的半解析法

采用半解析法计算运动 MTF 的基本思想是:图像的运动概率密度函数相当于光学系统的扩散函数,而光学系统扩散函数的傅里叶变换就是光学系统的传递函数。基于这一思想,王俊等在 2000 年提出了采用统计矩计算二维成像光学传递函数的方法,本书在此基础上针对时间延迟积分(TDI)成像的半解析表达式进行了推导,并对振动参数、推扫过程与成像质量的关联性进行了分析,以此作为提出微振动环境要求的基础。

2.2.2.1 运动的扩散函数

设 $x(t)$、$y(t)$ 为目标与像在垂直于光轴方向的相对运动。由于运动所形成的扩散函数可以描述空间频域内的成像质量的下降,所以首先对扩散函数进行分析。

若目标与像之间只存在一维运动 $x(t)$,图像的运动导致系统的成像脉冲响应在空间运动。相机曝光的过程就是空间运动脉冲响应对时间进行积分的过程。在曝光时间内,脉冲响应的空间运动可用 $x(t)$ 的直方图来描述,对于某一给定的 $x(t)$,所发生的频率是 x 的函数。对于任意的运动,都可以找到曝光时间内的 $x(t)$ 的概率密度函数。根据光学系统的线性特性,当系统的脉冲响应运动时,也就是由于物点与像面间的运动,导致物点在像平面上成一系列的像。在像平面上的某一点,可能同时存在物点的几次成像,所成像点的数目决定于运动经过该点的次数。这些像的光强度在像平面上叠加。由此可见,当运动在某一点 $x(t)$ 发生频率越大,也就是物点在该点成像次数越多,所叠加的光强度越大。因此,$x(t)$ 的概率密度函数反映了像面上的光强分布。这与光学系统的线扩散函数是一致的。所以可以认为:像点运动的线扩散函数就是在曝光时间内 $x(t)$ 的概率密度函数。

同理,对于二维运动 $x(t)$、$y(t)$ 同时存在的情况,像点运动的点扩散函数就是在曝光时间内 $(x(t)$、$y(t))$ 的概率密度函数。

2.2.2.2 运动光学传递函数的解析表达式

运动的光学传递函数 $\chi_o(f_x,f_y)$ 是点扩散函数 $\chi_p(x,y)$ 的傅里叶变换,有

$$\chi_o(f_x,f_y) = \bar{F}[\chi_p(x,y)]$$
$$= \int_{-\infty}^{\infty}\int_{-\infty}^{\infty} \chi_p(x,y)\exp[-2\pi i(f_x x + f_y y)]\mathrm{d}x\mathrm{d}y \quad (2-32)$$

利用多重泰勒级数展开攻势,将其展开成麦克劳林级数的形式,有

$$\chi_o(f_x,f_y) = \chi_o(0,0) + \left(f_x\frac{\partial}{\partial f_x} + f_y\frac{\partial}{\partial f_y}\right)\chi_o(f_x,f_y)\bigg|_{\substack{f_x=0\\f_y=0}} +$$

$$\frac{1}{2!}\left(f_x\frac{\partial}{\partial f_x} + f_y\frac{\partial}{\partial f_y}\right)^2\chi_o(f_x,f_y)\bigg|_{\substack{f_x=0\\f_y=0}} + \cdots +$$

$$\frac{1}{n!}\left(f_x\frac{\partial}{\partial f_x} + f_y\frac{\partial}{\partial f_y}\right)^n\chi_o(f_x,f_y)\bigg|_{\substack{f_x=1\\f_y=0}} + R_m(f_x,f_y) \quad (2-33)$$

对式(2-33)的各项逐项进行讨论,将式(2-33)代入式(2-32),则式(2-33)中的偏微分项可表示为

$$\frac{\partial \chi_o(f_x,f_y)}{\partial f_x}\bigg|_{\substack{f_x=0\\f_y=0}} = \frac{\partial}{\partial f_x}\int_{-\infty}^{\infty}\int_{-\infty}^{\infty}\chi_p(x,y)\exp[-2\pi i(f_x x + f_y y)]dxdy\bigg|_{\substack{f_x=0\\f_y=0}}$$

$$= -2\pi i\int_{-\infty}^{\infty}\int_{-\infty}^{\infty} x\chi_p(x,y)dxdy \quad (2-34)$$

为将式(2-34)简化,对点扩散函数$\chi_p(x,y)$与线扩散函数$\chi_L(x)$和$\chi_L(y)$进行讨论。由点扩散函数与线扩散函数的关系可知

$$\begin{cases}\chi_L(x) = \int_{-\infty}^{\infty}\chi_p(x,y)dy\\ \chi_L(y) = \int_{-\infty}^{\infty}\chi_p(x,y)dx\end{cases} \quad (2-35)$$

根据概率论的边缘分布定义,$\chi_L(x)$和$\chi_L(y)$分别为(x,y)关于x和关于y的边缘概率密度,有

$$\int_{-\infty}^{\infty}\int_{-\infty}^{\infty}\chi_p(x,y)dxdy = \int_{-\infty}^{\infty}\chi_L(x)dx = \int_{-\infty}^{\infty}\chi_L(y)dy = 1 \quad (2-36)$$

利用累次积分及式(2-35),则式(2-34)可变换为

$$\frac{\partial \chi_o(f_x,f_y)}{\partial f_x}\bigg|_{\substack{f_x=0\\f_y=0}} = -2\pi i\int_{-\infty}^{\infty}\int_{-\infty}^{\infty} x\chi_p(x,y)dxdy$$

$$= -2\pi i\int_{-\infty}^{\infty}\left[\int_{-\infty}^{\infty}\chi_p(x,y)dy\right]xdx = -2\pi i\int_{-\infty}^{\infty} x\chi_L(x)dx \quad (2-37)$$

同理,式(2-33)中的其他各项系数为

$$\left.\frac{\partial \chi_o(f_x,f_y)}{\partial f_y}\right|_{\substack{f_x=0\\f_y=0}} = -2\pi i \int_{-\infty}^{\infty} y\chi_L(y)\,dy \qquad (2-38)$$

$$\left.\frac{\partial^2 \chi_o(f_x,f_y)}{\partial f_x^2}\right|_{\substack{f_x=0\\f_y=0}} = (-2\pi i)^2 \int_{-\infty}^{\infty} x^2\chi_L(x)\,dx \qquad (2-39)$$

$$\left.\frac{\partial^2 \chi_o(f_x,f_y)}{\partial f_y^2}\right|_{\substack{f_x=0\\f_y=0}} = (-2\pi i)^2 \int_{-\infty}^{\infty} y^2\chi_L(y)\,dy \qquad (2-40)$$

$$\left.\frac{\partial^2 \chi_o(f_x,f_y)}{\partial f_x \partial f_y}\right|_{\substack{f_x=0\\f_y=0}} = (-2\pi i)^2 \int_{-\infty}^{\infty}\int_{-\infty}^{\infty} xy\chi_p(x,y)\,dx\,dy \qquad (2-41)$$

按上述方法可对 $\chi_o(f_x,f_y)$ 进行第 3 阶、第 4 阶直至第 N 阶的泰勒级数展开。

由概率论可知,式(2-37)~式(2-41)的积分可用统计平均和统计 N 阶矩表示,有

$$\begin{cases} \int_{-\infty}^{\infty} x^n \chi_L(x)\,dx = E(x^n) = m_n^x \\ \int_{-\infty}^{\infty}\int_{-\infty}^{\infty} x^j y^k \chi_p(x,y)\,dx\,dy = E(x^j y^k) = m_{j,k}^{x,y} \end{cases} \qquad (2-42)$$

式中:m_n^x 为随机变量 x 的统计 N 阶矩;$m_{j,k}^{x,y}$ 为随机变量 x、y 的 $(j+k)$ 阶混合矩。

同时,也可在时域中表示上述积分,式(2-42)可写为

$$\begin{cases} m_n^x = E(x^n) = \int_{-\infty}^{\infty} x(t)f(t)\,dt = \frac{1}{t_e}\int_{t_x}^{t_x+t_e} x^n(t)\,dt \\ m_{j,k}^{x,y} = E(x^j y^k) = \int_{-\infty}^{\infty} x^j(t)y^k(t)f(t)\,dt = \frac{1}{t_e}\int_{t_x}^{t_x+t_e} x^j(t)y^k(t)\,dt \end{cases} \qquad (2-43)$$

式中:$f(t)$ 为时间的概率密度函数,在曝光时间 t_e 内,$f(t)=1/t_e$。

此时将光学传递函数的计算同像的移动结合在一起,可表示为

$$\chi_o(f_x,f_y) = \chi_o(0,0) + (-2\pi i)(f_x m_1^x + f_y m_1^y) +$$

$$\frac{1}{2!}(-2\pi i)^2(f_x^2 m_2^x + f_y^2 m_2^y + 2f_x f_y m_{1,1}^{x,y}) +$$

$$\frac{1}{3!}(-2\pi i)^3(f_x^3 m_3^x + f_y^3 m_3^y + 3f_x f_y^2 m_{1,2}^{x,y} + 3f_x^2 f_y m_{2,1}^{x,y}) +$$

$$\frac{1}{4!}(-2\pi i)^4(f_x^4 m_4^x + f_y^4 m_4^y + 4f_x f_y^3 m_{1,3}^{x,y} + 4f_x^3 f_y m_{3,1}^{x,y} + 6f_x^2 f_y^2 m_{2,2}^{x,y}) + \cdots + R_m$$

$$(2-44)$$

通式可表示为

$$\chi_o(f_x, f_y) = \chi_o(0,0) + \sum_{p=1}^{\infty} \frac{1}{p!} (-2\pi i)^p \left(f_x^p m_p^x + f_y^p m_p^y + \sum_{i=1}^{p-1} \frac{p!}{i!(p-i)!} f_x^{p-i} f_y^i m_{p-i,i}^{x,y} \right)$$

(2-45)

由式(2-44)可知,运动的像的光学传递函数可通过计算像面上像点二维运动的各阶统计矩得到。而统计矩可通过曝光时间内的运动函数进行计算。对于可用函数表示的连续运动,可将运动的时间函数直接代入式(2-43)和式(2-44),求得像点运动的光学传递函数。

2.2.2.3 运动对 TDI 成像 MTF 影响

TDI 相机采用多次曝光能量叠加的方式成像,假设积分级数为 q,第 i 级积分时间内的点扩散函数可表示为 $\chi_{p_i}(x,y)$,由于每级积分时间均等,则一次成像过程中的点扩散函数可表示为

$$\chi_p(x,y) = \sum_{i=1}^{q} \chi_{p_i}(x,y) \quad (2-46)$$

TDI 相机运动的光学传递函数 $\chi_o(f_x, f_y)$ 可表示为

$$\chi_o(f_x, f_y) = \bar{F}\left[\frac{1}{q} \sum_{i=1}^{q} \chi_{p_i}(x,y) \right] \quad (2-47)$$

由傅里叶变化的线性性质,有

$$\chi_o(f_x, f_y) = \frac{1}{q} \sum_{i=1}^{q} \bar{F}[\chi_{p_i}(x,y)] = \frac{1}{q} \sum_{i=1}^{q} \bar{F}[\chi_{o_i}(f_x, f_y)] \quad (2-48)$$

式中:$\chi_{o_i}(x,y)$ 为第 i 级积分时间内的运动引起的光学传递函数。

对于推扫成像 TDI 相机,由于其成像机理,在推扫方向存在固有的线性运动,单级积分时间内的像移量为 1 像元。推扫成像 TDI 相机的像移运动为固有线性运动和各种非预期运动的叠加。根据 TDI 相机的积分累加关系,当完成单次曝光后,开始下次曝光前,累积电荷沿推扫方向移动一行进行累加,等效于像面沿推扫方向位移跃变 1 像元。

2.3 光学载荷对微振动环境需求

2.3.1 面阵成像光学载荷对微振动环境需求

按照经典公式,不同的振动形式有不同的计算方法。而对于正弦振动,又

分为低频和高频两类。目前工程上通常以振动周期与曝光时间的特定关系制定分界准则,划分高频和低频,分别套用不同的公式进行计算。这种计算方法存在以下问题。

(1) 曝光时间内的像移轨迹与曝光起始时刻相关,不是确定值,曝光时间内的最大像移量存在一定的不确定性,因此采用单一的数值描述某正弦振动对 MTF 的影响,信息不全面。

(2) 曝光时间内像移量的分布概率与振动频率相关,每个频率下可能出现的最大像移量、最小像移量及该区间内各像移量出现的概率均不相同,采用二分法将振动形式简单界定为高低频,将损失较多信息。

(3) 零阶贝塞尔函数为整周期正弦振动的点扩散函数经傅里叶变换得到,当像移轨迹不是整周期正弦波形式时,其点扩散函数不同于零阶贝塞尔函数,采用零阶贝塞尔函数进行统一描述,将使 MTF 评估出现一定的偏差。

对于上述问题,本节给出了正弦振动对 MTF 影响描述的概率表达形式,并拟合了频率对 MTF 影响的近似表达形式,作为工程应用中评估各频段振动敏感度的依据。

假设振动周期为 T_0,曝光时间为 t_e,由于初始曝光时间在 $0 \sim T_0$ 内随机分布,曝光时间内的像移轨迹也是随机分布的。当 $t_e \leqslant T_0$ 时,最大像移出现在以 $x(t)=0$ 为中心的积分时间内,最小像移出现在以峰值点对应时刻为中心的积分时间内,像移在最大值 $d_{\max}$ 与最小值 $d_{\min}$ 之间随机分布。同时,不同起始时刻对应的像移轨迹也有明显差异,对应的点扩散函数也表现为较复杂的变化规律。当 t_e 恰为 T_0 整数倍时,像移轨迹为整周期个正弦振动,与初始曝光时刻无关,像点在各位置的概率分布密度与 1 个周期的正弦振动相同。当 $t_e > T_0$ 时,可分解为 n 个整周期和余项 t_r,可表示为

$$t_e = nT_0 + t_r \quad (2-49)$$

式中:n 为正整数;$t_r < T_0$。

曝光时间内的像移概率密度函数可表示为

$$P(x(t)|_{0 \leqslant t \leqslant t_e}) = J_0(2\pi NA) \cdot \frac{nT_0}{t_e} + P(x(t)|_{0 \leqslant t \leqslant t_r}) \cdot \frac{t_r}{t_e} \quad (2-50)$$

式中:$J_0(2\pi NA)$ 为一个整周期正弦运动的点扩散函数,仅与振幅 A 相关,与频率无关。

由此可见,当 $t_e \geqslant T_0$ 时,曝光时间内的整周期数越多,即振动周期越短,概率密度函数的波动越趋于平均化,波动幅度越小。

给定振幅为 0.3 像元、不同频率的正弦振动,计算曝光时间为 3.1ms 时,各起始时刻对应的 MTF 计算结果如图 2-8 所示。由图可见,MTF 值的变化曲线为近似正弦规律,波动频率与像移振动频率相同。MTF 的均值在低频段较高,随频率上升有下降趋势。MTF 的波动幅度规律较为复杂,但在高于曝光频率 f_e 后,基本表现为随频率升高而衰减的规律。

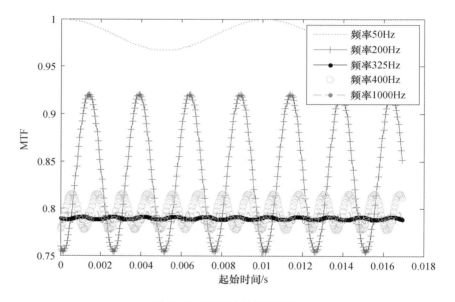

图 2-8　MTF 计算结果汇总

由于 MTF 变化曲线为近似正弦规律,因此可用均值和最小值两个参量表征其离散性。假定曝光时间为 3.1ms,分别计算振幅为 0.1 像元、0.3 像元、0.5 像元、0.8 像元,频率在 50~500Hz 范围内的正弦振动对应的 MTF 均值和 MTF 最小值,如图 2-9 所示。

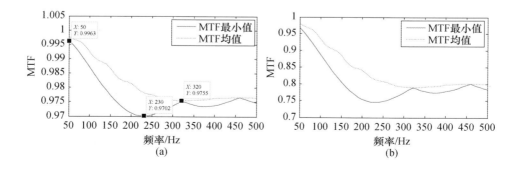

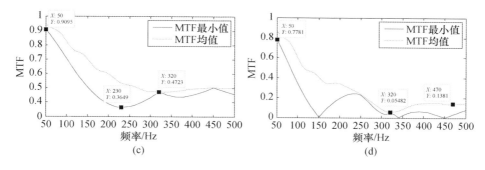

图 2-9 MTF 对振动频率依赖性曲线

(a)振幅 0.1 像元；(b)振幅 0.3 像元；(c)振幅 0.5 像元；(d)振幅 0.8 像元。

将数值方法计算得到的 MTF 与经典公式计算得到的 MTF 对比，如表 2-3 所列。

表 2-3 MTF 计算结果汇总

振动幅度/像元	0.1	0.3	0.5	0.8
线性运动(公式)	0.9959	0.9634	0.9003	0.7568
正弦振动(公式)	0.9755	0.79	0.472	-0.055
随机振动(公式)	0.9405	0.5756	0.2156	0.0197
均值极小(数值)	0.9755	0.7899	0.4719	0.0548
最小值极小(数值)	0.9702	0.7454	0.3649	0.0005
最小值@f_e(数值)	0.9755	0.79	0.4721	0.0568

由图 2-8 中曲线和表 2-3 中的计算结果，可知以下特性。

(1) MTF 均值随频率升高而下降，当振动频率高于 f_e 后，MTF 均值趋于稳定，由数值对比发现，该稳定值与经典公式中正弦振动计算结果一致。

(2) MTF 均值在低频段的斜率呈振荡变化，曲线出现若干拐点，拐点对应的频率约为 $f_e/4$ 的整数倍。

(3) MTF 最小值随频率升高为振荡下降趋势，在约 0.7 倍 f_e 处达到极小值，在高于 f_e 后振荡幅度逐渐减小，趋于与 MTF 均值一致。

(4) MTF 最小值在 f_e 处与 MTF 均值基本一致，说明余项 $t_r=0$ 时，MTF 为恒定值，与曝光起始时刻无关。

2.3.2 线阵推扫成像光学载荷对微振动环境需求

传统计算方法中，对推扫运动引起的 MTF 下降以及非预期抖动引起的

MTF 下降分别进行计算,然后相乘,作为运动 MTF 的综合影响系数。但是,推扫运动和非预期抖动本质上都是引起像点在焦平面的运动而导致成像质量下降,其影响机理一致,二者在作用过程中相互耦合。本节对推扫运动和非预期抖动 MTF 拆分计算的合理性进行检验。

典型推扫运动和单频正弦振动叠加引起的像移曲线如图 2-10 所示。基于 TDI 的成像机理,单位曝光时间内,推扫运动造成的像移量为 1 像元。

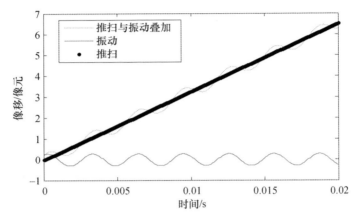

图 2-10 典型像移轨迹

分别计算推扫运动,以及推扫运动与振幅 0.1 像元、0.3 像元、0.5 像元的正弦振动叠加后的 MTF,如图 2-11 所示和表 2-4 所列。仅推扫运动时,MTF 为一恒定值,计算结果为 0.6309,经典公式计算结果为 0.6366,二者基本一致。推扫运动与正弦振动叠加后,MTF 均值随频率的变化趋于平缓,即 MTF 均值对频率的依赖性变弱。MTF 最小值的波动范围变大,即 MTF 最小值对频率的依赖性变强。

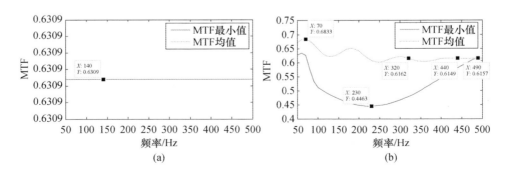

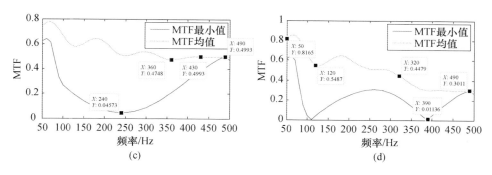

图 2-11 推扫运动与正弦振动叠加对 MTF 影响

(a)仅推扫运动;(b)推扫运动与振幅 0.1 像元振动叠加;

(c)推扫运动与振幅 0.3 像元振动叠加;(d)推扫运动与振幅 0.5 像元振动叠加。

表 2-4 推扫运动与正弦振动叠加 MTF 计算结果汇总

振动幅度/像元	0	0.1	0.3	0.5
线性运动	1	0.9959	0.9634	0.9003
正弦振动	1	0.9755	0.79	0.472
均值极小	0.6309	0.4463	0.0457	0.0002
最小值极小	0.6309	0.6019	0.4748	0.2966
最小值@f_e	0.6309	0.6135	0.5107	0.4328

采用两种算法计算推扫运动与正弦振动叠加对 MTF 的影响。

(1)算法一:将推扫运动与正弦振动的像移量叠加,基于叠加后的像移曲线采用统计矩法计算 MTF。

(2)算法二:分别计算正弦振动和推扫运动的 MTF,然后将二者的 MTF 相乘。

计算结果如图 2-12 所示。由图可见,在较宽的频段内,两种算法的计算结果均有较大差异。对于 MTF 均值,算法一得到的结果随频率提高表现为振荡衰减趋势,而算法二为单调递减。随频率升高,在约 1.5 倍 f_e 后两种算法的计算结果趋于一致。这说明,在低频段,推扫运动与正弦振动耦合强烈,曝光时间窗内的像移轨迹规律较为复杂,振幅较小时表现更为明显。在这一频段内,采用算法二计算 MTF 存在较大误差。随着频率升高,推扫运动与正弦运动耦合性变弱,采用算法二计算 MTF 误差降低。

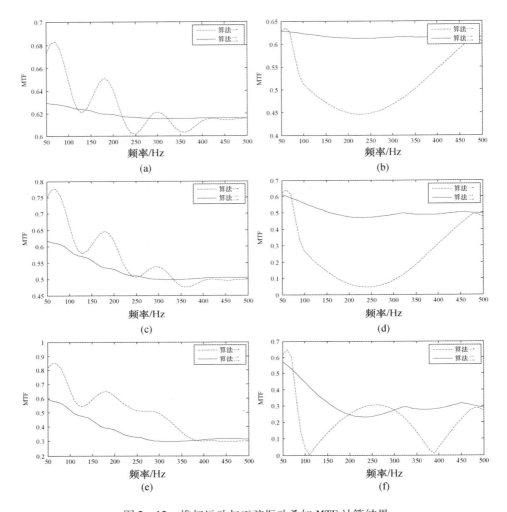

图 2-12 推扫运动与正弦振动叠加 MTF 计算结果

(a)振幅 0.1 像元 MTF 均值;(b)振幅 0.1 像元 MTF 最小值;(c)振幅 0.3 像元 MTF 均值;
(d)振幅 0.3 像元 MTF 最小值;(e)振幅 0.5 像元 MTF 均值;(f)振幅 0.5 像元 MTF 最小值。

第 3 章
微振动源特性分析、测试与建模

航天器在轨运行期间,卫星姿态控制、星上可控构件步进机动等过程会使星体产生的一种幅值较小、频率较高的振动响应。因此,星上活动部件作为主要微振动扰动源,存在于大多数航天器上。

光学遥感卫星的活动部件主要包括大力矩控制力矩陀螺、太阳翼驱动机构、数传天线驱动机构、中继天线驱动机构、扫摆机构等。这些部件的运动形式各异,所引起的振动频率和幅值也具有明显的特征。本节基于地面和在轨实测数据,对光学遥感卫星应用范围内所配置的微振动源设备进行分析。

3.1 微振动源理论模型

3.1.1 高速转子

高速转子类设备主要用于卫星的姿态控制,实现方式为:高速转子转动过程中会产生角动量,通过与卫星本体进行角动量交换,实现对卫星的姿态控制。该类设备主要包括动量轮和CMG,下面就这两类设备的扰振机理和扰振力模型分别加以阐述。

动量轮的扰振主要来源于两种机理:①由旋转部件产生的主动扰振力,主要构成包括飞轮的动不平衡力、滚动轴承的冲击信号合成的周期力和电机扰振等;②主动扰振力引起的动量轮内部结构响应,也称结构响应调制,是经结构响应调制后形成对动量轮外部的扰振力。上述两类扰振机理的关系如图 3-1 所示。

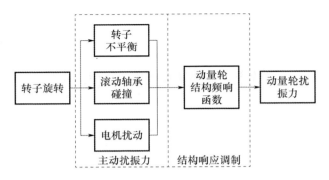

图 3-1 动量轮扰振机理

由于转轴系统的复杂性,扰振力的频谱成分除了转速的 1 倍频外,还存在多阶分数次和整数次倍频。典型的扰振力瀑布图如图 3-2 所示。扰振力随转速上升而增大,当结构频率与转速的倍频成分重合时,扰动力幅值被调制放大。

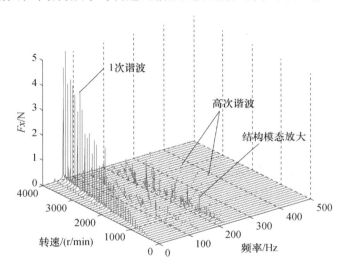

图 3-2 典型的动量轮扰振力瀑布图

CMG 扰振的产生机理与动量轮类似,与动量轮相比差异主要有以下两点:①CMG 增加了一个低速转轴,其结构的调制作用更为复杂;②CMG 高速转子的工作转速一般远高于动量轮,产生的扰振力一般也远高于动量轮。

通过 CMG 单机扰动模型分析和单机测试发现,当其工作转速为 6000r/min 时,除去所对应 100Hz 工频扰振分量外,因轴承缺陷,还会存在 0.6 倍频,因此 CMG 主要的扰动成分即为 60Hz 与 100Hz 及其倍频。在轨实测得到的 CMG 安装点加速度响应功率谱如图 3-3 所示。

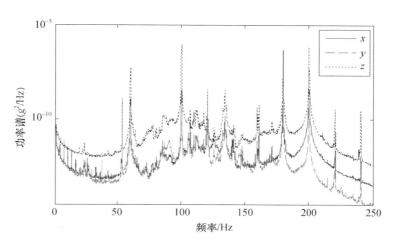

图 3-4　CMG 引起的扰动加速度功率谱

3.1.1.1　扰振机理分析

飞轮结构及扰振载荷来源如图 3-4 所示,列出了飞轮扰振载荷产生的因素并进行了分类。其中,产生振动的原因包括转子静不平衡、动不平衡、轴承噪声、电机噪声等,而飞轮壳体、转子结构会对其固有频率处的振动进行放大,作为最终的扰振载荷施加在安装基础上。

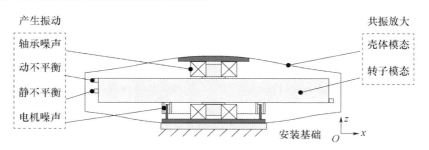

图 3-4　飞轮扰振载荷来源

在产生飞轮扰振载荷的各种因素中,转子的静不平衡与动不平衡是最主要的。这里,静不平衡是指转子的质心偏离了转轴,转子旋转时会产生位于转轴垂直平面内的离心力。如图 3-5(a)所示,坐标系 $Ox_r y_r z_r$ 与转子固连,原点位于转子的理想质心,z_r 沿转轴方向,其中下标"r"代表转子(rotor)。坐标系 $Oxyz$ 为惯性坐标系。设转子质量为 m_{rotor},转子质心与转轴的偏移距离为 e,则离心力

大小与二者乘积 $m_{\text{rotor}}e$ 成正比。转子静不平衡量也可以用位于转子外周的静不平衡质量来描述，如图 3-5(b)所示。静不平衡质量的表达式为

$$U_s = m_s r = m_{\text{rotor}} e \qquad (3-1)$$

式中：U_s 定义为静不平衡量；m_s 为静不平衡质量；r 为转子半径。

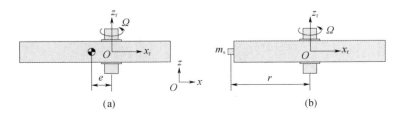

图 3-5　转子静不平衡示意图
(a)静不平衡示意图；(b)静不平衡质量模型。

根据离心力公式，静不平衡量产生的位于转轴垂直平面内的扰振力表达式为

$$\begin{cases} f_x(t) = U_s \Omega^2 \sin(\Omega t + \varphi_0) \\ f_y(t) = U_s \Omega^2 \sin\left(\Omega t + \varphi_0 - \text{sign}(\Omega) \cdot \dfrac{\pi}{2}\right) \end{cases} \qquad (3-2)$$

式中：Ω 与 φ_0 分别为转子转速与初始相位。

在图 3-5 所示的情形中，初始相位 $\varphi_0 = -\dfrac{\pi}{2}$，$y$ 方向扰振力的相位较 x 方向扰振力滞后 $\dfrac{\pi}{2}$。

动不平衡是指转子的惯性主轴与标称方向发生了偏离，从而使转子旋转的角动量矢量不再沿转轴方向，而是随转子旋转在空间划出一个圆锥形。根据动量矩定理，转子动量矩的变化需要基础为其提供额外的周期性力矩来实现，这种周期性力矩对基础的反作用力矩就表现为飞轮的扰振力矩。转子动不平衡示意图如图 3-6 所示，在图 3-6(a)所示转子固连坐标系 $Ox_r y_r z_r$ 中，转子动量矩的表达式为

$$(\boldsymbol{H})_r = (\boldsymbol{I} \cdot \boldsymbol{\omega})_r = \begin{bmatrix} I_{x_r x_r} & & -I_{x_r z_r} \\ & I_{y_r y_r} & \\ -I_{x_r z_r} & & I_{z_r z_r} \end{bmatrix} \begin{bmatrix} 0 \\ 0 \\ \Omega \end{bmatrix} = \begin{bmatrix} -I_{x_r z_r} \Omega \\ 0 \\ I_{z_r z_r} \Omega \end{bmatrix} \qquad (3-3)$$

式中：动不平衡产生了 $x_r z_r$ 面内的惯性积，从而使动量矩矢量 $\boldsymbol{H}$ 向 $+x_r$ 方向偏

转。根据动量矩定理，转子旋转时需要基础提供的力矩可表示为

$$(\boldsymbol{M})_r = (\boldsymbol{\omega} \times \boldsymbol{H})_r = \begin{bmatrix} & -\Omega & \\ \Omega & & \\ & & I_{z_r \bar{z}_r}\Omega \end{bmatrix} \begin{bmatrix} -I_{x_r \bar{z}_r}\Omega \\ 0 \\ I_{z_r \bar{z}_r}\Omega \end{bmatrix} = \begin{bmatrix} 0 \\ -I_{x_r \bar{z}_r}\Omega^2 \\ 0 \end{bmatrix} \quad (3-4)$$

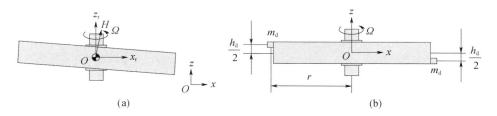

图 3-6 转子动不平衡示意图

(a)动不平衡示意图；(b)动不平衡质量模型。

转子动不平衡量也可以采用图 3-6(b)所示的动不平衡质量模型来描述，其表达式为

$$U_d = m_d r h = -I_{x_r \bar{z}_r} \quad (3-5)$$

在惯性坐标系中转子动不平衡对基础产生的扰振力矩可表示为

$$\begin{cases} M_x(t) = U_d \Omega^2 \sin(\Omega t + \varphi_0) \\ M_y(t) = U_d \Omega^2 \sin\left(\Omega t + \varphi_0 - \mathrm{sign}(\Omega) \cdot \dfrac{\pi}{2}\right) \end{cases} \quad (3-6)$$

在图 3-6 所示情形中，初始相位 $\varphi_0 = 0$，y 方向扰振力矩的相位较 x 方向滞后 $\dfrac{\pi}{2}$。

与静不平衡、动不平衡相比，轴承噪声、电机噪声引起的扰振载荷较为复杂。其中，轴承噪声主要由滚珠与滚道及保持架之间的摩擦、碰撞引起。轴承噪声的来源如图 3-7 所示，轴承工作时，内外环的相对转速与转子相同，滚珠的公转转速及保持架转速低于转子转速，滚珠的自转转速高于转子转速。因此，当外滚道、滚珠、内滚道及保持架存在缺陷时，轴承转动会产生频率丰富的扰振载荷。形成电机噪声的主要原因包括测速传感器的空间离散布置以及时间离散采样与控制引起的转速波动，磁极离散布置导致的旋转过程中转子周期性受力变化，以及功率放大电路中电流开关控制引起的电磁噪声等。

虽然轴承及电机引起的扰振载荷较为复杂，但其频率成分基本上都与转子转速相关。为此，由静动不平衡量、轴承、电机引起的扰振载荷可统一写为

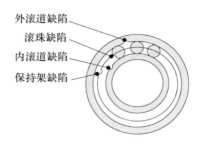

图 3-7 轴承噪声来源

$$d_k(t) = \sum_{i=1}^{n} C_i \Omega^2 \sin(h_i \Omega t + \varphi_i), k = 1, 2, \cdots, 6 \quad (3-7)$$

式中:d_k 为第 k 个方向的扰振载荷;h_i 为第 i 次谐波的转速倍频数;C_i 为第 i 次谐波的幅值系数;φ_i 为第 i 次谐波的初始相位。

转速一次谐波的扰振力主要由静、动不平衡量引起,对照式(3-2)及式(3-6)可知,对于径向扰振力与扰振力矩,C_i 分别等于静不平衡量 U_s 及动不平衡量 U_d。

3.1.1.2 动量轮与结构耦合建模

1)物理模型与数学表达式

动量轮简化模型如图 3-8 所示,动量轮的质量集中于转子,弹簧与阻尼器分别模拟轴承与动量轮边界的连接刚度。转子体坐标系为 $Oxyz$,惯性坐标系为 $OXYZ$,两个坐标系的原点位于转子质心。模型包含 10 个自由度,飞轮转子与动量轮边界的坐标分别为 $\{x_1, y_1, z_1, \theta, \phi\}$、$\{x_2, y_2, z_2, \alpha, \psi\}$,动量轮转子自转角速度为 Ω。动量轮工作时其转子相对惯性空间的角速度可表示为

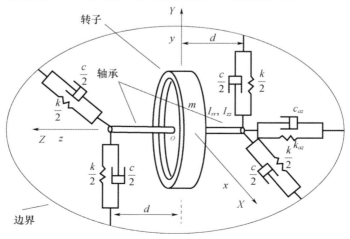

图 3-8 动量轮的简化模型

$$\omega = \begin{bmatrix} \dot{\theta} \\ \dot{\phi}\cos\theta \\ \Omega - \dot{\phi}\sin\theta \end{bmatrix} \quad (3-8)$$

在图 3-8 所示的简化模型中,支架无质量,m 为动量轮转子质量,I_{rr} 为动量轮转子径向转动惯量,系统的动能为

$$T_{\text{wheel}} = \frac{1}{2}(\dot{\theta}^2 + \dot{\phi}^2\cos^2\theta) \cdot I_{rr} + \frac{1}{2}(\Omega - \dot{\phi}\sin\theta)^2 \cdot I_{zz} + \frac{1}{2}M(Dx_1^2 + Dy_1^2 + Dz_1^2) \quad (3-9)$$

系统的势能为

$$V = \frac{1}{4}k_x(x_1 - x_2 + d\sin\phi - d\sin\alpha)2 + \frac{1}{4}k_x(x_1 - x_2 - d\sin\phi + d\sin\psi)2 +$$

$$\frac{1}{4}k_x(x_1 - x_2 + d\sin\phi - d\sin\alpha)2 + \frac{1}{4}k_x(x_1 - x_2 - d\sin\phi + d\sin\psi)2 +$$

$$\frac{1}{4}k_y(y_1 - y_2 - d\sin\theta + d\sin\alpha)2 + \frac{1}{4}k_y(y_1 - y_2 + d\sin\theta - d\sin\alpha)2 +$$

$$\frac{1}{2}k_{az}(z_1 - z_2)2 \quad (3-10)$$

耗散力所做虚功为

$$\delta W = -\frac{1}{2}c[\dot{x}_1 - \dot{x}_2 + \dot{\phi}d\cos\phi - \dot{\psi}d\cos\psi)(\delta x_1 - \delta x_2 - \delta\psi d\cos\psi + \delta\phi d\cos\phi) +$$

$$(\dot{x}_1 - \dot{x}_2 - \dot{\phi}d\cos\phi + \dot{\psi}d\cos\psi)(\delta x_1 - \delta x_2 - \delta\phi d\cos\phi + \delta\psi d\cos\psi) +$$

$$(\dot{y}_1 - \dot{y}_2 - \dot{\theta}d\cos\theta + \dot{\alpha}d\cos\alpha)(\delta y_1 - \delta y_2 - \delta\theta d\cos\theta + \delta\alpha d\cos\alpha) +$$

$$(\dot{y}_1 - \dot{y}_2 + \dot{\theta}d\cos\theta - \dot{\alpha}d\cos\alpha)(\delta y_1 - \delta y_2 + \delta\theta d\cos\theta - \delta\alpha d\cos\alpha)] -$$

$$c_{az}(\dot{z}_1 - \dot{z}_2)(\delta z_1 - \delta z_2) \quad (3-11)$$

根据拉格朗日第二类方程,即

$$\frac{\mathrm{d}}{\mathrm{d}t}\left(\frac{\partial L}{\partial \dot{q}_j}\right) - \frac{\partial L}{\partial q_j} = Q_j' \quad (3-12)$$

得到动量轮的运动方程为

$$\boldsymbol{M}_f \ddot{\boldsymbol{x}} + \boldsymbol{C}_f \dot{\boldsymbol{x}} + \boldsymbol{K}_f \boldsymbol{x} = \boldsymbol{Q}' \quad (3-13)$$

其中

$$M_{\mathrm{f}} = \begin{bmatrix} m & 0 & 0 & 0 & 0 & 0 & 0 & 0 & 0 & 0 \\ 0 & m & 0 & 0 & 0 & 0 & 0 & 0 & 0 & 0 \\ 0 & 0 & m & 0 & 0 & 0 & 0 & 0 & 0 & 0 \\ 0 & 0 & 0 & I_{rr} & 0 & 0 & 0 & 0 & 0 & 0 \\ 0 & 0 & 0 & 0 & I_{rr} & 0 & 0 & 0 & 0 & 0 \\ 0 & 0 & 0 & 0 & 0 & 0 & 0 & 0 & 0 & 0 \\ 0 & 0 & 0 & 0 & 0 & 0 & 0 & 0 & 0 & 0 \\ 0 & 0 & 0 & 0 & 0 & 0 & 0 & 0 & 0 & 0 \\ 0 & 0 & 0 & 0 & 0 & 0 & 0 & 0 & 0 & 0 \\ 0 & 0 & 0 & 0 & 0 & 0 & 0 & 0 & 0 & 0 \end{bmatrix} \quad (3-14)$$

$$C_{\mathrm{f}} = \begin{bmatrix} c & 0 & 0 & 0 & 0 & -c & 0 & 0 & 0 & 0 \\ 0 & c & 0 & 0 & 0 & 0 & -c & 0 & 0 & 0 \\ 0 & 0 & c_{az} & 0 & 0 & 0 & 0 & -c_{az} & 0 & 0 \\ 0 & 0 & 0 & cd^2 & \Omega I_{zz} & 0 & 0 & 0 & -cd^2 & 0 \\ 0 & 0 & 0 & -\Omega I_{zz} & cd^2 & 0 & 0 & 0 & 0 & -cd^2 \\ -c & 0 & 0 & 0 & 0 & c & 0 & 0 & 0 & 0 \\ 0 & -c & 0 & 0 & 0 & 0 & c & 0 & 0 & 0 \\ 0 & 0 & -c_{az} & 0 & 0 & 0 & 0 & c_{az} & 0 & 0 \\ 0 & 0 & 0 & -cd^2 & 0 & 0 & 0 & 0 & cd^2 & 0 \\ 0 & 0 & 0 & 0 & -cd^2 & 0 & 0 & 0 & 0 & cd^2 \end{bmatrix}$$

$$(3-15)$$

$$K_{\mathrm{f}} = \begin{bmatrix} k & 0 & 0 & 0 & 0 & -k & 0 & 0 & 0 & 0 \\ 0 & k & 0 & 0 & 0 & 0 & -k & 0 & 0 & 0 \\ 0 & 0 & k_{az} & 0 & 0 & 0 & 0 & -k_{az} & 0 & 0 \\ 0 & 0 & 0 & kd^2 & 0 & 0 & 0 & 0 & -kd^2 & 0 \\ 0 & 0 & 0 & 0 & kd^2 & 0 & 0 & 0 & 0 & -kd^2 \\ -k & 0 & 0 & 0 & 0 & k & 0 & 0 & 0 & 0 \\ 0 & -k & 0 & 0 & 0 & 0 & k & 0 & 0 & 0 \\ 0 & 0 & -k_{az} & 0 & 0 & 0 & 0 & k_{az} & 0 & 0 \\ 0 & 0 & 0 & -kd^2 & 0 & 0 & 0 & 0 & kd^2 & 0 \\ 0 & 0 & 0 & 0 & -kd^2 & 0 & 0 & 0 & 0 & kd^2 \end{bmatrix}$$

$$(3-16)$$

2）参数确定方法

根据节点将动量轮运动方程分块，式（3-13）变为

$$\begin{bmatrix} M_{11} & M_{12} \\ M_{21} & M_{22} \end{bmatrix}\begin{bmatrix} \ddot{x}_1 \\ \ddot{x}_2 \end{bmatrix} + \begin{bmatrix} C_{11} & C_{12} \\ C_{21} & C_{22} \end{bmatrix}\begin{bmatrix} \dot{x}_1 \\ \dot{x}_2 \end{bmatrix} + \begin{bmatrix} K_{11} & K_{12} \\ K_{21} & K_{22} \end{bmatrix}\begin{bmatrix} x_1 \\ x_2 \end{bmatrix} = \begin{bmatrix} f_1 \\ f_2 \end{bmatrix} \quad (3-17)$$

式中：下标"1"代表质心自由度；下标"2"代表保持架自由度。

对于固定界面下的动量轮，$\ddot{x}_2 = 0, \dot{x}_2 = 0, x_2 = 0$，其自由运动方程式（3-17）变为

$$M_{11}[\ddot{x}_1] + C_{11}[\dot{x}_1] + K_{11}[x_1] = 0 \quad (3-18)$$

则

$$\begin{bmatrix} m & & & & \\ & m & & & \\ & & m & & \\ & & & I_{rr} & \\ & & & & I_{rr} \end{bmatrix}[\ddot{x}_1] + \begin{bmatrix} c & & & & \\ & c & & & \\ & & c_{az} & & \\ & & & cd^2 & \Omega I_{zz} \\ & & & -\Omega I_{zz} & cd^2 \end{bmatrix}[\dot{x}_1] +$$

$$\begin{bmatrix} k & & & & \\ & k & & & \\ & & k_{az} & & \\ & & & kd^2 & \\ & & & & kd^2 \end{bmatrix}[x_1] = 0 \quad (3-19)$$

可知动量轮平动及转动模态频率表达式为

$$\omega_T^2 = \frac{k}{m} \quad (3-20)$$

$$\omega_{az}^2 = \frac{k_{az}}{m} \quad (3-21)$$

$$\omega_R = \mp \frac{\Omega I_{zz}}{2I_{rr}} + \sqrt{\left(\frac{\Omega I_{zz}}{2I_{rr}}\right)^2 + \frac{kd^2}{I_{rr}}} \quad (3-22)$$

由式（3-20）~式（3-22）可知，式（3-13）中刚度参数 k、k_{az}、kd^2 可由模态测量结果计算得来，此模态在固定边界下进行。同理，式（3-13）中阻尼参数亦可通过模态试验确定。

由式（3-17）可以计算出测量系统所获得的界面扰动力表达式，x_2 为界面自由度，当其固定在测试平台上时，$\ddot{x}_2 = 0, \dot{x}_2 = 0, x_2 = 0$，测试平台输出扰动力

在频域内的表达式为

$$\{f_2\} = (\mathrm{i}\omega C_{21} + K_{21})(-\omega^2 M_{11} + \mathrm{i}\omega C_{11} + K_{11})^{-1} \quad (3-23)$$

由式(3-23)可见,动量轮输出的扰动力表达式中包含了矩阵 M、C、K 中的非对角线元素,这证明模型体现了连接刚度对扰动传递的影响。

3) 耦合分析方法

扰动的耦合分析借用通用有限元软件 NASTRAN,采用 SOL111 时域求解器求解。卫星有限元模型在其中建模,而动量轮数学模型通过节点的直接矩阵输入(Direct Matrix Input at Point,DMIG)卡片输入到航天器有限元模型中。刚度和质量矩阵具有以下形式,即

$$\begin{cases} [M_{gg}] = [M_{gg}^1] + [M_{gg}^2] \\ [C_{gg}] = [C_{gg}^1] + [C_{gg}^2] \\ [K_{gg}] = [K_{gg}^1] + [K_{gg}^2] \end{cases} \quad (3-24)$$

式中:下标 "g" 为相应于节点和标量点定义的全部位移自由度;$[M_{gg}^1]$,$[C_{gg}^1]$ 和 $[K_{gg}^1]$ 为用有限元单元模型生成的质量、阻尼和刚度矩阵;$[M_{gg}^2]$,$[C_{gg}^2]$ 和 $[K_{gg}^2]$ 为质量、阻尼和刚度矩阵。

实现矩阵输入后,系统耦合响应分析方程具有如下形式,即

$$\begin{bmatrix} M_{11} & M_{12} & \\ M_{21} & M_{22} & \\ & & M_b \end{bmatrix} \begin{bmatrix} \ddot{x}_1 \\ \ddot{x}_2 \\ \ddot{x}_b \end{bmatrix} + \begin{bmatrix} C_{11} & C_{12} & \\ C_{21} & C_{22}+C_a & C_{2b} \\ & C_{b2} & C_b \end{bmatrix} \begin{bmatrix} \dot{x}_1 \\ \dot{x}_2 \\ \dot{x}_b \end{bmatrix} +$$

$$\begin{bmatrix} K_{11} & K_{12} & \\ K_{21} & K_{22}+K_a & K_{2b} \\ & K_{b2} & K_b \end{bmatrix} \begin{bmatrix} x_1 \\ x_2 \\ x_b \end{bmatrix} = \begin{bmatrix} f_1 \\ 0 \\ 0 \end{bmatrix} \quad (3-25)$$

式中:x_b 为卫星舱板上的响应,扰动力作用于动量轮转子的相应自由度。Nastran 将式(3-25)在 SOL111 求解器中计算并输出结果。

综上所述,可以利用 Nastran 提供的 DMIG 卡片,实现有限元模型与试验模型的结合。

3.1.1.3 CMG 微振动建模

1) 模型描述和简化

定义如图 3-9 所示的几组坐标系。

(1) 定义坐标系 $o_h x_h y_h z_h$(坐标系 h)为安装界面坐标系,原点 o_h 位于 CMG

基座底面中心。

（2）定义坐标系 $o_b x_b y_b z_b$（坐标系 b）为固定于基座的坐标系，原点 o_b 位于基座中心，x_b 和 y_b 为水平方向坐标轴，z_b 为竖直方向坐标轴，其中 y_b 沿着低速轴方向。

（3）定义坐标系 $o_g x_g y_g z_g$（坐标系 g）为固定于框架且围绕框架转动的坐标系，原点 o_g 位于框架中心，当飞轮和框架处于初始位置静止时，坐标系 g 和坐标系 b 重合。然而，当 CMG 提供控制力矩时，飞轮框架系统会绕着框架转轴转动。此时，坐标系 g 和坐标系 b 之间绕 y 轴方向存在旋转角，定义为 θ。

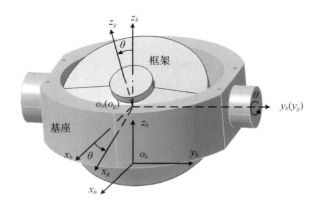

图 3-9　CMG 微振动系统坐标系示意图

飞轮和框架可以考虑成刚体，轴承可以等效成线性弹簧和阻尼器，伺服控制系统可以等效成线性扭转弹簧，其刚度定义成伺服动刚度 k_s。对于 CMG 振动系统中的两组转子-轴承系统，其轴承和伺服控制系统等效弹簧和阻尼器可以简化为转子中心的六自由度弹簧和阻尼器，对于飞轮-轴承系统，其旋转方向的扭转刚度和阻尼为 0，因此，整个 CMG 振动系统可以被简化成如图 3-10 所示的十二自由度的质量-弹簧-阻尼系统，其中，M_f、M_g 和 M_b 分别为飞轮、框架和基座的质量矩阵，K_f 和 C_f 分别为飞轮和框架之间轴承的等效六自由度刚度和阻尼矩阵，K_g 和 C_g 分别为框架和基座之间轴承的等效六自由度刚度和阻尼矩阵。

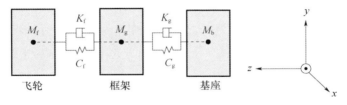

图 3-10　CMG 等效十二自由度线性模型

2)刚度和阻尼矩阵推导

对于每组转子-轴承系统,其等效动力学模型为六自由度的质量-弹簧-阻尼系统,其等效刚度矩阵和等效阻尼矩阵可以通过轴承的刚度和阻尼推导得到,转子-轴承系统的等效动力学模型如图3-11所示,其中,k_r 和 k_a 分别为轴承的径向和轴向等效刚度,c_r 和 c_a 分别为轴承的径向和轴向等效阻尼,d 为轴承的支撑长度,即转子中心到轴承支撑位置的距离。

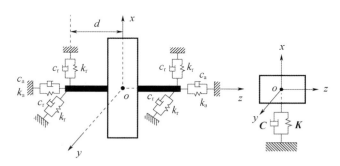

图3-11 转子-轴承系统等效动力学模型

转子-轴承振动系统的刚度和阻尼矩阵分别定义为

$$\boldsymbol{K}|_{oxyz} = \begin{bmatrix} \boldsymbol{K}_{tr} & \boldsymbol{0} \\ \boldsymbol{0} & \boldsymbol{K}_{to} \end{bmatrix} \quad (3-26)$$

$$\boldsymbol{C}|_{oxyz} = \begin{bmatrix} \boldsymbol{C}_{tr} & \boldsymbol{0} \\ \boldsymbol{0} & \boldsymbol{C}_{to} \end{bmatrix} \quad (3-27)$$

式中:$\boldsymbol{K}_{tr}$ 和 $\boldsymbol{K}_{to}$ 分别为转子-轴承振动系统的径向和轴向等效刚度;$\boldsymbol{C}_{tr}$ 和 $\boldsymbol{C}_{to}$ 分别为系统的径向和轴向等效阻尼。

转子-轴承振动系统的平动等效刚度和阻尼矩阵可以分别通过转子两端支撑轴承的刚度和阻尼矩阵线性相加得到,分别表示为

$$\boldsymbol{K}_{tr}|_{oxyz} = \mathrm{diag}[\,2k_r \quad 2k_r \quad 2k_a\,] \quad (3-28)$$

$$\boldsymbol{C}_{tr}|_{oxyz} = \mathrm{diag}[\,2c_r \quad 2c_r \quad 2c_a\,] \quad (3-29)$$

转子-轴承振动系统的扭转等效刚度和阻尼矩阵需要分别根据轴承的径向刚度和阻尼推导得到,现以振动系统绕 y 轴方向的等效扭转刚度的推导为例子阐述推导过程,受力分析图如图3-12所示。

假设转子绕 y 轴方向发生扭转小位移 ε,飞轮两端的轴承将会产生幅值相等的平动小位移,且两端产生的平动位移方向相反,该平动小位移的幅值可以

由转子的扭转小位移 ε 乘以轴承的支撑距离得到,有

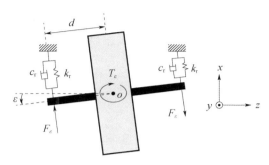

图 3-12 转子绕 y 轴方向扭转受力分析图

$$\Delta_\varepsilon |_{oxyz} = 2d\sin\varepsilon \qquad (3-30)$$

飞轮两端的轴承同时也会产生幅值相等方向相反的反作用支撑力,该反作用支撑力的幅值可表示为

$$F_\varepsilon = k_r \Delta_\varepsilon = k_r d \sin\varepsilon \qquad (3-31)$$

将两端轴承产生的两个反作用支撑力等效到转子中心,其作用效果可以等效成一个绕 y 轴方向的力矩,其幅值可表示为

$$T_\varepsilon |_{oxyz} = 2F_\varepsilon d = 2k_r d^2 \sin\varepsilon \qquad (3-32)$$

对于 CMG 振动系统,其飞轮和框架的两个径向方向的扭转振动幅值均为小量,因此,转子扭转小位移 ε 趋向于 0,式(3-32)中的等效力矩可以简化为

$$T_\varepsilon |_{oxyz} = 2k_r d^2 \varepsilon \qquad (3-33)$$

因此,可以得到转子-轴承振动系统绕 y 轴方向的等效扭转刚度,即

$$k_{to,y} |_{oxyz} = T_\varepsilon / \varepsilon = 2k_r d^2 \qquad (3-34)$$

同样地,转子-轴承振动系统绕 x 轴方向的等效扭转刚度可表示为

$$k_{to,x} |_{oxyz} = 2k_r d^2 \qquad (3-35)$$

由于转子-轴承系统绕 z 轴方向为转动方向,因此绕该方向的扭转刚度可以当作 0,因此整个转子-轴承振动系统的扭转刚度矩阵可表示为

$$\boldsymbol{K}_{to} |_{oxyz} = \mathrm{diag}[2d^2 k_r \quad 2d^2 k_r \quad 0] \qquad (3-36)$$

同样地,转子-轴承振动系统的扭转阻尼矩阵可表示为

$$\boldsymbol{C}_{to} |_{oxyz} = \mathrm{diag}[2d^2 c_r \quad 2d^2 c_r \quad 0] \qquad (3-37)$$

综上所述,可以得到整个转子-轴承振动系统的刚度和阻尼矩阵,分别表示为

$$\boldsymbol{K} |_{oxyz} = \mathrm{diag}[2k_r \quad 2k_r \quad 2k_a \quad 2d^2 k_r \quad 2d^2 k_r \quad 0] \qquad (3-38)$$

$$\boldsymbol{C}|_{oxyz} = \mathrm{diag}[\begin{matrix} 2c_{\mathrm{r}} & 2c_{\mathrm{r}} & 2c_{\mathrm{a}} & 2d^2c_{\mathrm{r}} & 2d^2c_{\mathrm{r}} & 0 \end{matrix}] \quad (3-39)$$

为了方便建模分析,CMG振动方程的推导在框架坐标系(坐标系g)中进行,则飞轮和框架之间轴承的等效六自由度刚度和阻尼矩阵在坐标系g中分别表示为

$$\boldsymbol{K}_{\mathrm{f}}|_{o_g x_g y_g z_g} = \mathrm{diag}[\begin{matrix} 2k_{\mathrm{fr}} & 2k_{\mathrm{fr}} & 2k_{\mathrm{fa}} & 2d_1^2 k_{\mathrm{fr}} & 2d_1^2 k_{\mathrm{fr}} & 0 \end{matrix}] \quad (3-40)$$

$$\boldsymbol{C}_{\mathrm{f}}|_{o_g x_g y_g z_g} = \mathrm{diag}[\begin{matrix} 2c_{\mathrm{fr}} & 2c_{\mathrm{fr}} & 2c_{\mathrm{fa}} & 2d_1^2 c_{\mathrm{fr}} & 2d_1^2 c_{\mathrm{fr}} & 0 \end{matrix}] \quad (3-41)$$

框架和基座之间轴承的等效六自由度刚度和阻尼矩阵则需要通过坐标转换技术从坐标系b转换到坐标系g。另外,考虑转子旋转方向的伺服动刚度以后,可以具体表达如下:

$$\boldsymbol{K}_{\mathrm{g}}|_{o_g x_g y_g z_g} = {}_b^g\boldsymbol{E}\,\mathrm{diag}[\begin{matrix} 2k_{\mathrm{gr}} & 2k_{\mathrm{gr}} & 2k_{\mathrm{ga}} & 2d_2^2 k_{\mathrm{gr}} & k_{\mathrm{s}} & 2d_2^2 k_{\mathrm{gr}} \end{matrix}]{}_b^g\boldsymbol{E}^{-1} \quad (3-42)$$

$$\boldsymbol{C}_{\mathrm{g}}|_{o_g x_g y_g z_g} = {}_b^g\boldsymbol{E}\,\mathrm{diag}[\begin{matrix} 2c_{\mathrm{gr}} & 2c_{\mathrm{gr}} & 2c_{\mathrm{ga}} & 2d_2^2 c_{\mathrm{gr}} & 0 & 2d_2^2 c_{\mathrm{gr}} \end{matrix}]{}_b^g\boldsymbol{E}^{-1} \quad (3-43)$$

式中:${}_b^g\boldsymbol{E}$为从坐标系b到坐标系g的坐标转换矩阵。坐标系g与坐标系b之间的位置关系得出${}_b^g\boldsymbol{E}$的具体表达式为

$${}_b^g\boldsymbol{E} = \begin{bmatrix} \cos\theta & 0 & -\sin\theta & 0 & 0 & 0 \\ 0 & 1 & 0 & 0 & 0 & 0 \\ \sin\theta & 0 & \cos\theta & 0 & 0 & 0 \\ 0 & 0 & 0 & \cos\theta & 0 & -\sin\theta \\ 0 & 0 & 0 & 0 & 1 & 0 \\ 0 & 0 & 0 & \sin\theta & 0 & \cos\theta \end{bmatrix} \quad (3-44)$$

3)动力学建模推导

本节将应用拉格朗日能量方法建立CMG的动力学模型,广义形式的拉格朗日方程表达式为

$$\frac{\mathrm{d}}{\mathrm{d}t}\left(\frac{\partial T(\boldsymbol{q},\dot{\boldsymbol{q}})}{\partial \dot{\boldsymbol{q}}}\right) - \frac{\partial T(\boldsymbol{q},\dot{\boldsymbol{q}})}{\partial \boldsymbol{q}} + \frac{\partial V(\boldsymbol{q},\dot{\boldsymbol{q}})}{\partial \boldsymbol{q}} + \frac{\partial D(\boldsymbol{q},\dot{\boldsymbol{q}})}{\partial \dot{\boldsymbol{q}}} = \boldsymbol{p} \quad (3-45)$$

式中:向量$\boldsymbol{q}$和$\boldsymbol{p}$分别为CMG振动系统的广义坐标向量和广义外力向量,表达式T、V和D分别表示该振动系统的动能、势能和耗散能。

飞轮和框架质心的六自由度位移向量分别定义为

$$\boldsymbol{q}_{\mathrm{f}}|_{o_g x_g y_g z_g} = [\begin{matrix} x_{\mathrm{f}} & y_{\mathrm{f}} & z_{\mathrm{f}} & \alpha_{\mathrm{f}} & \beta_{\mathrm{f}} & \gamma_{\mathrm{f}} \end{matrix}]^{\mathrm{T}} \quad (3-46)$$

$$\boldsymbol{q}_{\mathrm{g}}|_{o_g x_g y_g z_g} = [\begin{matrix} x_{\mathrm{g}} & y_{\mathrm{g}} & z_{\mathrm{g}} & \alpha_{\mathrm{g}} & \beta_{\mathrm{g}} & \gamma_{\mathrm{g}} \end{matrix}]^{\mathrm{T}} \quad (3-47)$$

对飞轮和框架质心的位移向量求导可以得到速度向量,分别表示为

$$\dot{\boldsymbol{q}}_{\mathrm{f}}|_{o_{\mathrm{g}}x_{\mathrm{g}}y_{\mathrm{g}}z_{\mathrm{g}}} = \begin{bmatrix} \dot{x}_{\mathrm{f}} & \dot{y}_{\mathrm{f}} & \dot{z}_{\mathrm{f}} & \dot{\alpha}_{\mathrm{f}} & \dot{\beta}_{\mathrm{f}} & \dot{\gamma}_{\mathrm{f}} \end{bmatrix}^{\mathrm{T}} \qquad (3-48)$$

$$\dot{\boldsymbol{q}}_{\mathrm{g}}|_{o_{\mathrm{g}}x_{\mathrm{g}}y_{\mathrm{g}}z_{\mathrm{g}}} = \begin{bmatrix} \dot{x}_{\mathrm{g}} & \dot{y}_{\mathrm{g}} & \dot{z}_{\mathrm{g}} & \dot{\alpha}_{\mathrm{g}} & \dot{\beta}_{\mathrm{g}} & \dot{\gamma}_{\mathrm{g}} \end{bmatrix}^{\mathrm{T}} \qquad (3-49)$$

用欧拉角描述飞轮和框架的广义角运动,如图 3-13 所示。首先将框架坐标系 g 围绕 y_{g} 轴旋转角度 β,得到新的坐标系 $o_{\beta}x_{\beta}y_{\beta}z_{\beta}$,然后将坐标系 $o_{\beta}x_{\beta}y_{\beta}z_{\beta}$ 围绕 x_{β} 轴旋转角度 α,得到坐标系 $o_{\alpha}x_{\alpha}y_{\alpha}z_{\alpha}$,最后将坐标系 $o_{\alpha}x_{\alpha}y_{\alpha}z_{\alpha}$ 围绕 z_{α} 轴旋转角度 γ,最终得到飞轮和框架的本体坐标系 $o_{\gamma}x_{\gamma}y_{\gamma}z_{\gamma}$。

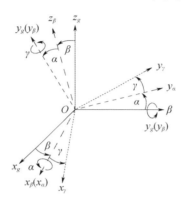

图 3-13 飞轮和框架的欧拉角广义运动坐标示意图

在稳速状态下,飞轮转速为常值,假设其为 Ω,即 $\dot{\gamma}_{\mathrm{f}} = \Omega$,由欧拉角表示三次旋转后,飞轮和框架质心处的速度向量分别在其本体坐标系 $o_{\alpha}x_{\alpha}y_{\alpha}z_{\alpha}$ 中表示为

$$\dot{\boldsymbol{q}}_{\mathrm{f}}|_{o_{\alpha}x_{\alpha}y_{\alpha}z_{\alpha}} = \begin{bmatrix} \dot{x}_{\mathrm{f}} & \dot{y}_{\mathrm{f}} & \dot{z}_{\mathrm{f}} & \dot{\alpha}_{\mathrm{f}} & \dot{\beta}_{\mathrm{f}}\cos\beta_{\mathrm{f}} & \Omega - \dot{\beta}_{\mathrm{f}}\sin\beta_{\mathrm{f}} \end{bmatrix}^{\mathrm{T}} \qquad (3-50)$$

$$\dot{\boldsymbol{q}}_{\mathrm{g}}|_{o_{\alpha}x_{\alpha}y_{\alpha}z_{\alpha}} = \begin{bmatrix} \dot{x}_{\mathrm{g}} & \dot{y}_{\mathrm{g}} & \dot{z}_{\mathrm{g}} & \dot{\alpha}_{\mathrm{g}} & \dot{\beta}_{\mathrm{g}}\cos\beta_{\mathrm{g}} & \dot{\gamma}_{\mathrm{g}} - \dot{\beta}_{\mathrm{g}}\sin\beta_{\mathrm{g}} \end{bmatrix}^{\mathrm{T}} \qquad (3-51)$$

飞轮和框架的质量矩阵分别定义为

$$\boldsymbol{M}_{\mathrm{f}} = \mathrm{diag}[\, m_{\mathrm{f}} \quad m_{\mathrm{f}} \quad m_{\mathrm{f}} \quad J_{\mathrm{fr}} \quad J_{\mathrm{fr}} \quad J_{\mathrm{fz}}\,] \qquad (3-52)$$

$$\boldsymbol{M}_{\mathrm{g}} = \mathrm{diag}[\, m_{\mathrm{g}} \quad m_{\mathrm{g}} \quad m_{\mathrm{g}} \quad J_{\mathrm{gr}} \quad J_{\mathrm{gr}} \quad J_{\mathrm{gz}}\,] \qquad (3-53)$$

式中: m_{f} 和 m_{g} 分别为飞轮和框架的质量;J_{fr} 和 J_{gr} 分别为它们的径向惯量;J_{fz} 和 J_{gz} 分别为它们的极向惯量。

CMG 振动系统的动能可表示为

$$T = \frac{1}{2}\dot{\boldsymbol{q}}_{\mathrm{f}}^{\mathrm{T}}\boldsymbol{M}_{\mathrm{f}}\dot{\boldsymbol{q}}_{\mathrm{f}} + \frac{1}{2}\dot{\boldsymbol{q}}_{\mathrm{g}}^{\mathrm{T}}\boldsymbol{M}_{\mathrm{g}}\dot{\boldsymbol{q}}_{\mathrm{g}} \qquad (3-54)$$

将式(3-54)整理后,可得到整个系统的动能,即

$$T = \frac{1}{2}M_g(\dot{x}_g^2 + \dot{y}_g^2 + \dot{z}_g^2) + \frac{1}{2}J_{gr}[\dot{\alpha}_g^2 + (\dot{\beta}_g\cos\beta_g)^2] +$$
$$\frac{1}{2}J_{gz}(\dot{\gamma}_g - \dot{\beta}_g\sin\beta_g)^2 + \frac{1}{2}M_f(\dot{x}_f^2 + \dot{y}_f^2 + \dot{z}_f^2) +$$
$$\frac{1}{2}J_{fr}[\dot{\alpha}_f^2 + (\dot{\beta}_f\cos\beta_f)^2] + \frac{1}{2}J_{fz}(\Omega - \dot{\beta}_f\sin\beta_f)^2 \quad (3-55)$$

CMG 振动系统的弹性势能可表示为

$$V = \frac{1}{2}\boldsymbol{q}_{fg}^T \boldsymbol{K}_f \boldsymbol{q}_{fg} + \frac{1}{2}\boldsymbol{q}_g^T \boldsymbol{K}_g \boldsymbol{q}_g \quad (3-56)$$

式中:$\boldsymbol{q}_{fg}$ 为飞轮和框架质心之间的弹性角位移向量。

$\boldsymbol{q}_{fg}$ 可以通过飞轮和框架质心处的位移相减得到,即

$$\boldsymbol{q}_{fg}|_{o_g x_g y_g z_g} = \boldsymbol{q}_f - \boldsymbol{q}_g \quad (3-57)$$

整个振动系统的弹性势表达式为

$$V = k_{fr}[(x_f - x_g)^2 + (y_f - y_g)^2 + d_1^2(\alpha_f - \alpha_g)^2 + d_1^2(\beta_f - \beta_g)^2] +$$
$$k_{fa}(z_f - z_g)^2 + k_{gr}[x_g^2 + y_g^2 + d_2^2\alpha_g^2 + d_2^2\beta_g^2] + k_{ga}z_g^2 \quad (3-58)$$

CMG 振动系统的阻尼耗散能表达式为

$$D = \frac{1}{2}\dot{\boldsymbol{q}}_{fg}^T \boldsymbol{C}_f \dot{\boldsymbol{q}}_{fg} + \frac{1}{2}\dot{\boldsymbol{q}}_g^T \boldsymbol{C}_g \dot{\boldsymbol{q}}_g \quad (3-59)$$

式中:$\dot{\boldsymbol{q}}_{fg}$ 为飞轮和框架质心之间的耗散速度向量,可以通过飞轮和框架质心处的速度向量相减得到,即

$$\dot{\boldsymbol{q}}_{fg}|_{o_g x_g y_g z_g} = \dot{\boldsymbol{q}}_f - \dot{\boldsymbol{q}}_g \quad (3-60)$$

整个振动系统的阻尼耗散能可表示为

$$D = c_{fr}[(\dot{x}_f - \dot{x}_g)^2 + (\dot{y}_f - \dot{y}_g)^2 + d_1^2(\dot{\alpha}_f - \dot{\alpha}_g)^2 + d_1^2(\dot{\beta}_f - \dot{\beta}_g)^2] +$$
$$c_{fa}(\dot{z}_f - \dot{z}_g)^2 + c_{gr}[\dot{x}_g^2 + \dot{y}_g^2 + d_2^2\dot{\alpha}_g^2 + d_2^2\dot{\beta}_g^2] + c_{ga}\dot{z}_g^2 \quad (3-61)$$

CMG 的微振动主要来源于飞轮质量不平衡、轴承缺陷、内部结构共振和电机扰动 4 个方面。其中,飞轮质量不平衡是最主要的因素,飞轮的不平衡特性主要包括静不平衡特性和动不平衡特性,如图 3-14 所示。由于转子在加工、制造和装配过程中的误差,转子的质心与其旋转无法避免地存在偏离,当转子高速旋转时,飞轮质心与旋转轴的偏移会引起静不平衡,飞轮主轴与旋转轴的角度失调会引起动不平衡力矩。

当飞轮旋转时,静不平衡和动不平衡会分别对飞轮产生不平衡力和不平衡力矩,可以分别等效成作用在飞轮质心的力矢量和力矩矢量。等效力和力矩矢量分别表示为

第 3 章 微振动源特性分析、测试与建模

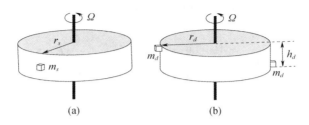

图 3-14 飞轮的不平衡特性示意图

(a)静不平衡特性;(b)动不平衡特性。

$$f_s = [U_s\Omega^2\sin(\Omega t+\varphi_s) \quad U_s\Omega^2\cos(\Omega t+\varphi_s) 0]^T \quad (3-62)$$

$$f_d = [U_d\Omega^2\sin(\Omega t+\varphi_d) \quad U_d\Omega^2\cos(\Omega t+\varphi_d) 0]^T \quad (3-63)$$

式中:$U_s = m_s r_s$ 为静不平衡质量;φ_s 为初始相位;$U_d = m_d r_d$ 为动不平衡质量;φ_d 为初始相位。

飞轮质量不平衡会引起与飞轮转速相关的基频谐波,然而轴承缺陷会引起次谐波和超谐波,当谐波处于动量轮弹性模态的共振区时会发生共振,从而导致该频率处的扰振幅值被放大。参考动量轮经验模型表达式,由轴承缺陷引起次谐波和超谐波响应可以分别表示为

$$f_t = \sum_{i=1}^{n}\lambda_{ti}\Omega^2[\sin(h_i\Omega t+\varphi_{ti}) \quad \cos(h_i\Omega t+\varphi_{ti}) 0]^T \quad (3-64)$$

$$f_r = \sum_{i=1}^{n}\lambda_{ri}\Omega^2[\sin(h_i\Omega t+\varphi_{ri}) \quad \cos(h_i\Omega t+\varphi_{ri}) 0]^T \quad (3-65)$$

式中:符号 n,h_i 和 λ_i 的定义均与动量轮经验模型中的定义一致;下标"t"和"r"分别代表平动和转动方向;式中所有参数的值可根据 CMG 微振动测试数据辨识得到;当 $h_i = 1$ 时表示由飞轮质量不平衡会引起基频扰动。

综上所述,作用在飞轮上的外部激励向量可表示为

$$f_f|_{o_g x_g y_g z_g} = [f_t^T \quad f_r^T]^T \quad (3-66)$$

因此,可以得到整个 CMG 振动系统的广义外力向量,可表示为

$$p_R|_{o_g x_g y_g z_g} = [f_f^T \quad f_g^T]^T \quad (3-67)$$

式中:f_g 为作用在框架质心处的外部激励向量,由于框架上没有外部激励源,因此其为零向量。

综上所述,可得到 CMG 的振动方程,忽略高阶小量并整理后可以表示为如下矩阵形式,即

$$M_R\ddot{q}_R + (C_R + G_R)\dot{q}_R + K_R q_R = p_R \quad (3-68)$$

式中:M_R、C_R、G_R 和 K_R 分别为 CMG 振动系统的质量、阻尼、陀螺和刚度矩阵,如下:

$$\begin{cases} M_R = \begin{bmatrix} M_f & 0 \\ 0 & M_g \end{bmatrix}, K_R = \begin{bmatrix} K_f & -K_f \\ -K_f & K_f + K_g \end{bmatrix} \\ C_R = \begin{bmatrix} C_f & -C_f \\ -C_f & C_f + C_g \end{bmatrix}, G_R = \begin{bmatrix} G_f & 0 \\ 0 & 0 \end{bmatrix} \end{cases} \quad (3-69)$$

式中:G_f 为飞轮的陀螺矩阵。可表示为

$$G_f = J_{fz} \Omega \begin{bmatrix} 0 & 0 & 0 & 0 & 0 & 0 \\ 0 & 1 & 0 & 0 & 0 & 0 \\ -1 & 0 & 0 & 0 & 0 & 0 \\ 0 & 0 & 0 & 0 & 0 & 0 \\ 0 & 0 & 0 & 0 & 0 & 0 \\ 0 & 0 & 0 & 0 & 0 & 0 \end{bmatrix} \quad (3-70)$$

该振动系统的广义坐标向量为

$$q_R \big|_{o_g x_g y_g z_g} = \begin{bmatrix} q_f^T & q_g^T \end{bmatrix}^T$$

$$= \begin{bmatrix} x_f & y_f & z_f & \alpha_f & \beta_f & \gamma_f & x_g & y_g & z_g & \alpha_g & \beta_g & \gamma_g \end{bmatrix}^T \quad (3-71)$$

式(3-68)为线性化的 CMG 动力学模型,该方程中仅包含飞轮质量,阻尼和刚度以及陀螺项,可以比较直观地反映出 CMG 的动力学特性,该方程形式简单,便于 CMG 与弹性边界耦合模型的推导。

4) 系统的微振动输出

应用龙格-库塔方法可以求解 CMG 的线性动力学方程,并得到系统的位移响应 q_R。根据系统的位移响应可以得到框架轴承在坐标系 g 中的反作用合力,有

$$F_h \big|_{o_g x_g y_g z_g} = -(C_g \dot{q}_g + K_g q_g) \quad (3-72)$$

应用坐标转换技术将轴承的反作用合力从坐标系 g 转换到坐标系 h,可得到 CMG 对安装基础的反作用力,可表示为

$$F_h \big|_{o_h x_h y_h z_h} = {}_g^h E \, {}_b^b E F_h \big|_{o_g x_g y_g z_g} = -{}_g^h E (C_g \dot{q}_g + K_g q_g) \quad (3-73)$$

式中:${}_g^b E$ 为从坐标系 b 到坐标系 g 的坐标转换矩阵;${}_g^h E$ 为从坐标系 g 到坐标系 h 的坐标转换矩阵。

根据如图 3-14 所示的坐标系 g 与坐标系 b 之间的位置关系,得出 ${}_g^b E$ 的具体表达式为

$$
{}_g^b\boldsymbol{E} = \begin{bmatrix} \cos\theta & 0 & \sin\theta & 0 & 0 & 0 \\ 0 & 1 & 0 & 0 & 0 & 0 \\ -\sin\theta & 0 & \cos\theta & 0 & 0 & 0 \\ 0 & 0 & 0 & \cos\theta & 0 & \sin\theta \\ 0 & 0 & 0 & 0 & 1 & 0 \\ 0 & 0 & 0 & -\sin\theta & 0 & \cos\theta \end{bmatrix} \quad (3-74)
$$

同样地,根据如图 3-14 所示的坐标系 b 与坐标系 h 之间的位置关系,得出 ${}_b^h\boldsymbol{E}$ 的具体表达式为

$$
{}_b^h\boldsymbol{E} = \begin{bmatrix} 1 & 0 & 0 & 0 & 0 & 0 \\ 0 & 1 & 0 & 0 & 0 & 0 \\ 0 & 0 & 1 & 0 & 0 & 0 \\ 0 & -l_h & 0 & 1 & 0 & 0 \\ l_h & 0 & 0 & 0 & 1 & 0 \\ 0 & 0 & 0 & 0 & 0 & 1 \end{bmatrix} \quad (3-75)
$$

因此,CMG 对安装基础的扰振输出可以表示为

$$
\boldsymbol{F}_h \big|_{o_h x_h y_h z_h} = - \begin{bmatrix} \cos\theta & 0 & \sin\theta & 0 & 0 & 0 \\ 0 & 1 & 0 & 0 & 0 & 0 \\ -\sin\theta & 0 & \cos\theta & 0 & 0 & 0 \\ 0 & -l_h & 0 & \cos\theta & 0 & \sin\theta \\ l_h\cos\theta & 0 & l_h\sin\theta & 0 & 1 & 0 \\ 0 & 0 & 0 & -\sin\theta & 0 & \cos\theta \end{bmatrix} (\boldsymbol{C}_g \dot{\boldsymbol{q}}_g + \boldsymbol{K}_g \boldsymbol{q}_g)
$$

$$(3-76)$$

3.1.2 低速驱动

低速驱动类设备主要用于星上可控构件的姿态调节,通常以步进机动的方式进行调节,保证构件能更好地工作。该类设备主要包括太阳翼驱动机构、数据传播(简称数传)天线驱动机构、中继天线驱动机构等,共同点包括:①驱动机构为步进电机;②负载为柔性结构。以太阳翼驱动机构(Solar Array Drive Assembly,SADA)为例进行扰振机理的分析和扰振模型的建立。

目前,应用较为广泛的 SADA 驱动部件主要有步进电机和永磁同步电机两类,国内外学者针对这两类 SADA 扰振特性的理论研究和仿真分析开展了大量

工作。步进电机具有定位精度高、无累计误差、驱动线路简单等特点,是较为成熟的 SADA 驱动方案。在高轨卫星中,一般选取两相步进电机,采用开环控制模式驱动太阳翼。但是,步进电机由电脉冲信号驱动,不可避免地存在扰动。近年来,越来越多的 SADA 驱动组件选取永磁同步电机替代传统的步进电机以提升转动平稳度。永磁同步电机通常需采用位置环、速度环、电流环三环闭环控制,控制稳定性受到负载特性、电机参数等多种因素影响,其扰动力由控制、电磁、结构相互作用形成,需开展精细化的设计与分析以取得良好的应用效果。

同时,SADA 驱动太阳翼在轨运行过程中所产生的扰振在低频区具有分布密集和特性复杂的特点,且主要表现为扰振力矩。因此,必须研究 SADA 驱动太阳翼在轨运行过程中所产生的扰振力矩。下面对步进电机驱动柔性负载、永磁同步电机驱动柔性负载的扰振形成机理进行建模。

3.1.2.1　步进电机驱动扰动模型

步进电机的动力学模型可表示为

$$J_0 \ddot{\theta}_0 + C_0 \dot{\theta}_0 = T_{ex} - T_l \qquad (3-77)$$

式中:J_0 和 θ_0 分别为步进电机转子的转动惯量和角位移;C_0 为步进电机内部的黏性阻尼系数;T_{ex} 和 T_l 则分别为电磁力矩和负载转矩。

步进电机的驱动模型可表示为

$$\begin{cases} \boldsymbol{\Phi} = \boldsymbol{L}\boldsymbol{I} \\ T_{ex} = \dfrac{1}{2}\boldsymbol{I}^{\mathrm{T}} \dfrac{\partial \boldsymbol{\Phi}}{\partial \boldsymbol{\theta}_0} \end{cases} \qquad (3-78)$$

式中:$\boldsymbol{\Phi}$ 为磁链矢量;$\boldsymbol{I}$ 和 $\boldsymbol{L}$ 分别为电流矢量和对称的电感矩阵。

将式(3-78)代入动力学模型,整理后可得

$$J_0 \ddot{\theta}_0 + C_0 \dot{\theta}_0 + K_0 \theta_0 = T_{ex} - T_l \qquad (3-79)$$

其中

$$K_0 = K_m I z \qquad (3-80)$$

$$T_{ex} = K_m I \gamma i \qquad (3-81)$$

式中:K_m 为电磁力矩常数;I 为两相绕组电流的幅值;z 为步进电机转子齿数;γ 为步进电机细分后的电步距角;$i=1,2,\cdots$ 为运行步序;K_0 和 T_{ex} 均与步进电机的转子角位移 θ_0 无关,分别称为电磁刚度和阶梯激励。

柔性负载及自由度示意图如图 3-15 所示,将其划分为内部自由度 u 及界面自由度 v 两部分,其中 C 点为柔性负载与 SADA 的连接点,其自由度只有绕 Y 轴的转动角 θ,激励只有绕 Y 轴的力矩 T_l。

第 3 章 微振动源特性分析、测试与建模

图 3-15 柔性负载及自由度示意图

柔性负载的振动方程可表示为

$$\begin{bmatrix} M_{uu} & M_{uv} \\ M_{vu} & M_v \end{bmatrix} \begin{bmatrix} \ddot{X}_u \\ \ddot{\theta} \end{bmatrix} + \begin{bmatrix} K_{uu} & K_{uv} \\ K_{vu} & K_v \end{bmatrix} \begin{bmatrix} X_u \\ \theta \end{bmatrix} = \begin{bmatrix} F_u \\ T_l \end{bmatrix} \tag{3-82}$$

根据固定界面模态综合法,选取柔性负载的假设分支模态集,即

$$\boldsymbol{\varphi} = \begin{bmatrix} \boldsymbol{\varphi}_l & \boldsymbol{\psi}_c \end{bmatrix} = \begin{bmatrix} \boldsymbol{\varphi}_{ul} & \boldsymbol{\psi}_{uc} \\ \boldsymbol{0}_{ll} & 1 \end{bmatrix} \tag{3-83}$$

式中:$\boldsymbol{\varphi}_l$ 为固定界面的分支保留主模态集;l 为保留的主模态阶数;$\boldsymbol{\psi}_c$ 为对全部界面坐标的约束模态集。

主模态集的计算公式进行质量归一化后可以表示为

$$(\boldsymbol{K}_{uu} - \omega^2 \boldsymbol{M}_{uu})\boldsymbol{\varphi}_{ul} = \boldsymbol{0} \tag{3-84}$$

约束模态集的计算公式可表示为

$$\begin{bmatrix} \boldsymbol{K}_{uu} & \boldsymbol{K}_{u\theta} \\ \boldsymbol{K}_{\theta u} & \boldsymbol{K}_{q} \end{bmatrix} \begin{bmatrix} \boldsymbol{\psi}_{uc} \\ 1 \end{bmatrix} = \begin{bmatrix} \boldsymbol{0}_{uc} \\ \boldsymbol{R}_{\theta} \end{bmatrix} \tag{3-85}$$

记柔性负载的模态矩阵 $\boldsymbol{\varphi}$ 所对应的模态坐标为 $\boldsymbol{p}$,则

$$\begin{bmatrix} X_u \\ \theta \end{bmatrix} = \boldsymbol{\varphi}\boldsymbol{p} = \begin{bmatrix} \boldsymbol{\varphi}_{ul} & \boldsymbol{\psi}_{uc} \\ \boldsymbol{0}_{ll} & 1 \end{bmatrix} \begin{bmatrix} p_l \\ p_\theta \end{bmatrix} \tag{3-86}$$

将振动方程变换至模态坐标下,可得

$$\begin{bmatrix} \boldsymbol{I}_{ll} & \boldsymbol{M}_{lc} \\ \boldsymbol{M}_{cl} & \boldsymbol{M}_{c} \end{bmatrix} \begin{bmatrix} \ddot{p}_l \\ \ddot{\theta} \end{bmatrix} + \begin{bmatrix} \boldsymbol{\Lambda}_l & \boldsymbol{0} \\ \boldsymbol{0} & K_c \end{bmatrix} \begin{bmatrix} p_l \\ \theta \end{bmatrix} = \begin{bmatrix} \boldsymbol{\varphi}_{ul}^{\mathrm{T}} \boldsymbol{F}_u \\ \boldsymbol{\psi}_{uc}^{\mathrm{T}} \boldsymbol{F}_u + T_l \end{bmatrix} \tag{3-87}$$

式中：

$$M_{lc} = M_{cl}^{T} = \boldsymbol{\varphi}_{ul}^{T} M_{uu} \boldsymbol{\psi}_{uc} + \boldsymbol{\varphi}_{ul}^{T} M_{uv} \quad (3-88)$$

$$M_{c} = M_{v} - M_{vu} M_{uu}^{-1} M_{uv} \quad (3-89)$$

$$K_{c} = K_{v} - K_{vu} K_{uu}^{-1} K_{uv} \quad (3-90)$$

将式(3-87)与式(3-78)、式(3-79)联立,可得步进电机驱动柔性负载的电磁耦合方程,求解,可得电机运行过程中对基础的反作用力矩。

3.1.2.2 永磁同步电机驱动扰动模型

永磁同步电机驱动刚性负载时,为简化分析,做如下假设。

（1）气隙均匀,磁回路与转子无关,即各相绕组的自感、绕组间的互感与转子位置无关。

（2）转子磁链在气隙中呈正弦分布,转子上没有阻尼绕组,永磁体也没有阻尼作用。

（3）忽略铁磁材料饱和、磁滞和涡流的影响。

（4）忽略温度和频率变化对电动机参数的影响。

（5）绕组中感应电波波形是正弦波。

永磁同步电机坐标系如图 3-16 所示,其中 OA、OB、OC 为三向定子绕组的轴线。电流流过三向定子绕组时会产生一个旋转的磁场,而两相相位正交对称的绕组通以两相相位差 $90°$ 的交流电时,也能产生旋转的磁场,所以三向定子绕组可以等效为一个两相系统。

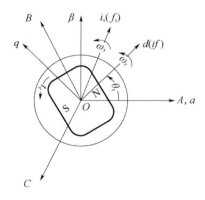

图 3-16 永磁同步电机坐标系

图 3-16 中：d 轴定义为永磁同步电机永磁体 N 极的指向,q 轴定义为沿逆时针方向超前 d 轴 $90°$ 电角度。在 Odq 坐标系下永磁同步电机的定子电压方

程为

$$\begin{cases} u_q = Ri_q + L_q \dfrac{\mathrm{d}i_q}{\mathrm{d}t} + p_n \dfrac{\mathrm{d}\theta}{\mathrm{d}t}L_d i_d + p_n \dfrac{\mathrm{d}\theta}{\mathrm{d}t}\psi_f \\ u_d = Ri_d + L_d \dfrac{\mathrm{d}i_d}{\mathrm{d}t} - p_n \dfrac{\mathrm{d}\theta}{\mathrm{d}t}L_q i_q \end{cases} \quad (3-91)$$

式中:u_q 为 q 轴电压;i_q 为 q 轴电流;u_d 为 d 轴电压;i_d 为 d 轴电流;R 为三相定子电阻;L_q 为 q 轴电感;L_d 为 d 轴电感;θ 为转子转角;ψ_f 为永磁体基波励磁磁场链过定子绕组的磁链;p_n 为极对数。

磁链方程可表示为

$$\begin{cases} \psi_q = L_q i_q \\ \psi_d = L_d i_d + \psi_f \end{cases} \quad (3-92)$$

电磁转矩方程可表示为

$$T_e = p_n [\psi_f i_q + (L_d - L_q) i_d i_q] \quad (3-93)$$

永磁同步电机的运动方程可表示为

$$T_e = B\left(\dfrac{\mathrm{d}\theta}{\mathrm{d}t}\right) + J \dfrac{\mathrm{d}^2 \theta}{\mathrm{d}t^2} + T_1 \quad (3-94)$$

式中:$B(\mathrm{d}\theta/\mathrm{d}t)$ 为摩擦转矩;T_1 为负载转矩;J 为等效到转轴上的转动惯量。

永磁同步电机的矢量控制方法主要有:$i_d = 0$ 控制、$\cos\varphi = 1$ 控制、恒磁链控制、最大转矩/电流控制、弱磁控制、最大输出功率控制等。其中,$i_d = 0$ 控制所需电流最小,单位定子电流可获得最大转矩,该方法应用于 SADA 驱动控制具有明显优势。使用电流环、速度环、位置环三环比例、积分、微分(Proportion Integration Differentiation, PID)控制的 SADA 数学模型可写为

$$u_q = Ri_q + L_q \dfrac{\mathrm{d}i_q}{\mathrm{d}t} + C_e \dfrac{\mathrm{d}\theta}{\mathrm{d}t} + k_i i_q \quad (3-95)$$

$$T_e = k_m i_q \quad (3-96)$$

$$T_e = B\left(\dfrac{\mathrm{d}\theta}{\mathrm{d}t}\right) + J \dfrac{\mathrm{d}^2 \theta}{\mathrm{d}t^2} + T_1 \quad (3-97)$$

$$e = \theta_0 - \theta \quad (3-98)$$

$$r = K_P e + K_I \int_0^t e \mathrm{d}t + K_D \dfrac{\mathrm{d}e}{\mathrm{d}t} \quad (3-99)$$

$$k_u \left(k_d r - k_v \dfrac{\mathrm{d}\theta}{\mathrm{d}t} \right) = u_q \quad (3-100)$$

式中:C_e 为电动机反电动势系数;k_i 为电流反馈系数;k_m 为电动机力矩系数;θ_0

输入角位置信号;θ 为实际转角;e 为转角误差;r 为控制指令;K_P、K_I、K_D 为 PID 控制参数;k_u 为功率放大倍数;k_d 为速度环放大倍数;k_v 为速度环反馈系数。

将式(3-87)与式(3-94)~式(3-100)联立即可得永磁步进电机驱动柔性负载的电磁-力学耦合方程,求解可得电机运行过程中对基础的反作用力矩。

3.1.3 往复运动类

星上往复运动类设备一般通过电机驱动活动元件进行往复运动,实现特定功能。以红外相机扫描机构为例,该机构主要包括摆镜、挠性轴、基座、片簧等,摆镜通过挠性轴与基座相连,片簧直接固定于基座上。片簧是电机反向的主要作用力矩来源,在长轴的一端采用上、下一对片簧,片簧端部焊接耐磨材料作为碰撞块。当摆镜运动到极限位置时,与碰撞块碰撞,片簧产生变形,同时在接近极限位置时,电机工作,二者共同为摆镜提供反向力矩。

由于摆镜已经经过调平衡处理,动不平衡量很小,因此由摆镜转动引起的不平衡力较小。上、下片簧组成弹性限位系统,受到持续的脉冲冲击。在片簧脉冲和电机主动力矩的共同作用下,摆镜反向,带给基座相应的反作用力矩。此冲量远大于摆镜的不平衡力。

推断振动的主要来源是:摆镜反向运动,对基础产生连续脉冲式反作用力矩,通过片簧和电机的共同作用,将连续脉冲载荷传递至基座,引起结构的振动,其频谱成分除包括扫摆频率对应的扰动力外,还包括了扫摆频率的各次倍频。

设脉冲波形近似为矩形,脉冲宽度为 b,脉冲幅值为 A,则基座所受载荷可表示为

$$M = \begin{cases} 0, & -T < t < -(a+b) \\ -A, & -(a+b) < t < -a \\ 0, & -a < t < a \\ A, & -a < t < a+b \\ 0, & a+b < t < T \end{cases} \quad (3-101)$$

其中

$$T = \frac{1}{2f_0} \quad (3-102)$$

$$a = \frac{T-b}{2} \quad (3-103)$$

式中:f_0 为扫描频率。

相应地,载荷曲线如图 3-17 所示。

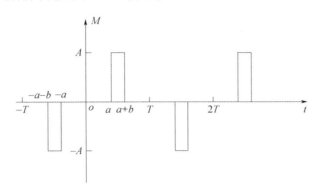

图 3-17 矩形连续脉冲载荷示意图

对载荷进行傅里叶级数展开,可得

$$M = \frac{4A}{\pi}\sum_{n=0}^{\infty}\frac{1}{2n+1}\sin\frac{(2n+1)\pi b}{2T}\sin\frac{(2n+1)\pi t}{T} \quad (3-104)$$

频率可表示为

$$f_n = \frac{\frac{(2n+1)\pi}{T}}{2\pi} = \frac{(2n+1)}{2T} = (2n+1)f_0 \quad (3-105)$$

因此,式(3-104)可写为

$$M = \frac{4A}{\pi}\sum_{n=0}^{\infty}\frac{1}{2n+1}\sin\frac{f_n b\pi}{4T^2}\sin2\pi f_n t \quad (3-106)$$

由此可见,载荷中主要成分为摆镜频率 f_0 的奇数次倍频,而且幅值随频率升高呈振荡衰减趋势。基座受到的脉冲力矩冲量大小为

$$I = 2J\omega \quad (3-107)$$

式中:J 为摆镜的转动惯量;ω 为碰撞时摆镜的转动角速度。

为了保证扫描的线性度,摆镜在线性段不受外力矩作用,只在非线性段受到电机和片簧的组合作用。

对于某型红外相机扫描机构有以下参数:扫描频率 $f_0 = 5.251$ Hz、摆镜的转动惯量 $J = 0.036$ kg·m²、碰撞时摆镜的转动角速度 $\omega = 0.454$ rad/s。线性段扫描时间与整个扫描周期之比 $\eta \geq 80\%$,则在非线性段受到的脉冲力矩宽度占扫描周期的 20% 以下。

对冲量大小和脉冲宽度进行估算,采用矩形脉冲进行近似等效,可得脉冲力矩幅值为 0.8582N·m，脉冲宽度为 0.019s，得到图 3-18 所示的原始信号，对该信号进行傅里叶变换，得到图 3-19 所示的幅值谱。

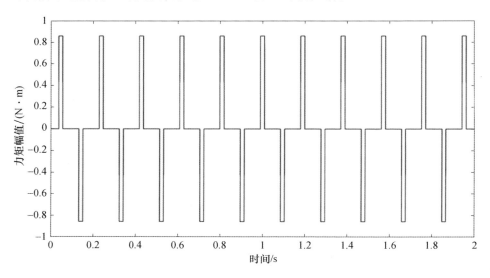

图 3-18　原始信号

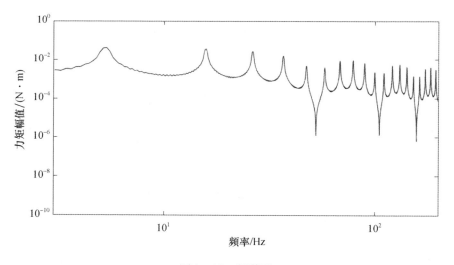

图 3-19　频谱图

由幅值谱可见载荷的频率成分主要为摆振频率的奇数次倍频，幅值随频率升高呈振荡衰减趋势，与式（3-105）和式（3-106）推导结论相符。在摆镜扰振试验中，在红外相机安装位置以及 PAN 相机摆镜等处均布置了测点，图 3-20

为测试中,当红外相机和 PAN 相机全开,测得的加速度功率谱,由图可见,其频谱成分与计算分析结果基本一致。

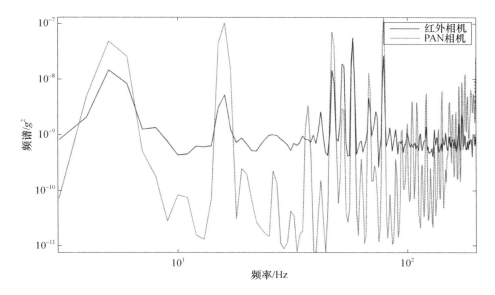

图 3-20 扰振试验测得频谱曲线

3.2 微振动源测试

对于卫星上的活动部件不仅要进行仿真分析,还需要进行试验测试,目的在于获取活动部件试验条件下的扰振特性。活动部件的单机测试一般是在六分量测力平台上进行的,将活动部件固定于测力平台台面上,通过台体内部的敏感器获取扰动力和力矩。

目前,各研究机构应用较多的为 Kistler 公司的产品,当然也有多家研究机构针对特定的扰动源部件研制了专用测试设备,如北京航空航天大学研制的柔性六分量测力台和刚性六分量测力台,韩国研制的 HAU 测力平台等。

在采用六分量测力平台进行测试时,测试结果不仅反映了活动部件的扰动特性,还包含了测力平台结构的力学特性以及活动部件自身结构的力学特性。当测力平台刚度足够大,基频远高于测量频段上限时,可以近似视为固支边界。但是,扰动力测量频段要求一般较宽,而测力平台的刚度难以无限制的提高。因此,测试得到的扰动力和力矩与活动部件直接承受的扰动力和力矩有一定的偏差，将其直接代入整星模型进行分析，可能会引起较大的误差，需要对测试数据进行校正。

为此，国内外学者提出了多种测量数据补偿方法，Hwa – Suk Oh 等提出了基于位移和转角信号的频域补偿方法，在测试扰动力的同时，在测力平台上布置若干加速度计，由加速度信号解算得到位移和转角，对扰动力进行频域校正。Elias 等提出了动态质量法来补偿结构柔性对扰动力测量值的影响，在完成六分量力测试后，将被试件悬吊起来，采用激振器进行激励，获取其动态质量，代入补偿公式进行校正。

由此可见，需要通过测力平台测试活动部件的扰振特性，而对扰动力测量的误差机理进行系统分析，并对测量数据进行补偿，则是扰动测试数据用于微振动传递分析和微振动抑制设计的前提。本节就六分量测力台的测量原理及测量误差修正方法进行介绍。

3.2.1 测量原理

由于航天器扰振源的扰振很小，个别有效载荷如动量轮在空间 3 个方向只能产生几十毫牛甚至几毫牛的微弱扰振，要想在具有相对强烈干扰背景噪声的地面试验室中测量此类扰振十分困难，而其对应传感器的精度要求非常高。

现有微振动测量技术通常只能测得耦合在一起的载荷信号，通过软件后处理得到振动台中心位置处 6 个方向的载荷，标定过程及测试结果后处理复杂。为了克服现有测试技术标定过程及测试结果后处理复杂的不足，项目组自研了一种压电式解耦微振动测量系统，可直接测得振动台中心位置的 6 个载荷分量，用于分析航天器运行过程中，扰振源在空间 6 个自由度上的动态特性，为提高航天器的姿态控制精度和加强航天器的安全设计提供可靠的测试数据。测力平台实物如图 3 – 21 所示。

项目组自研的六分量测力平台包括底板、3 块侧板、8 个独立的剪切型压电式传感器、接线板、负载板等，其中 8 个剪切型压电式传感器结构均一致，构造简单，独立装配，位于底板和负载板之间，上下均通过螺栓连接，传感器组合引出的导线连接在接线板上对应的端口，端口通过导线与数据采集和处理系统连接。每个传感器都能测量出横向和纵向 2 个方向的力，通过对 8 个传感器进行合理组合，测出负载板中心处扰振源的 3 个解耦动态力和 3 个解耦动态力矩。

图 3-21 六分量测力平台(见彩图)

当微小扰振源产生振动时,8 个剪切型压电式传感器产生 6 个压电信号,对振动台进行标定后得到相应的灵敏度系数,将其与电压信号相乘后可以得到 3 个微小振动力信号和 3 个微小振动力矩信号,以此为基础准确分析出微小扰振源的振动特性。

3.2.2 标定方法

压电力传感器输出的是电压信号,试验的目的是要得到的力信号,为此需要将电压信号转换为力信号。传统的方法是根据每个传感器的灵敏度系数和各传感器的空间布置,计算出系统整体的标定矩阵。测力平台采用的压电传感器是特制的,灵敏度系数很高,但各传感器灵敏度数有差异,工作一段时间后会略有变化,还会受到环境温度和湿度的影响。如采用传统方法,每次使用前需要首先将测试系统拆卸,再标定每个传感器的灵敏度系数;然后重新装配,工作量大且存在多个传感器灵敏度系数误差积累的问题。

为此,应用模态分析理论中的载荷识别技术即频响函数矩阵求逆法来得到电压信号与力信号之间的标定系数,实现整体标定,从而求出扰动载荷。这是一种整体标定的方法,这就减少了由于多个传感器在组成整体使用时其标定误差的累积问题;同时,每次标定时无需重新拆装测试系统,很大程度上降低了工作量,使用方便。

根据模态分析理论,对于 N 自由度线性系统有

$$X(\omega) = H(\omega)F(\omega) \quad (3-108)$$

式中:$X(\omega)$ 为响应谱向量(电压信号),维数为 $N \times 1$;$H(\omega)$ 为频响函数矩阵,维数为 $N \times N$;$F(\omega)$ 为载荷谱向量,维数为 $N \times 1$。

一般情况下,真实系统特别是连续结构,其自由度数 N 很大,不可能测得所有自由度上的响应来求解结构受到的载荷。通常情况下,由于待确定的载荷数 P 不会很大,所以希望用尽量少的响应数据来确定待识别的载荷,也就是通过结构的部分响应来识别载荷。假设待定的载荷数为 P,响应的测点数为 L,两者均小于系统的总自由度数 N,可得

$$X(\omega)_{L \times 1} = H(\omega)_{L \times 1} F(\omega)_{L \times 1} \quad (3-109)$$

由式(3-109)可知,只要确定频响函数矩阵以及响应向量的频谱,就可以求解载谱,进而用傅里叶逆变换得到载荷的时域信号,即模态分析理论中的载荷识别频响函数矩阵求逆法。若待定的载荷数 P 与响应的测点数 L 相等即 $L = P$,则频响函数矩阵 $H(\omega)$ 为方阵,此时载荷谱向量 $F(\omega)$ 可表示为

$$F(\omega) = H^{-1}(\omega) X(\omega) \quad (3-110)$$

若待定的载荷数 P 与响应的测点数 L 不相等,通常是 $L \geq P$,则频响函数矩阵 $H(\omega)$ 就不再是方阵,必须对频响函数求广义逆。这样,载荷识别的公式为

$$F(\omega) = [H^H(\omega) H(\omega)]^{-1} H^H(\omega) X(\omega) \quad (3-111)$$

式中:上标"H"表示矩阵的共轭转置。

通常,动响应 $X(\omega)$ 比较容易得到,而频响函数矩阵 $H(\omega)$ 的确定则不是容易的,因为 $H(\omega)$ 矩阵中各元素反映的是各个离散的激励点和响应点之间的关系,响应点对于各个不同的激励点及激励点对于各个不同的响应点之间的频响函数是互不相同的。也就是说,式(3-111)中的 $H(\omega)$ 和 $F(\omega)$ 是紧密联系在一起的,如果不知道载荷向量 $F(\omega)$ 中各分量 $F_j(\omega)$ 的作用位置,也就无法确定 $H(\omega)$ 中的各元素。因此,频响函数矩阵求逆法只能用于识别已知作用位置的动态载荷,对于作用位置未知或随时间变化的情况则不能用这种方法识别。

对于有些扰动源(如动量轮),其扰动力作用点不能够准确确定。这时在应用前面所述的频响函数矩阵求逆法时会遇到两个问题:

(1)如何定义扰动力作用点;

(2)由于对于定义的扰动力作用点往往无法直接施加载荷,如何对该作用

点进行传递矩阵标定。

针对上述两个问题,采用的解决方法如下:

(1) 加工一个相对刚硬的扰动源安装盘,安装盘本身固有频率大于检测频率3倍以上,这时可认为安装盘相对系统其他部分为刚体;

(2) 将所有扰动力等效为作用点在安装盘中的6个外力载荷,即3个平动力、2个弯矩和1个扭矩;

(3) 设安装盘上的标定力激励点与其中心点 O 之间为刚性连接,直接对该盘的不同作用点和不同方向施加标定力进行标定。

根据上述描述,首先将标定载荷转换到安装盘形心,即

$$F_{6\times n}(\omega) = C_{6\times n} F'_{n\times n}(\omega) \tag{3-112}$$

式中:矩阵下标中的 n 为试验中加载的次数;F 为等效到形心的载荷,维数为 $6\times n$;F' 为实际加载的载荷,是一个对角阵,矩阵中的 F'_{ii} 为第 ii 次加载的载荷值;C 为实际加载的载荷矩阵与等效载荷矩阵之间的转换矩阵,维数为 $6\times n$。

等效载荷与力传感器信号之间的关系可表示为

$$W_{6\times 8}(\omega) T_{8\times n}(\omega) = F_{6\times n}(\omega) \tag{3-113}$$

式中:矩阵下标中的 n 为试验中加载的次数;W 为系统频响函数矩阵的逆;T 为8个力传感器的响应信号,维数为 $8\times n$;F 为式(3-112)中得到的等效载荷。

由式(3-113)可知,当响应矩阵 T 存在逆时,有

$$W_{6\times 8}(\omega) = F_{6\times n}(\omega) T^{-1}_{n\times 8}(\omega) \tag{3-114}$$

考虑到响应信号的通道只有8个,为了提高测试精度,加载点的数目应大于响应通道数,即 $n>8$,这时响应矩阵 T 不再是一个方阵,而是一个行满秩的矩阵,应用广义逆理论,有

$$W_{6\times 8}(\omega) = F_{6\times n}(\omega) T^{H}(\omega) [T(\omega) T^{H}(\omega)]^{-1} \tag{3-115}$$

将式(3-112)代入式(3-115),有

$$W_{6\times 8}(\omega) = C_{6\times n} F'_{n\times n}(\omega) T^{H}(\omega) [T(\omega) T^{H}(\omega)]^{-1} \tag{3-116}$$

试验中将式(3-116)求得的矩阵 $W(\omega)$ 和试验测得的 $T(\omega)$ 分别表示式(3-111)中的频响函数矩阵 $H(\omega)$ 的广义逆和响应 $X(\omega)$,可以确定系统的等效外载荷,实现中心等效标定即将传感器得到的电压信号转换为实际需要的力信号,即

$$F_{6\times 1}(\omega) = W_{6\times 8}(\omega) T_{8\times 1}(\omega) \tag{3-117}$$

为了能从测试得到的响应信号 $T(\omega)$ 中确定激励信号 $F(\omega)$,首先应该求得相应的标定矩阵 $W(\omega)$,整体标定矩阵实际上是8个压电力传感器的响应信

号与作用在等效中心点的载荷之间的频响函数矩阵。在试验中,等效中心为 8 分量传感器装置的负载盘上表面的中心点,在此中心点直接施加 3 个平动力和 3 个力矩有困难,因此在假设负载盘为刚体的基础上,安装一个刚度很高的标定台,并选择如图 3-22 所示的 16 个加载点。根据空间力系平衡理论可知,利用选择的 16 个加载点能等效出作用在负载盘几何中心的 3 个平动力和 3 个力矩;O 点为负载盘上表面的中心点。标定点的位置参数数值如表 3-1 所列。

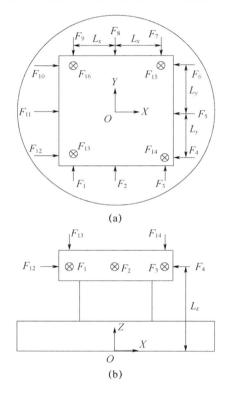

图 3-22 标定点位置

表 3-1 标定点位置参数

L_x/m	L_y/m	L_z/m
0.042	0.042	0.04

试验中通过 16 个标定力 $F_1 \sim F_{16}$ 得到系统的标定矩阵 $\boldsymbol{W}(\omega)$,试验中的表示实际加载的载荷矩阵与等效载荷矩阵之间的转换矩阵,即式(3-113)中的矩阵 $\boldsymbol{C}$ 的表达式为

$$\begin{cases} \boldsymbol{C}_1 = \begin{bmatrix} 0 & 1 & 0 & -L_z & 0 & -L_x \end{bmatrix}^T \\ \boldsymbol{C}_2 = \begin{bmatrix} 0 & 1 & 0 & -L_z & 0 & 0 \end{bmatrix}^T \\ \boldsymbol{C}_3 = \begin{bmatrix} 0 & 1 & 0 & -L_z & 0 & L_x \end{bmatrix}^T \\ \boldsymbol{C}_4 = \begin{bmatrix} -1 & 0 & 0 & 0 & -L_z & -L_y \end{bmatrix}^T \\ \boldsymbol{C}_5 = \begin{bmatrix} -1 & 0 & 0 & 0 & -L_z & 0 \end{bmatrix}^T \\ \boldsymbol{C}_6 = \begin{bmatrix} -1 & 0 & 0 & 0 & -L_z & L_y \end{bmatrix}^T \\ \boldsymbol{C}_7 = \begin{bmatrix} 0 & -1 & 0 & L_z & 0 & -L_x \end{bmatrix}^T \\ \boldsymbol{C}_8 = \begin{bmatrix} 0 & -1 & 0 & L_z & 0 & 0 \end{bmatrix}^T \\ \boldsymbol{C}_9 = \begin{bmatrix} 0 & -1 & 0 & L_z & 0 & L_x \end{bmatrix}^T \\ \boldsymbol{C}_{10} = \begin{bmatrix} 1 & 0 & 0 & 0 & L_z & -L_y \end{bmatrix}^T \\ \boldsymbol{C}_{11} = \begin{bmatrix} 1 & 0 & 0 & 0 & L_z & 0 \end{bmatrix}^T \\ \boldsymbol{C}_{12} = \begin{bmatrix} 1 & 0 & 0 & 0 & L_z & L_y \end{bmatrix}^T \\ \boldsymbol{C}_{13} = \begin{bmatrix} 0 & 0 & -1 & L_y & -L_x & 0 \end{bmatrix}^T \\ \boldsymbol{C}_{14} = \begin{bmatrix} 0 & 0 & -1 & L_y & L_x & 0 \end{bmatrix}^T \\ \boldsymbol{C}_{15} = \begin{bmatrix} 0 & 0 & -1 & -L_y & L_x & 0 \end{bmatrix}^T \\ \boldsymbol{C}_{16} = \begin{bmatrix} 0 & 0 & -1 & -L_y & -L_x & 0 \end{bmatrix}^T \end{cases} \quad (3-118)$$

式中：$\boldsymbol{C}_i$ 为第 i 次加载的载荷与中心等效载荷之间的转换矩阵。

3.2.3 失真与校正

本节对引起测量误差的机理进行了分析：首先讨论了活动部件结构柔性、测量设备结构柔性对测试结果的影响及其耦合作用；然后提出了一种测试数据的校正方法，并通过测试实例对信号失真进行了分析。

3.2.3.1 活动部件结构柔性影响分析

对于活动部件而言，一般都通过控制回路保证其转速或摆速的稳定，而扰动力主要与转速或摆速相关,通过轴系作用于结构上。因此,可以假设其扰动力与活动部件外部连接无关。在进行扰动测量时,活动部件通过连接界面 A 固定在测力平台上。如果测力平台为理想刚体,则活动部件在界面 A 处为固支边界。若活动部件也为理想刚体,则界面 A 的受力即为扰动力 F_r。但是,活动部件扰动力的频率范围一般远超过其自身基频,必须计入活动部件的柔性。考虑柔性试件刚性台体的测量系统模型如图 3 – 23 所示。扰动力经活动部件自身结构传递至安装界面后,测量力 F_a 不同于真实扰动力 F_r。

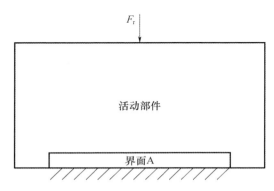

图 3 – 23 柔性试件刚性台体测量系统

系统的控制方程可写为

$$\begin{bmatrix} m_{ss} & m_{sa} \\ m_{as} & m_{aa} \end{bmatrix}\begin{bmatrix} \ddot{x}_s \\ \ddot{x}_a \end{bmatrix} + \begin{bmatrix} c_{ss} & c_{sa} \\ c_{as} & c_{aa} \end{bmatrix}\begin{bmatrix} \dot{x}_s \\ \dot{x}_a \end{bmatrix} + \begin{bmatrix} k_{ss} & k_{sa} \\ k_{as} & k_{aa} \end{bmatrix}\begin{bmatrix} x_s \\ x_a \end{bmatrix} = \begin{bmatrix} F_r \\ F_a \end{bmatrix} \quad (3-119)$$

式中:下标"s"代表活动部件内部节点;下标"a"代表界面 A 上的节点。

采用 Craig – Bampton 部件模态综合法降阶,可得

$$\begin{bmatrix} x_s \\ x_a \end{bmatrix} = \begin{bmatrix} \boldsymbol{\Phi}_s & \boldsymbol{\Phi}_c \\ 0 & I \end{bmatrix}\begin{bmatrix} \gamma \\ x_a \end{bmatrix} \quad (3-120)$$

式中:$\boldsymbol{\Phi}_s$ 为活动部件的固定界面子结构模态。

通过求方程的特征值问题求解获得,有

$$m_{ss}\ddot{x}_e + k_{ss}x_e = 0 \quad (3-121)$$

$\boldsymbol{\Phi}_s$ 有如下性质,即

$$m_N = \boldsymbol{\Phi}_s^T m_{ss} \boldsymbol{\Phi}_s = \mathrm{diag}\{m_i\} \quad (3-122)$$

$$k_N = \boldsymbol{\Phi}_s^T k_{ss} \boldsymbol{\Phi}_s = \mathrm{diag}\{m_i \omega_i^2\} \quad (3-123)$$

在式(3 – 120)中,$\boldsymbol{\Phi}_c$ 为约束模态,有

$$\boldsymbol{\Phi}_c = -\boldsymbol{k}_{ss}^{-1}\boldsymbol{k}_{sa} \qquad (3-124)$$

将式(3-120)代入式(3-119),整理可得

$$\begin{bmatrix} \boldsymbol{m}_N & \boldsymbol{m}'^{\mathrm{T}}_{\mathrm{as}} \\ \boldsymbol{m}'_{\mathrm{as}} & \boldsymbol{m}'_{\mathrm{aa}} \end{bmatrix}\begin{bmatrix} \ddot{\boldsymbol{\gamma}} \\ \ddot{\boldsymbol{x}}_a \end{bmatrix} + \begin{bmatrix} \boldsymbol{c}_N & 0 \\ 0 & \boldsymbol{c}'_{\mathrm{aa}} \end{bmatrix}\begin{bmatrix} \dot{\boldsymbol{\gamma}} \\ \dot{\boldsymbol{x}}_a \end{bmatrix} + \begin{bmatrix} \boldsymbol{k}_N & 0 \\ 0 & \boldsymbol{k}'_{\mathrm{aa}} \end{bmatrix}\begin{bmatrix} \boldsymbol{\gamma} \\ \boldsymbol{x}_a \end{bmatrix} = \begin{bmatrix} \boldsymbol{\Phi}_s^{\mathrm{T}}\boldsymbol{F}_r \\ \boldsymbol{\Phi}_c^{\mathrm{T}}\boldsymbol{F}_r + \boldsymbol{F}_a \end{bmatrix}$$

$$(3-125)$$

式中:

$$\boldsymbol{m}'_{\mathrm{as}} = \boldsymbol{\Phi}_c^{\mathrm{T}}\boldsymbol{m}_{ss}\boldsymbol{\Phi}_s + \boldsymbol{m}_{\mathrm{as}}\boldsymbol{\Phi}_s \qquad (3-126)$$

$$\boldsymbol{m}'_{\mathrm{aa}} = \boldsymbol{m}_{\mathrm{aa}} + \boldsymbol{\Phi}_c^{\mathrm{T}}(\boldsymbol{m}_{ss}\boldsymbol{\Phi}_c + \boldsymbol{m}_{\mathrm{as}}^{\mathrm{T}}) + \boldsymbol{m}_{\mathrm{as}}\boldsymbol{\Phi}_c \qquad (3-127)$$

$$\boldsymbol{k}'_{\mathrm{aa}} = \boldsymbol{k}_{\mathrm{aa}} + \boldsymbol{\Phi}_c^{\mathrm{T}}\boldsymbol{k}_{sa} \qquad (3-128)$$

$$\boldsymbol{c}'_{\mathrm{aa}} = \boldsymbol{c}_{\mathrm{aa}} + \boldsymbol{\Phi}_c^{\mathrm{T}}\boldsymbol{c}_{sa} \qquad (3-129)$$

$$\boldsymbol{c}_N = \mathrm{diag}\{2\xi_i\omega_i m_i\} \qquad (3-130)$$

经拉普拉斯变换,可得

$$\begin{cases} \boldsymbol{\Phi}_s^{\mathrm{T}}\boldsymbol{F}_r = (-\boldsymbol{m}_N\omega^2 + \mathrm{i}\omega\boldsymbol{c}_N + \boldsymbol{k}_N)\boldsymbol{\gamma} \\ \boldsymbol{F}_a + \boldsymbol{\Phi}_c^{\mathrm{T}}\boldsymbol{F}_r = -\omega^2\boldsymbol{m}'_{\mathrm{as}}\boldsymbol{\gamma} \end{cases} \qquad (3-131)$$

整理可得

$$\boldsymbol{F}_a = -\omega^2\boldsymbol{m}'_{\mathrm{as}}\boldsymbol{H}_N^{-1}\boldsymbol{\Phi}_s^{\mathrm{T}}\boldsymbol{F}_r - \boldsymbol{\Phi}_c^{\mathrm{T}}\boldsymbol{F}_r \qquad (3-132)$$

由此可见,传递至界面 A 的力分为两个部分:一部分为由约束模态直接传递的力;另一部分为与活动部件结构柔性相关的力。将其变换至模态空间后可知,每阶模态作用的广义力的传递与单自由度系统类似,将其叠加后即为界面力 $\boldsymbol{F}_r$,如图 3-24 所示。

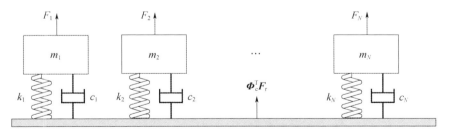

图 3-24 扰动力传递原理示意图

3.2.3.2 活动部件与星体结构耦合响应分析

在将测量得到的扰动力 $\boldsymbol{F}_a$ 代入整星动力学模型进行微振动响应分析时,一般将其直接作用于活动部件与星体结构的连接界面,如图 3-25(b)所示。而

真实受扰情形为 F_r 作用于活动部件结构上,如图 3-25(a)所示。以下对分析模型与实际受扰的等价性进行证明。

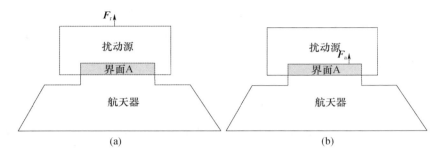

图 3-25 整星响应力学模型

(a)实际受扰;(b)分析模型。

对于实际受扰情形,其控制方程可写为

$$\begin{bmatrix} m_{ss} & m_{sa} & 0 \\ m_{as} & m_{aa} & m_{ah} \\ 0 & m_{ha} & m_{hh} \end{bmatrix} \begin{bmatrix} \ddot{x}_s \\ \ddot{x}_a \\ \ddot{x}_h \end{bmatrix} + \begin{bmatrix} c_{ss} & c_{sa} & 0 \\ c_{as} & c_{aa} & c_{ah} \\ 0 & c_{ha} & c_{hh} \end{bmatrix} \begin{bmatrix} \dot{x}_s \\ \dot{x}_a \\ \dot{x}_h \end{bmatrix} + \begin{bmatrix} k_{ss} & k_{sa} & 0 \\ k_{as} & k_{aa} & k_{ah} \\ 0 & k_{ha} & k_{hh} \end{bmatrix} \begin{bmatrix} x_s \\ x_a \\ x_h \end{bmatrix} = \begin{bmatrix} F_r \\ 0 \\ 0 \end{bmatrix}$$

(3-133)

式中:下标 h 为航天器内部节点。

采用 Craig-Bampton 部件模态综合法降阶,并进行拉普拉斯变换,可得

$$H_N \gamma - m'_{as} \omega^2 x_a = \Phi_s^T F_r \quad (3-134)$$

$$-m'_{as} \omega^2 \gamma - m'_{aa} \omega^2 x_a + k_{ah} x_h = \Phi_c^T F_r \quad (3-135)$$

$$(-m_{hh}\omega^2 + i\omega c_{hh} + k_{hh})x_h + (i\omega c_{ha} + k_{ha})x_a = 0 \quad (3-136)$$

将式(3-134)左乘 $\omega^2 m'_{as} H_N^{-1}$ 与式(3-135)相加,消去 γ 可得

$$-(m'_{aa} + \omega^2 m'_{as} H_N^{-1} m'^T_{as})\omega^2 x_a + (i\omega c_{ah} + k_{ah})x_h = \omega^2 m'_{as} H_N^{-1} \Phi_s^T F_r + \Phi_c^T F_r$$

(3-137)

由式(3-136)与式(3-137)联立即可求解航天器结构响应 x_h。

对于分析模型,其控制方程可写为

$$\begin{bmatrix} m_{ss} & m_{sa} & 0 \\ m_{as} & m_{aa} & m_{ah} \\ 0 & m_{ha} & m_{hh} \end{bmatrix} \begin{bmatrix} \ddot{x}_s \\ \ddot{x}_a \\ \ddot{x}_h \end{bmatrix} + \begin{bmatrix} c_{ss} & c_{sa} & 0 \\ c_{as} & c_{aa} & c_{ah} \\ 0 & c_{ha} & c_{hh} \end{bmatrix} \begin{bmatrix} \dot{x}_s \\ \dot{x}_a \\ \dot{x}_h \end{bmatrix} + \begin{bmatrix} k_{ss} & k_{sa} & 0 \\ k_{as} & k_{aa} & k_{ah} \\ 0 & k_{ha} & k_{hh} \end{bmatrix} \begin{bmatrix} x_s \\ x_a \\ x_h \end{bmatrix} = \begin{bmatrix} 0 \\ -F_a \\ 0 \end{bmatrix}$$

(3-138)

采用 Craig–Bampton 部件模态综合法降阶,并进行拉普拉斯变换,可得

$$H_N \boldsymbol{\gamma} - \boldsymbol{m}'_{as} \omega^2 \boldsymbol{x}_a = 0 \quad (3-139)$$

$$-\boldsymbol{m}'_{as} \omega^2 \boldsymbol{\gamma} - \boldsymbol{m}'_{aa} \omega^2 \boldsymbol{x}_a + \boldsymbol{k}_{ah} \boldsymbol{x}_h = -\boldsymbol{F}_a \quad (3-140)$$

$$(-\boldsymbol{m}_{hh} \omega^2 + i\omega \boldsymbol{c}_{hh} + \boldsymbol{k}_{hh}) \boldsymbol{x}_h + (i\omega \boldsymbol{c}_{ha} + \boldsymbol{k}_{ha}) \boldsymbol{x}_a = 0 \quad (3-141)$$

将式(3–139)左乘 $\omega^2 \boldsymbol{m}'_{as} \boldsymbol{H}_N^{-1}$ 与式(3–140)相加,消去 $\boldsymbol{\gamma}$ 可得

$$-(\boldsymbol{m}'_{aa} + \omega^2 \boldsymbol{m}'_{as} \boldsymbol{H}_N^{-1} \boldsymbol{m}'^{\mathrm{T}}_{as}) \omega^2 \boldsymbol{x}_a + (i\omega \boldsymbol{c}_{ah} + \boldsymbol{k}_{ah}) \boldsymbol{x}_h = -\boldsymbol{F}_a \quad (3-142)$$

由式(3–141)与式(3–142)联立可求解航天器结构响应 $\boldsymbol{x}_h$。由式(3–132)可知,式(3–137)与式(3–142)等价,即分析模型与实际受扰情形的动力学方程等价。由此可见,活动部件自身结构柔性造成的测量力与扰动力不一致,不会引起整星微振动响应分析的误差。在整星微振动响应分析中,将测量力直接施加于活动部件与星体结构的连接界面即可。因此,可将式(3–132)所表示的 $\boldsymbol{F}_a$ 作为测量力真值。当测试数据受到其他因素响应时,若能修正得到此真值,即可将其用于整星分析。

3.2.3.3 测力平台结构柔性影响分析

星上活动部件的扰动一般由运动部分的转动或摆动引起,扰动力的频率成分除包含转速或摆速对应的工频外,还包含了大量的倍频及谐波成分,扰动频段覆盖了 1~1000Hz 以上。如果六分量测力平台的结构基频能够达到测试频段上限的 2 倍以上,则其对测试频段范围内的影响较小,可近似作为刚体考虑。然而,在工程实际中,提高测力平台台体结构和链接部位的刚度较为困难,其基频一般很难高于测量频段的上限。因此,有必要在测试中考虑测力平台的结构柔性。柔性试件柔性台体的扰动测量力学模型如图 3–26 所示,扰动源通过界面 A 固定于测试台上,测试台台体通过界面 B 固定于传感器上,B 为测量界面。

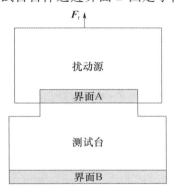

图 3–26 柔性试件柔性台体力学模型

为简化分析过程,将测试台台体结构质量集总于界面 A 和界面 B,则其控制方程为

$$\begin{bmatrix} m_{ss} & m_{sa} & 0 \\ m_{as} & m_{aa} & 0 \\ 0 & 0 & m_{bb} \end{bmatrix} \begin{bmatrix} \ddot{x}_s \\ \ddot{x}_a \\ \ddot{x}_b \end{bmatrix} + \begin{bmatrix} c_{ss} & 0 & 0 \\ 0 & c_{aa}+c_w & -c_w \\ 0 & -c_w & c_w \end{bmatrix} \begin{bmatrix} \dot{x}_s \\ \dot{x}_a \\ \dot{x}_b \end{bmatrix} +$$

$$\begin{bmatrix} k_{ss} & k_{sa} & 0 \\ k_{as} & k_{aa}+k_w & -k_w \\ 0 & -k_w & k_w \end{bmatrix} \begin{bmatrix} x_s \\ x_a \\ x_b \end{bmatrix} = \begin{bmatrix} F_r \\ 0 \\ F_b \end{bmatrix} \quad (3-143)$$

式中:F_b 为测量力。

采用 Craig – Bampton 部件模态综合法降阶,并进行拉普拉斯变换,可得

$$H_N \gamma - m'_{as} \omega^2 x_a = \Phi_s^T F_r \quad (3-144)$$

$$-m'_{as} \omega^2 \gamma - m'_{aa} \omega^2 x_a = \Phi_c^T F_r + F_b \quad (3-145)$$

$$-(i\omega c_w + k_w) x_a = F_b \quad (3-146)$$

整理可得

$$-(I_{bb} - \omega^2 (m'_{as} H_N^{-1} m'^T_{as} \omega^2 + m'_{aa}) T_w^{-1}) F_b = \omega^2 m'_{as} H_N^{-1} \Phi_s^T F_r + \Phi_c^T F_r \quad (3-147)$$

式中:T_w 可表示为

$$T_w = i\omega c_w + k_w \quad (3-148)$$

对比式(3-132)可见,受到测试台柔性的影响,测量力相对于真值发生了偏离。测量力的失真不仅与测试台的力学特性相关,还与活动部件的力学特性相关。换言之,对于同样的测力平台,测试不同的活动部件时,其失真程度是不同的。

3.2.3.4 测量数据校正方法

定义频域校正函数,即

$$P(\omega) = -(I_{bb} - \omega^2 (m'_{as} H_N^{-1} m'^T_{as} \omega^2 + m'_{aa}) T_w^{-1}) \quad (3-149)$$

由式(3-132)和式(3-147)可知,测量力真值为

$$F_a = P(\omega) F_b \quad (3-150)$$

实测得到的测量力与频域校正函数相乘后,即可得到测量力真值,进而应用于整星分析。频域校正函数的解析表达形式较为复杂,既包含了测试台的结构参数,也包含了扰动源的结构参数,而扰动源的结构特性往往并不能直接获取。因此,采用数值方法或解析方法获取频域校正函数存在较大的困难,采用试验方法是较为可行的手段,校正函数测试模型如图 3 – 27 所示。

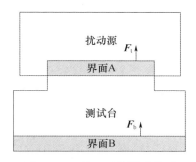

图 3-27 校正函数测试模型

在活动部件与测试台的连接界面施加一个标准激励力 F_t,设测量得到的力为 $\tilde{F}_b$,则系统的动力学方程为

$$\begin{bmatrix} m_{ss} & m_{sa} & 0 \\ m_{as} & m_{aa} & 0 \\ 0 & 0 & 0 \end{bmatrix} \begin{bmatrix} \ddot{x}_s \\ \ddot{x}_a \\ \ddot{x}_b \end{bmatrix} + \begin{bmatrix} c_{ss} & 0 & 0 \\ 0 & c_w & -c_w \\ 0 & -c_w & c_w \end{bmatrix} \begin{bmatrix} \dot{x}_s \\ \dot{x}_a \\ \dot{x}_b \end{bmatrix} + \begin{bmatrix} k_{ss} & k_{sa} & 0 \\ k_{as} & k_{aa}+k_w & -k_w \\ 0 & -k_w & k_w \end{bmatrix} \begin{bmatrix} x_s \\ x_a \\ x_b \end{bmatrix} = \begin{bmatrix} 0 \\ F_t \\ \tilde{F}_b \end{bmatrix} \quad (3-151)$$

采用 Craig-Bampton 部件模态综合法降阶,并进行拉普拉斯变换,可得

$$H_N \gamma - m'_{as} \omega^2 x_a = 0 \quad (3-152)$$

$$-m'_{as} \omega^2 \gamma - m'_{aa} \omega^2 x_a = F_t + \tilde{F}_b \quad (3-153)$$

$$-(\mathrm{i}\omega c_w + k_w) x_a = \tilde{F}_b \quad (3-154)$$

整理可得

$$\frac{F_t}{\tilde{F}_b} = -(I_{bb} - \omega^2 (m'_{as} H_N^{-1} m'^T_{as} \omega^2 + m'_{aa}) T_w^{-1}) \quad (3-155)$$

式中:$F_t/\tilde{F}_b$ 为频域校正函数。

在活动部件扰动测量实施过程中,将活动部件与测力平台连接后,对连接界面施加各正交方向的锤击信号或扫频信号,可获取 $\tilde{F}_b$ 相对于 F_t 的频响,其倒数即为频域校正函数。该方法在扰动力测试过程中即可实施,不需要二次拆装或其他辅助工装,简便易行。

3.3 建模与测试实例

3.3.1 动量轮动力学模型参数确定

为了确定动量轮动力学模型的参数,本节有针对性地开展了相关试验。模态试验与动量轮扰动力(矩)测试在定制的 SEREME 公司六分量测试台上进行,并且利用某遥感卫星开展了动量轮与星体的耦合响应测试。

3.3.1.1 测试系统

本次测试采用 SEREME 六分量测试台进行。SEREME 测试台可测量扰动部件的 3 个方向的力与力矩。动量轮通过转接盘与测量台面连接,连接测试台与地基的气浮隔振系统将隔离地面传来的振动。测量设备及安装状态如图 3 – 28 所示。

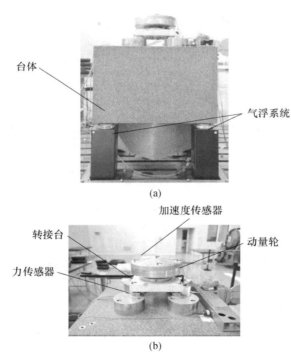

图 3 – 28　测量设备及安装状态(见彩图)
(a)测力台主要构成;(b)测试现场。

在测试台与动量轮分别安装了 13 个加速度传感器,用于模态测试。测点布置如图 3-29 所示,其中测点 1~测点 4、测点 10~测点 13 位于测试台台面,测点 5~测点 9 位于动量轮上。

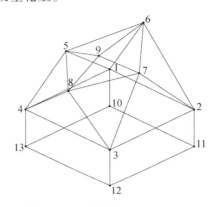

图 3-29 模态测点布置示意图

模态试验系统的框图如图 3-30 所示,整个系统可分为激励分系统和数据采集处理分系统两部分。

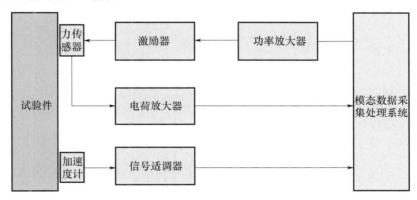

图 3-30 模态试验系统

测试对象与转接台通过 4 个三通道力传感器与测试台连接,测量系统根据 12 个通道的测量结果以转接台几何中心为基准折算出 3 个扰动力与力矩。扰动力分辨率不大于 2m·N,扰动力矩分辨率不大于 20mN·m。力(矩)信号通过电荷放大器放大后被数据采集器记录。

3.3.1.2 传递函数测试

为模拟测试台的传递特性,校验扰动力测试数据的频域失真,需进行测力平台的力传函测试。

试验测量频率范围为 5～1000Hz。当动量轮安装到测力平台后,分别对测试台面 $+x+y$ 角点和 $-x-y$ 角点施加 3 个方向锤击激励,激励锤击力信号和测力平台六通道力信号,计算从台面至测量通道的力传递函数。力和力矩传递函数如图 3-31 所示,可见在 400Hz 以内,施加在台面的扰动力失真度小于 17%,在 400Hz 以上,施加在台面的扰动力出现明显失真。同时可知,动量轮与测试台组成的系统共振频率 1200Hz 以上。

综上所述,扰动力的测试数据在 400Hz 不会受到平台共振而放大,测试数据在 400Hz 以内是可信的。

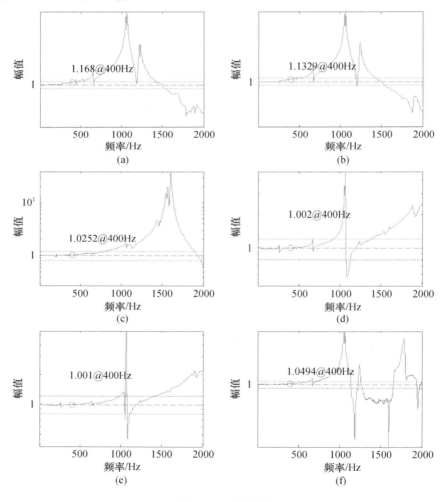

图 3-31 传递函数

(a)F_x 传递函数;(b)F_y 传递函数;(c)F_z 传递函数;(d)M_x 传递函数;(e)M_y 传递函数;(f)M_z 传递函数。

3.3.1.3 模态试验及结果

将动量轮安装在测试设备上,转子转速为 0 和 1500r/min 时,分别测试组合体模态。试验得到的动量轮各阶模态如表 3-2 所列。

表 3-2 动量轮模态测试结果

模态阶次	静态频率/Hz	动态频率/Hz	阻尼/%	振型
1	95.6	71.4/118.6	1.3	摇摆
2	260.7	255.4/258.9	0.87	平动
3	189.9	189.9	0.39	纵向一阶

3.3.1.4 扰动测量结果

0.5N·m 动量轮转速从 0 上升至 2000r/min,测试结果如图 3-32~图 3-39 所示,其中图 3-32 和图 3-33 表示扰动力(矩)的时间历程,图 3-34~图 3-39 表示频率随转速的变化。

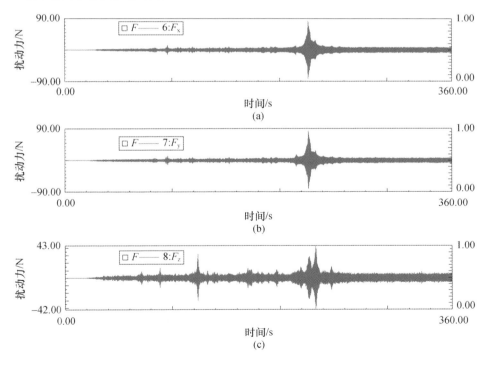

图 3-32 扰动力测试结果

(a) F_x 扰动力;(b) F_y 扰动力;(c) F_z 扰动力。

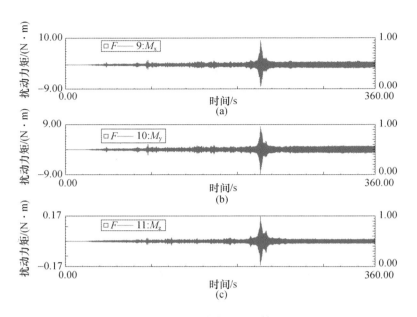

图 3-33 扰动力矩测试结果

(a)M_x 扰动力矩;(b)M_y 扰动力矩;(c)M_z 扰动力矩。

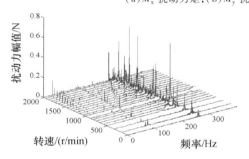

图 3-34 F_x 时频曲线

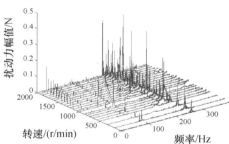

图 3-35 F_y 时频曲线

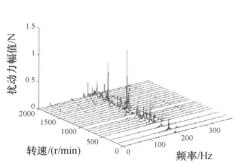

图 3-36 F_z 时频曲线

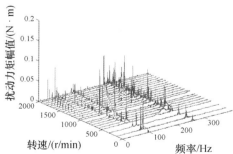

图 3-37 M_x 时频曲线

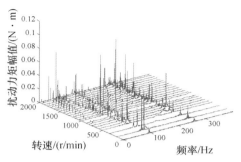
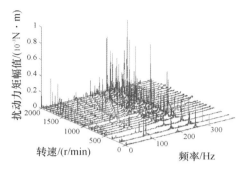

图 3-38　M_y 时频曲线　　　　　　图 3-39　M_z 时频曲线

由摆动方向扰动力瀑布图可见,95Hz 左右出现 V 字线,即动量轮摇摆模态随转速上升分裂为进动模态和章动模态;径向扰动力在 260Hz 左右引起了结构共振,轴向扰动力在 190Hz 引起了结构共振,这些共振频率与之前模态测试结果是相互吻合的,也间接证明了测试的准确性。

3.3.1.5　耦合响应测试

将动量轮安装至卫星结构上,于安装位置布置加速度传感器,测点布置如图 3-40 所示。0.5N·m 动量轮转速从 0 上升至 2000r/min,测量加速度响应。

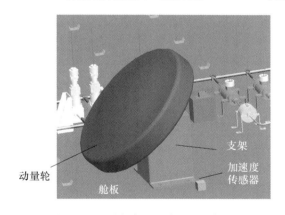

图 3-40　测点布置示意图(见彩图)

动量轮安装位置加速度响应瀑布图如图 3-41 所示,从图中可明显见到随着时间的增加,动量轮转速不断提高,扰动主要成分频率不断升高,在图中呈现放射状分布;在一些频率处,响应会被放大,这些频率应该是结构的共振频率;类似于扰动源测试结果,图中存在"V"字共振曲线,这是由动量轮的摇摆模态引起的。曲线由 77.5Hz 开始分裂;在 112Hz、146Hz 及 182Hz 处存在结构共振,这些共振频率与动量轮的平动、纵向振动模态测试结果并不相同,这说明安装至舱板后,相应的模态频率发生了变化。

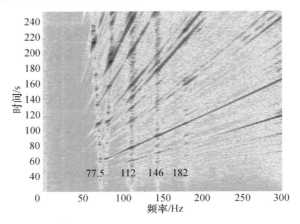

图 3-41 动量轮安装位置加速度响应瀑布图

3.3.2 分析与试验结果对比

3.3.2.1 模态特性

根据表 3-2 所列的静态模态测试结果,结合式(3-20)、式(3-21)和式(3-22)可以计算出式(3-13)中的参数 C 和 K。本节假设动量轮质量集中于转子,矩阵 M 中参数可根据质量特性数据填写。

根据式(3-22)可以计算出,动量轮转速变化时,其摇摆模态的变化如图 3-42 所示。

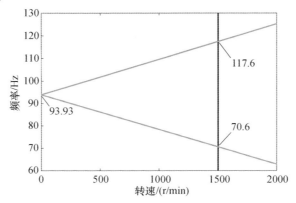

图 3-42 摇摆频率随转速变化曲线

可知,由摇摆模态随转速的升高呈现分裂趋势,体现出了动量轮自身的陀螺效应;当转速为 1500r/min 时,模型计算出的摇摆频率分别为 70.6Hz、117.6Hz,接近动态下模态测试的结果。

3.3.2.2 耦合分析结果对比

进行耦合分析之前,首先对卫星进行有限元建模,模型由梁、板单元组成,分析边界为自由状态;然后确定式(3-17)中的参数,根据动量轮在卫星的具体连接位置确定连接点,填写 DMIG 卡片,实现模型的结合,扰动力采用实测数据。对动量轮从 0~2000r/min 加速过程中舱板的法向加速度响应进行了分析,响应结果如图 3-43 所示。

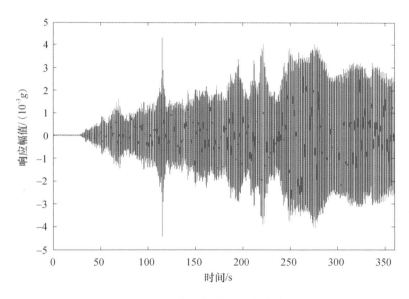

图 3-43　舱板加速度响应曲线

为了将分析结果与试验结果进行对比,本节统计了 20 个转速下的加速度响应对比,结果如图 3-44 所示,其中统计结果计算式为

$$20\lg\left(\frac{A_{\text{sim}}}{A_{\text{test}}}\right) \qquad (3-156)$$

式中:A_{sim} 为仿真响应加速度 RMS;A_{test} 为试验测量的响应加速度 RMS。

由此可见,在低频段计算结果与分析结果的误差较大,在 600r/min 以上误差得以稳定,最大误差不超过 7dB;由于动量轮安装位置附近加速度响应幅值约为 10mg,故分析结果与试验结果不会有量级上的差异。

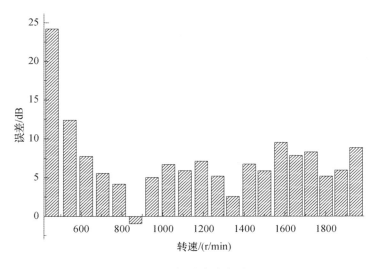

图 3-44 加速度响应对比

3.4 典型微振动源特性

星上的微振动源主要为各活动部件,前面已经对活动部件的理论模型、测试及模型修正等内容进行了详细介绍,根据多年以来的工程实践,本节介绍几种有代表性的微振动源,分析其扰动特性,并且对各种微振动源的扰振特性进行比较。

3.4.1 CMG 扰动特性

对 CMG 进行了扰动测试,试验过程中 CMG 刚性安装在测力平台上,在关键点粘贴加速度传感器,测试不同工况下 CMG 工作产生的扰动力/力矩,并测量关键点的加速度。

以型号 70Nms 的 CMG 为例进行扰动特性分析,70Nms CMG 的高速转子转速 9500r/min,对应基频 158Hz,框架从 0°框架角开始,在 0°~360°的范围内,每隔 10°框架角,测试一次 CMG 产生的扰动力/力矩,试验结果表明测得扰动力和扰动力矩的主要频率分量为 66Hz(0.6 倍频)、158Hz 及二者的倍频。试验过程中,低速框架轴的方向为 Y 向,在此列出扰动力 Fy 的 66Hz(0.6 倍频)、158Hz 频点幅值随低速框架角的变化曲线,结果如图 3-45 和图 3-46 所示。

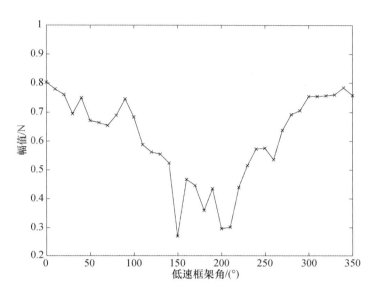

图 3-45　扰动力 Fy 0.6 倍频幅值随低速框架角的变化曲线

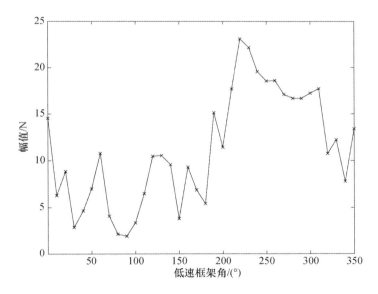

图 3-46　扰动力 Fy 基频幅值随低速框架角的变化曲线

由以上分析可以看出，158.3Hz 对应幅值远大于 66Hz 对应幅值，相较于其他频点处的幅值，也是基频幅值最大。加速度的测量结果表明，70Nms CMG 产生的加速度为 10mg 左右。

3.4.2 数传天线扰动特性

卫星力学环境测量系统在天线组件展开臂星体安装点附近布置了微振动加速度计,对天线的在轨扰动进行了测量。在轨运行期间,力学环境测量系统根据地面指令进行了多次微振动测量。目前,获取的在轨微振动数据共有 5 个工况,如表 3-3 所列。本节主要针对有效载荷成像状态,对工况 Ⅰ 和工况 Ⅱ 的数据进行分析。

表 3-3 在轨微振动测试工况

工况编号	工况描述
Ⅰ	CMG、动量轮、SADA、天线稳定运行,相机 B 成像
Ⅱ	高光谱相机成像,活动部件仅天线、动量轮和 SADA 运行
Ⅲ	CMG 升速过程
Ⅳ	天线展开过程

星箭分离后至太阳翼展开前,整星控制系统未启动,星上各柔性附件尚未展开,驱动机构处于关机状态。此时,星上所有活动部件均无动作,可以认为这一时段的测量数据即背景噪声。背景噪声时域数据如图 3-47 所示,测量系统量化精度为 $6.04 \times 10^{-5}g$,背景噪声峰峰值为 $3.02 \times 10^{-4}g$,仅为 5 倍的量化精度。这说明空间环境下,除星上活动部件本身的扰动外,几乎不存在外界扰动。背景噪声的来源主要是采集系统电信号引起的量化位波动,由噪声幅值可见,测量系统的电噪声控制较为理想。

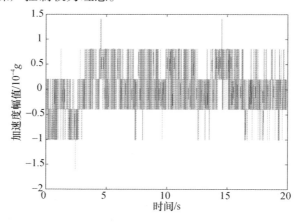

图 3-47 背景噪声时域数据

天线安装点垂直于安装面时加速度程响应如图 3-48 所示,响应峰峰值为 6.6mg,均方根为 0.98mg。

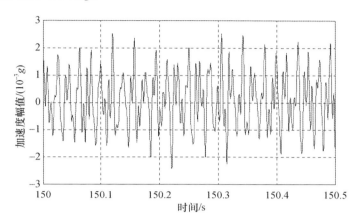

图 3-48　天线安装点垂直于安装面时加速度时程响应

加速度信号的功率谱的特征可以分为中高频段和低频段两部分,高频段的扰动频谱如图 3-49 所示,在中高频段,主要扰动峰值为 53.6Hz、107.2Hz 和 160.8Hz。由天线特性可知,X 轴步进电机在细分后的步频即为 53.6Hz。由于步进电机每步均会形成一个脉冲力矩作用于安装面,经频谱变换后,即得到其倍频成分。由测量信号可见,2 倍频和 3 倍频较为明显,4 倍频较小,更高次的倍频超出了测量频段。

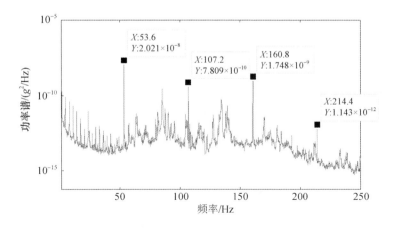

图 3-49　天线安装点低频段加速度功率谱(0~250Hz)

天线安装点低频段加速度功率谱如图 3-50 所示,在低频段,主要的扰动峰值频率为 1.621Hz 及其奇数次倍频。由天线工作特性可知,Y 轴步进电机对应的步频为 1.621Hz。倍频峰值呈振荡衰减趋势,在 85Hz 附近,倍频信号被放大。这主要是因为 Y 轴的扰动通过转动框架传递至天线安装面,信号的振荡衰减趋势反映了多脉冲信号的频谱特征,特定频段的放大反映了传递路径中结构件的固有特性。

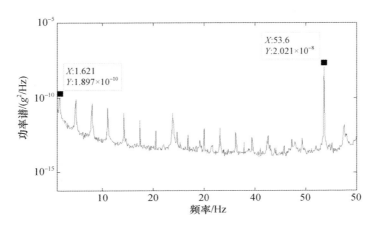

图 3-50 天线安装点加速度功率谱(0~60Hz)

根据在轨实测结果,25NmsCMG 扰动响应峰峰值约为 112mg,25NmsCMG 引起的扰动响应比天线高 15 倍以上。

3.4.3 SADA 扰动特性

由在轨微振动测量数据分析,SADA 安装点的加速度时程响应如图 3-51 所示,响应峰峰值为 3mg,均方根为 0.356mg。加速度信号的功率谱如图 3-52 所示。经对比可见,SADA 扰动远小于其他扰动源,时程信号信噪比不高。由频谱分析可知,在工况 II,扰动信号中的主要频谱成分与天线和动量轮的扰动频率对应,SADA 自身的扰动被其他信号淹没。这说明 SADA 扰动相对其他扰动源为一小量。

针对 SADA 开展了扰动特性地面试验,通过 SADA 空载和安装不同负载时的扰动特性测试得到了 SADA 的特征参数,并仿真分析了 SADA 安装真实太阳翼时的扰动特性。结果表明,SADA 驱动真实太阳翼在轨运行时在 0~50Hz 内的扰振频率为 0.625Hz、3.5Hz、14.75Hz、29.63Hz 以及 44.38Hz。其中:0.625Hz 和 3.5Hz 为 SADA 驱动真实太阳翼保持状态下的前两阶扭转固有频率;14.75Hz、29.63Hz

以及 44.38Hz 为电脉冲信号的输入基频及其倍频。各扰振频率对应的扰振幅值如表 3-4 所列。真实太阳翼 10s 内角位移的仿真结果和理想结果对比如图 3-53 所示。可见在 0.625Hz 处存在扰振，且该处模态质量很大，导致了角位移在理想值附近波动。

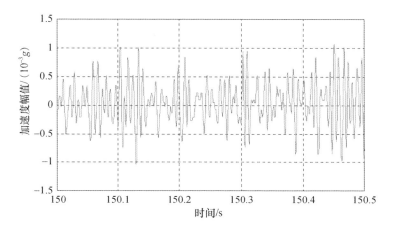

图 3-51　SADA 安装点加速度时程响应

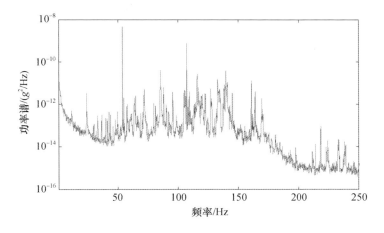

图 3-52　SADA 安装点加速度功率谱

表 3-4　扰振幅值

扰振频率/Hz	0.625	3.5	14.75	29.63	44.38
扰振力矩幅值/($\times 10^{-3}$ N·m)	102.3	1.368	6.133	4.592	2.166

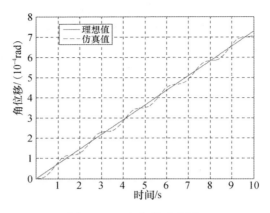

图 3-53　角位移对比图

根据 CMG 单机扰振力测试结果，CMG 扰振力矩幅值约 0.05N·m，在 10～500Hz 频段内，比 SADA 扰动力矩高 1 个量级。

3.4.4　三浮陀螺扰动特性

在某型号整星微振动试验中，在三浮陀螺安装点布置了加速度传感器，并在试验全程开启了三浮陀螺，测量了三浮陀螺引起的扰动。测试数据表明，三浮陀螺安装点加速度时域响应幅值在 $0.7mg$ 以内，标准差低于 $0.25mg$，与背景噪声一致，背景噪声测试时域曲线如图 3-54 所示，各通道背景噪声的标准差如图 3-55 所示。说明三浮陀螺引起的微振动幅值微小，相对其他扰动源为小量。

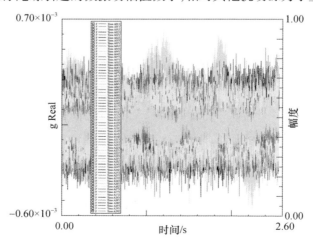

图 3-54　CMG 扰振试验背景噪声测试时域曲线

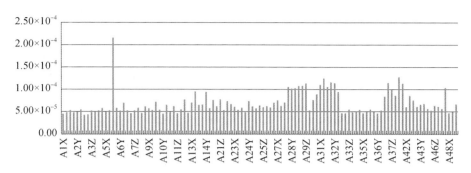

图 3-55 各通道背景噪声的标准差

3.4.5 微振动源比较

根据实测和仿真分析数据分析可知,卫星主要微振动源如表 3-5 所列。根据在轨和地面微振动测试数据,CMG 的扰动力远高于其他扰动源,其中天线的扰动幅值约相当于 CMG 扰动的 1/15,其他扰动源均低于 CMG 两个量级以上。因此,CMG 为星上的主要扰动源。

表 3-5 卫星扰振源特性统计

微振动源	微振动产生机理	基频/Hz	谐振特性/Hz	相机安装面响应/mg
CMG	高速转子的质量静不平衡和动不平衡,以及电机控制误差、轴承偏差等因素引起的振动	158.3	65.9、158.3、316.6 等	10
数传天线	数传天线和中继天线运动时由于驱动电机而引起较大的扰动	1.6/53.6	1.6~400.0	<0.1
SADA 和太阳翼	SADA 驱动太阳翼时由于驱动电机而引起的扰动	1.2/14.1	1~100.0	<0.1
太阳翼	进出地影时热致振动	0.4/1.0	0.2~20.0	<0.1
三浮陀螺	工作状态下内部活动部件引起的扰动	幅值<1mN,低于现有传感器分辨率		<0.1
红外地敏	工作状态下内部活动部件引起的扰动	幅值<1mN,低于现有传感器分辨率		<0.1

考虑到 CMG 为星上的主要扰动源,因此尤为关注 CMG 的微振动分析以及微振动抑制设计。针对 CMG 扰动源的工作主要包括以下几个方面。

(1) CMG 的微振动抑制设计。通过控制 CMG 转子的动静不平衡量、改善轴系的配合关系、合理分配框架结构的刚度,均可在一定程度上降低 CMG 传递至外界的扰动能量。

(2) CMG 的扰动特性测试。通过对 CMG 扰动特性的测试,获取扰动力的频谱特征,是开展微振动抑制设计、进行微振动传递分析的基础。

根据任务需求,必须重点考察 10～500Hz 范围内的主要扰动峰值。对于 CMG 而言,其扰动由高速转子的运动引起,扰动力主要表现为转动频率及其倍频成分的叠加,为多线谱形式。而结构的传递特性与结构刚度和质量分布相关,在不同的频点,其传递函数值有显著差异。对于隔振装置,其刚度和阻尼的设计直接决定了对不同频段扰动的衰减倍数。因此,获取扰动力的频域特征,是开展减振设计和传递分析的基础。为 CMG 的设计、安装和应用方法提供参考。

(3) CMG 扰动力的校正。CMG 的测试一般在六分量测力平台上进行,测得结果既包含活动部件的扰动特性,还包含了测力平台结构的力学特性以及活动部件自身结构的力学特性。因此,需要对测试数据进行校正,即对测量数据进行补偿,是扰动测试数据用于微振动传递分析和微振动抑制设计的前提。

第 4 章 微振动仿真分析方法

4.1 卫星结构微振动传递特性分析

4.1.1 微振动传递的特点与关键问题

由振源设备产生扰动至有效载荷形成微振动响应,其间扰动能量经星体结构进行传递。传递特性受到卫星各环节力学特性的影响,表现出极为复杂的规律,隔振装置必须与卫星结构进行合理的匹配性设计,才能够实现较好的性能指标。获取平台的微振动传递特性,建立平台的微振动传递模型。主要实现以下几个目标。

(1) 通过包含传递环节的微振动试验,直接验证平台是否具备将扰动降低的能力。

(2) 获取结构各环节的传递特性,评估其对微振动传递的影响,可以此为基础对结构进行优化改进,进一步提升平台的微振动抑制能力。

(3) 获取传递过程中结构、减振装置与扰动源的耦合作用规律,可以为减振装置的设计提供依据,减振装置在进行公用化设计时,须考虑对不同的扰动源配置模式的适应性。

(4) 获取不同频率、幅值下结构的传递特性,结合扰动源特性,可为扰动源工作模式设计提供参考,如适当配置转速和转角,避开传递放大较大的频段。

(5) 获取传递环节中减振装置与结构的耦合作用规律,可为减振装置的设计计提供依据,减振装置的公用性设计应考虑结构可配置项发生变化时,减振性能是否满足要求。

（6）通过传递特性测试，进行模型修正和校验，建立可靠度较高的传递特性分析模型，是验证减振装置公用性的主要手段。

1）影响结构传递的主要因素

影响动力学传递特性的 3 个主要参数为刚度、质量和阻尼。星体结构由金属结构、复材结构采用螺接、胶接等形式连接组成，各构件及连接界面的刚度、质量、阻尼对传递特性均有影响。

根据现有型号的微振动传递特性测试和分析经验，在小变形、低应变条件下，结构的动力学特性具有更多的敏感因素，较大幅值情形显著不同。

减振装置本质上是对结构传递路径中的刚度、质量和阻尼进行调节，隔振器主要通过刚度匹配改变传递率的频率特性，阻尼器主要通过阻尼匹配改变传递率的幅值特性，吸振器主要通过质量匹配改变传递率的能量分配。

减振装置的传递特性在单机研制过程中进行测试，平台主要针对典型构件和界面进行测试，进而以测试为基础，建立各传递环节的参数化模型，进而获取可扩展的平台微振动分析模型，为验证平台的微振动抑制能力提供基础。

2）面向公用性的分层建模方法

平台结构中影响微振动传递的不确定因素较多、不确定参数的变化范围较大，是一种复杂工程结构。对于复杂工程结构，存在模型修正时目标难以收敛的问题，采用分层思想进行建模是一种可行的手段，即把复杂工程结构分为部件级结构层、零件层，分别对各层结构的不确定参数进行修正，最后以修正后的各层结构参数值建立有限元模型。

对于平台而言，整星试验的代价和成本较高，无法在整星层面验证微振动抑制措施的公用性。同时，受到地面试验条件的限制，也无法完全验证整星在轨状态。通过分层思想，建立各子结构的可配置模型，进而预示多种组合形态下的微振动响应，是一种可行的途径。

3）结构与减振装置的耦合作用

传统的隔振设计以刚性基础、刚性设备假设为基础，该假设在基础结构和设备结构基频远高于隔振频率时是成立的。而对于平台所采用的整体隔振方式，基础结构为整星主结构，设备结构为控制执行模块结构，二者低阶模态频率一般处于 20~100Hz 之间，与隔振频率交迭，因此采用刚性基础、刚性设备假设将产生较大误差。

在隔振器设计过程中，应采用柔性基础、柔性设备模型进行分析，但是结构模型的误差对隔振效率的评估有显著影响，从而导致设计阶段无法准确预估隔振效果,形成一定的设计风险。

在试验验证阶段,针对隔振装置与结构的耦合作用应开展多层级试验,将其与各构件的耦合特性进行分层评估与分层建模,对各构件耦合效应的影响进行剥离,作为改进设计的依据。

4) 结构、减振装置与扰动源的耦合作用

对于包含高速转子的扰动源,当转子起转后,形成陀螺效应。根据现有型号实测经验,转子的陀螺效应会引起安装结构局部频率漂移,当转子与结构的耦合频率与扰动频率重叠时,会导致扰动力被显著放大。平台采用集总隔振的方式,多转子同时转动会引起微振动传递路径动态特性的明显变化。如果忽略此问题,会导致微振动响应预示产生较大偏差。因此,有必要对多转子陀螺效应进行分析与测试。在隔振器设计过程中,应将陀螺效应模型带入到分析模型中,考察陀螺效应对减振效率的影响。在试验验证阶段,针对转子陀螺效应开展多层级试验,将其与各构件的耦合特性进行分层评估与分层建模。

4.1.2 微振动传递特性分层测试与模型修正

根据国内外的相关经验,采用传统的力学分析方法进行整星在轨微振动预示遇到了诸多困难。有限元方法在微振动分析中有较大的局限性,如中高频段计算误差较大、微变形引起的结构不确定性难以描述、微变形条件下结构参数的选取缺少依据等,导致分析结果与实际结果偏差较大。因此,平台拟定了基于典型结构和连接件动力学试验的建模方案。

通过部件级、整星级的微振动试验,可获取结构的传递特性,合理设计试验方案,充分利用实测数据,构建基于实测数据的分析模型,并对某些不可测因素采用分析手段补充完整,可获取关键部位较为准确的微振动响应。根据平台构形特点,对结构中的典型部件进行梳理,开展典型结构传递特性测试,可获取局部结构的传递特性信息,作为预示整星结构微振动响应的基础。通过整星微振动试验,可对部件测试未覆盖的部分进行补充,并验证混合分析方法的正确性,最终实现在轨状态的微振动响应预示。

分层建模方法的理论基础是频响子结构综合,而频响数据的来源有试验数据和理论分析两种。基于频响数据进行整星模型重构,即基于频响函数的子结构混合建模,包括理论子结构之间的综合、试验子结构之间的综合、理论子结构和试验子结构的混合综合3种情况。在上述3种情况中,子结构的频响函数矩阵都作为综合的载体,必须首先得到;理论模型可以通过有限元分析得到其模态结果,再通过模态信息计算得到其频响函数矩阵;试验模型可以通过结构的模态试验,测试得到结构的频响函数矩阵。待得到所有子结构的频响函数矩阵之后,引入不同子结构之间的连接特性,建立参数化的连接模型,之后即可进行整体结构的综合计算。在子结构动特性求解中,因理论模型有限元分析得到的主要是模态结果,因此模态模型可以代指理论模型。基于频响函数的子结构混合建模整体流程如图4-1所示。

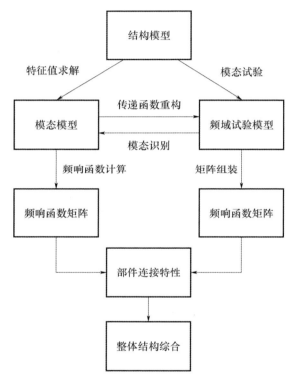

图4-1 基于频响子结构的建模方法

为准确建立整星微振动分析模型,在舱段部件级、组件级、舱段级一系列微振动传递测试的基础上,建立部件、组件和舱段的有限元模型。

有限元模型主要两个方面的验证准则:①对舱段有限元的模态进行验证,包括结构的固有频率和振型,使有限元的固有频率差在5%之内,振型的模态置信度在0.75以上,从而为传递特性的预测提供较为准确的有限元模型;②对舱段的传递特性进行模拟,得到关键位置(如相机安放位置、蜂窝板角点等)的传递特性,通过试验结果得到结构的模态阻尼比,使频响的幅值差在15%之内,为以后整星有限元模型的建立,提供参考。

4.1.3 微振动传递分析的频响子结构法

基于频响函数的子结构混合建模包含 3 种情况:理论子结构和试验子结构混合综合,理论子结构之间的综合,试验子结构之间的综合。综合以上 3 种情况,都是以子结构的频响函数作为综合的载体。理论模型可以通过有限元分析得到其模态结果,然后通过模态信息计算得到频响函数矩阵,而试验模型可以通过结构的模态试验,测试得到其频响函数矩阵。得到所有子结构的频响函数之后,再建立参数化的连接模型,表示不同子结构之间的连接特性。最后通过综合计算得到整个子结构系统的频响函数矩阵。基于频响函数的子结构混合建模流程如图 4-2 所示。

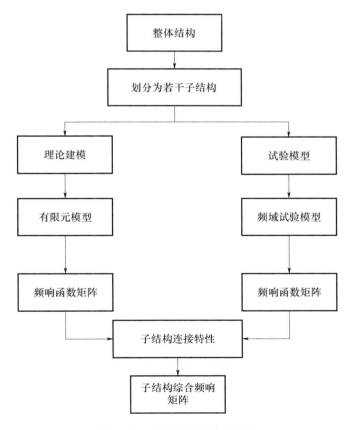

图 4-2 子结构混合建模流程

4.1.4 基于有限元模型的频响子结构法

1)多自由度系统的位移频响函数的计算

在物理坐标系统中,一个有 N 自由度的系统的强迫振动方程可表示为

$$m\ddot{x} + c\dot{x} + kx = f \quad (4-1)$$

式中:m, c, k 分别为系统的质量阵、阻尼阵和刚度阵;x, f 分别为系统的自由度向量和力向量。

通过特征值求解,可以得到该系统的固有频率矩阵 $\boldsymbol{\Omega}$ 和固有振型矩阵 $\boldsymbol{\Phi}$,可分别表示为

$$\boldsymbol{\Omega} = \mathrm{diag}[\Omega_1, \Omega_2, \cdots, \Omega_N] \quad (4-2)$$

$$\boldsymbol{\Phi} = [\varphi_1, \varphi_2, \cdots, \varphi_N] \quad (4-3)$$

由多自由度模态分析理论可知,一个 N 自由度结构上任意一点的响应可以看做 N 个单自由度系统响应的叠加,则整个系统的响应为

$$x = \sum_{r=1}^{N} \frac{\varphi_r \varphi_r^{\mathrm{T}} F}{m_r (\Omega_r^2 - \omega^2 + 2\xi_r \omega \Omega_r \mathrm{i})} \quad (4-4)$$

式中:φ_r 为结构的第 r 阶模态;m_r 为第 r 阶模态质量;Ω_r 为第 r 阶固有频率;ξ_r 为第 r 阶模态阻尼比;ω 为激振力的频率。

假设只在结构的 j 点作用有激振力,则

$$F = \{0, 0, \cdots, F_j, 0, \cdots, 0\}^{\mathrm{T}} \quad (4-5)$$

$$x = \sum_{r=1}^{N} \frac{\varphi_r \varphi_{jr} F_j}{m_r (\Omega_r^2 - \omega^2 + 2\xi_r \omega \Omega_r \mathrm{i})} \quad (4-6)$$

则该系统在任意一点处的响应为

$$X_i = \sum_{r=1}^{N} \frac{\varphi_{ir} \varphi_{jr} F_j}{m_r (\Omega_r^2 - \omega^2 + 2\xi_r \omega \Omega_r \mathrm{i})} \quad (4-7)$$

式中:φ_{ir} 和 φ_{jr} 分别为结构的 i 和 j 点在第 r 阶模态中的位移。

式(4-7)可改写为

$$H_{ij} = \frac{X_i}{F_j} = \sum_{r=1}^{N} \frac{\varphi_{ir} \varphi_{jr}}{m_r (\Omega_r^2 - \omega^2 + 2\xi_r \omega \Omega_r \mathrm{i})} \quad (4-8)$$

式(4-8)为 N 自由度结构中 i 点和 j 点之间的频响函数。其物理意义为:在 j 点作用单位力时,在 i 点所引起的响应。从式(4-8)中可以看出,频响函数的值是激振力频率的函数,受系统模态质量、固有频率以及固有振型的影响。有线性系统的互易性可知,$H_{ij} = H_{ji}$。根据式(4-8)依次计算所需频响矩阵中

的每个元素的频响函数，即可得到系统的激励点与响应点之间的频响矩阵，即

$$\boldsymbol{H} = \begin{bmatrix} H_{11} & \cdots & H_{1j} & \cdots & H_{1n} \\ \vdots & & \vdots & & \vdots \\ H_{i1} & \cdots & H_{ij} & \cdots & H_{in} \\ \vdots & & \vdots & & \vdots \\ H_{n1} & \cdots & H_{nj} & \cdots & H_{nn} \end{bmatrix} \tag{4-9}$$

2）速度和加速度频响的计算

单自由度系统的强迫振动微分方程可表示为

$$m\ddot{x} + c\dot{x} + kx = f(t) \tag{4-10}$$

令 $f(t) = Fe^{i\omega t}$，则位移、速度和加速度的复数形式为

$$x = Xe^{i\omega t}, \dot{x} = i\omega Xe^{i\omega t}, \ddot{x} = (i\omega)^2 Xe^{i\omega t} \tag{4-11}$$

系统的振动微分方程可以改写为

$$(-\omega^2 m + i\omega c + k)X = F \tag{4-12}$$

$$(i\omega m + c + k/(i\omega))i\omega X = F \tag{4-13}$$

$$(m + c/(i\omega) - k/\omega^2)(i\omega)^2 X = F \tag{4-14}$$

令 $V = i\omega X, A = (i\omega)^2 X = -\omega^2 X$ 分别为系统的复速度和复加速度，则单自由度系统强迫振动的位移频响 H_D、速度频响 H_V 和加速度频响 H_A 分别为

$$H_D = \frac{X}{F} = \frac{1}{(-\omega^2 m + i\omega c + k)} \tag{4-15}$$

$$H_V = \frac{V}{F} = \frac{1}{(i\omega m + c + k/(i\omega))} = (i\omega)H_D \tag{4-16}$$

$$H_A = \frac{A}{F} = \frac{1}{(m + c/(i\omega) - k/\omega^2)} = (-\omega^2)H_D \tag{4-17}$$

根据线性系统的比例性和叠加性可知，多自由度系统的位移频响、速度频响、加速度频响也满足上述关系，因此可以得到多自由度系统的速度频响以及加速度频响的计算方法，即

$$H_{ij}^D = \frac{X_i}{F_j} = \sum_{r=1}^{N} \frac{\varphi_{ir}\varphi_{jr}}{m_r(\Omega_r^2 - \omega^2 + 2\xi_r\omega\Omega_r i)} \tag{4-18}$$

$$H_{ij}^V = \frac{i\omega X_i}{F_j} = \sum_{r=1}^{N} \frac{i\omega\varphi_{ir}\varphi_{jr}}{m_r(\Omega_r^2 - \omega^2 + 2\xi_r\omega\Omega_r i)} \tag{4-19}$$

$$H_{ij}^A = \frac{-\omega^2 X_i}{F_j} = \sum_{r=1}^{N} \frac{-\omega^2 \varphi_{ir}\varphi_{jr}}{m_r(\Omega_r^2 - \omega^2 + 2\xi_r\omega\Omega_r i)} \tag{4-20}$$

在试验测试过程中,得到的频响函数有加速度频响,也有速度频响。以上的频响函数计算可以实现不同频响函数之间的相互转换,也为实现理论子结构与试验子结构之间的综合提供了三种可供选择的频响函数形式。

3) 连接模型的建立

在复杂的机械结构中,结构被划分为各个子结构之后,各子结构间的连接方式大体分为两类,即刚性连接和柔性连接。刚性连接的两个子结构,界面上对接点的位移完全相同。而柔性连接的情况比较复杂。柔性连接是螺栓、导轨、轴承等连接方式的统称。由于这些连接方式的连接力是有限的,结合部的特性表现为既有弹性又有阻尼,既存储能量又消耗能量。因此,从定性分析的角度出发,采用弹簧和阻尼器构成的动力学模型来模拟两个子结构之间的连接,即两个子结构之间的每个连接点上的每一个自由度,都用一对弹性元件和阻尼来连接,如图4-3所示。

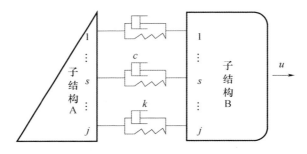

图4-3 子结构柔性连接方式

首先用两子结构之间的一个连接点且只连接一个自由度为例,说明这种情况模拟的连接对应的约束条件。对于图4-3所示的子结构A与B之间的柔性连接,设子结构A在连接点s在u自由度上的位移为x_s^A,所受作用力为f_s^A;子结构B对应的位移为x_s^B、所受作用力为f_s^B,则对接点s处振动位移与力可表示为

$$\begin{bmatrix} f_s^A \\ f_s^B \end{bmatrix} = \left\{ \begin{bmatrix} k & -k \\ -k & k \end{bmatrix} + \mathrm{i}\omega \begin{bmatrix} c & -c \\ -c & c \end{bmatrix} \right\} \begin{bmatrix} x_s^A \\ x_s^B \end{bmatrix} \quad (4-21)$$

式(4-21)是来自结构A和B在连接点s处在u运动坐标上约束条件,可等效为

$$\begin{bmatrix} f_s^A \\ f_s^B \end{bmatrix} = \begin{bmatrix} k+\mathrm{i}\omega c & -k-\mathrm{i}\omega c \\ -k-\mathrm{i}\omega c & k+\mathrm{i}\omega c \end{bmatrix} \begin{bmatrix} x_s^A \\ x_s^B \end{bmatrix} = \begin{bmatrix} z_s & -z_s \\ -z_s & z_s \end{bmatrix} \begin{bmatrix} x_s^A \\ x_s^B \end{bmatrix} = Z_s \begin{bmatrix} x_s^A \\ x_s^B \end{bmatrix}$$

$$(4-22)$$

式中：z_s 为连接阻抗；$\mathbf{Z}_s$ 为一对连接自由度之间的阻抗矩阵。

从形式上看，式(4-22)与一般子结构的运动方程相同，因此可以将该柔性连接看做一个具有上述动力特学特性的子结构与子结构 A 和 B 刚性连接。可以由一个连接点的一个自由度推广到多个连接点连接多个自由度。当多点连接时，子结构 A 的连接自由度集 $x^A = \{x_1^A, \cdots, x_j^A, \cdots, x_n^A\}$，对应子结构 B 连接自由度集为 $x^B = \{x_1^B, \cdots, x_j^B, \cdots, x_n^B\}$，两子结构之间连接自由度综述为 n，对应的连接部件的作用力分别是 f^A、f^B。子结构之间的连接模型的动力学特性可表示为

$$\begin{bmatrix} f^A \\ f^B \end{bmatrix} = \begin{bmatrix} \mathbf{Z}_C & -\mathbf{Z}_C \\ -\mathbf{Z}_C & \mathbf{Z}_C \end{bmatrix} \begin{bmatrix} x^A \\ x^B \end{bmatrix} \tag{4-23}$$

式中：$\mathbf{Z}_C$ 的阶数为 n，其中的任意一项 z_{ij} 的物理意义为 i 点产生单位位移时，j 点需要施加的作用力。当不同连接自由度之间不存在交叉情况即没有耦合项时，$\mathbf{Z}_C$ 可化为对角阵。当连接点之间的刚度趋近于无穷大时，$\mathbf{Z}_C^{-1} \to 0$，上述连接模型退化为刚性连接，很好地实现了刚性连接和柔性连接的统一，可以用于子结构间不同类型的连接情况。

4) 子结构划分及连接集的定义

在实际情况中，存在多子结构，任意连接关系情况下的综合。在本章中，由于应用了多子结构系统频响矩阵和阻抗矩阵的组装，因此不考虑复杂的成环状连接的子结构系统。

子结构划分与连接关系如图 4-4 所示。每个子结构的信息都是独立的，需要将理论子结构和试验子结构的信息转化为频响函数矩阵。在综合之前，需要定义子结构之间的连接关系，也就是连接集，用来区分各子结构的边界自由度和内部自由度。

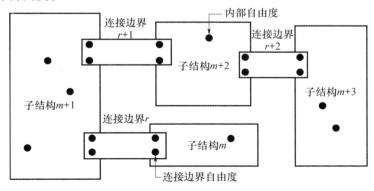

图 4-4 子结构划分与连接关系

通过下面的定义来描述子结构系统。

定义1:将所有需要综合的子结构定义为一个集合 $T=\{t_1,t_2,\cdots,t_n\}$。

定义2:从子结构集合中选出一个子结构作为主结构 t_i,其他子结构的运动状态需要转换到主结构的坐标系上来表达。按照子结构的编号顺序,写出其他子结构与主子结构的空间角度关系集合 $\alpha=\{\alpha_1,\alpha_2,\cdots,\alpha_n\}$,$\beta=\{\beta_1,\beta_2,\cdots,\beta_n\}$,$\gamma=\{\gamma_1,\gamma_2,\cdots,\gamma_n\}$,特别地,主子结构与它自身的3个空间角度均为0。

定义3:对于任意一个子结构 m,其运动状态是由内部坐标和连接界面坐标表示,分别以下角标 I 和 C 表示;频域法中,子结构 m 的响应与激励之间的关系表示为

$$\begin{bmatrix} x_I^m \\ x_C^m \end{bmatrix} = \begin{bmatrix} H_{II}^m & H_{IC}^m \\ H_{CI}^m & H_{CI}^m \end{bmatrix} \begin{bmatrix} f_I^m \\ f_C^m \end{bmatrix} \quad (4-24)$$

定义4:把任意两个存在连接关系的子结构之间的所有连接节点以及自由度定义为一个集合 l_i,则子结构系统的所有连接集定义为一个大集合 $L=\{l_1,l_2,\cdots,l_t\}$。

定义5:分离出每个子结构的内部坐标,组成一个集合 $x_a=\{x_a^1,x_a^2,\cdots,x_a^n\}$。

定义6:将任意一个连接两子结构的连接集 l_i,按照连接节点在不同的子结构上,拆分成两个独立的坐标集 x_b^i、x_c^i;将 L 中所有连接集拆分出来的两组坐标集分别组合成两个集合 $x_b=\{x_b^1,x_b^2,\cdots,x_b^t\}$ 和 $x_c=\{x_c^1,x_c^2,\cdots,x_c^t\}$,$x_b^i$ 和 x_c^i 中的元素与 l_i 成对应关系。

定义7:参照定义6,下角标 b′、c′表示连接部件的界面自由度。

定义8:参照上面的定义,下角标 a 表示整体结构的内部自由度,下角标 b、c 表示整体结构中,连接的界面自由度。

上述定义7和定义8中下角标的具体含义如图4-5所示。

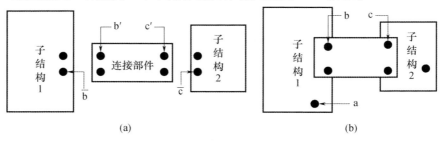

图4-5 连接界面自由度和连接部件自由度示意图
(a)界面自由度;(b)部件自由度。

第4章 微振动仿真分析方法

5）子结构频响综合方法推导

根据上述定义，子结构系统的函数频响矩阵为

$$\begin{bmatrix} x_{\bar{a}} \\ x_{\bar{b}} \\ x_{\bar{c}} \end{bmatrix} = \begin{bmatrix} H_{\bar{a}\bar{a}} & H_{\bar{a}\bar{b}} & H_{\bar{a}\bar{c}} \\ H_{\bar{b}\bar{a}} & H_{\bar{b}\bar{b}} & H_{\bar{b}\bar{c}} \\ H_{\bar{c}\bar{a}} & H_{\bar{c}\bar{b}} & H_{\bar{c}\bar{c}} \end{bmatrix} \begin{bmatrix} f_{\bar{a}} \\ f_{\bar{b}} \\ f_{\bar{c}} \end{bmatrix} \quad (4-25)$$

根据式(4-23)建立的等效连接模型的推导，连接处的阻抗矩阵为

$$\begin{bmatrix} f_{b'} \\ f_{c'} \end{bmatrix} = \begin{bmatrix} Z_C & -Z_C \\ -Z_C & Z_C \end{bmatrix} \begin{bmatrix} x_{b'} \\ x_{c'} \end{bmatrix} \quad (4-26)$$

考虑到子结构之间在连接过程中有成角度的情况，因此在引入连接处的位移协调和力平衡条件之时，就需要引入坐标转换矩阵，力平衡和位移协调条件为

$$\begin{bmatrix} x_{\bar{a}} \\ x_{\bar{b}} \\ x_{\bar{c}} \end{bmatrix} = \begin{bmatrix} A & B & C \end{bmatrix} \begin{bmatrix} x_{a'} \\ x_{b'} \\ x_{c'} \end{bmatrix}, \begin{bmatrix} x_{b'} \\ x_{c'} \end{bmatrix} = \begin{bmatrix} B' & C' \end{bmatrix} \begin{bmatrix} x_{\bar{b}} \\ x_{\bar{c}} \end{bmatrix} \quad (4-27)$$

$$\begin{bmatrix} f_{\bar{b}} \\ f_{\bar{c}} \end{bmatrix} = \begin{bmatrix} P_b & P_c \end{bmatrix} \begin{bmatrix} f_b \\ f_c \end{bmatrix} - \begin{bmatrix} Q_b & Q_c \end{bmatrix} \begin{bmatrix} f_{b'} \\ f_{c'} \end{bmatrix}, f_{\bar{a}} = A' f_a \quad (4-28)$$

式中：A、B、C、A'、B'、C'、P_b、P_c、Q_b、Q_c 为子结构连接处的位移及其作用力之间的坐标旋转矩阵。

首先可以由其他子结构与主结构之间的空间角度集合 α、β、γ 中对应每个子结构的元素，按照力平衡与位移协调的坐标转换关系进行计算；然后按照子结构的编号和每个子结构的自由度顺序组装得到这些矩阵。

将式(4-25)、式(4-26)和式(4-27)三式联立，可得

$$f_{c'} = -f_{b'} = Z_C(CH_{\bar{c}\bar{a}} - BH_{\bar{b}\bar{a}})f_{\bar{a}} + Z_C(CH_{\bar{c}\bar{b}} - BH_{\bar{b}\bar{b}})f_{\bar{b}} + Z_C(CH_{\bar{c}\bar{c}} - BH_{\bar{b}\bar{c}})f_{\bar{c}}$$

$$(4-29)$$

进而可得

$$f_{c'} = [I + Z_C(CQ_c H_{\bar{c}\bar{c}} + BQ_b H_{\bar{b}\bar{b}} - CQ_b H_{\bar{c}\bar{b}} - BQ_c H_{\bar{b}\bar{c}})]^{-1} \cdot$$

$$Z_C \begin{bmatrix} A'CH_{\bar{c}\bar{a}} - A'BH_{\bar{b}\bar{a}} \\ P_b CH_{\bar{c}\bar{b}} - P_b BH_{\bar{b}\bar{b}} \\ P_c CH_{\bar{c}\bar{b}} - P_c BH_{\bar{b}\bar{b}} \end{bmatrix}^T \begin{bmatrix} f_a \\ f_b \\ f_c \end{bmatrix} \quad (4-30)$$

将式(4-25)、式(4-27)和式(4-28)三式联立，可得

$$\begin{bmatrix} A\,x_a \\ B'x_b \\ C'x_c \end{bmatrix} = \begin{bmatrix} H_{\bar a \bar a} & H_{\bar a \bar b} & H_{\bar a \bar c} \\ H_{\bar b \bar a} & H_{\bar b \bar b} & H_{\bar b \bar c} \\ H_{\bar c \bar a} & H_{\bar c \bar b} & H_{\bar c \bar c} \end{bmatrix} \left\{ \begin{bmatrix} A'f_a \\ P_b f_b \\ P_c f_c \end{bmatrix} - \begin{bmatrix} 0 \\ -Q_b f_{c'} \\ Q_c f_{c'} \end{bmatrix} \right\}$$

$$= \begin{bmatrix} A'H_{\bar a \bar a} & P_b H_{\bar a \bar b} & P_c H_{\bar a \bar c} \\ A'H_{\bar b \bar a} & P_b H_{\bar b \bar b} & P_c H_{\bar b \bar c} \\ A'H_{\bar c \bar a} & P_b H_{\bar c \bar b} & P_c H_{\bar c \bar c} \end{bmatrix} \begin{bmatrix} f_a \\ f_b \\ f_c \end{bmatrix} - \begin{bmatrix} Q_c H_{\bar a \bar c} - Q_b H_{\bar a \bar b} \\ Q_c H_{\bar b \bar c} - Q_b H_{\bar b \bar b} \\ Q_c H_{\bar c \bar c} - Q_b H_{\bar c \bar b} \end{bmatrix} f_{c'} \quad (4-31)$$

将式(4-30)代入式(4-31),可得

$$\begin{bmatrix} A & 0 & 0 \\ 0 & B' & 0 \\ 0 & 0 & C' \end{bmatrix} \begin{bmatrix} x_a \\ x_b \\ x_c \end{bmatrix} = \left\{ \begin{bmatrix} A'H_{\bar a \bar a} & P_b H_{\bar a \bar b} & P_c H_{\bar a \bar c} \\ A'H_{\bar b \bar a} & P_b H_{\bar b \bar b} & P_c H_{\bar b \bar c} \\ A'H_{\bar c \bar a} & P_b H_{\bar c \bar b} & P_c H_{\bar c \bar c} \end{bmatrix} - \begin{bmatrix} Q_c H_{\bar a \bar c} - Q_b H_{\bar a \bar b} \\ Q_c H_{\bar b \bar c} - Q_b H_{\bar b \bar b} \\ Q_c H_{\bar c \bar c} - Q_b H_{\bar c \bar b} \end{bmatrix} \cdot \right.$$

$$\left[I + Z_C (C Q_c H_{\bar c \bar c} + B Q_b H_{\bar b \bar b} - C Q_b H_{\bar c \bar b} - B Q_c H_{\bar b \bar c}) \right]^{-1} Z_C \cdot$$

$$\left. \begin{bmatrix} A'C H_{\bar c \bar a} - A'B H_{\bar b \bar a} \\ P_b C H_{\bar c \bar b} - P_b B H_{\bar b \bar b} \\ P_c C H_{\bar c \bar c} - P_c B H_{\bar b \bar c} \end{bmatrix}^T \right\} \begin{bmatrix} f_a \\ f_b \\ f_c \end{bmatrix} \quad (4-32)$$

从式(4-32)中提取中间项,令

$$\mathbf{mid} = \left[I + Z_C (C Q_c H_{\bar c \bar c} + B Q_b H_{\bar b \bar b} - C Q_b H_{\bar c \bar b} - B Q_c H_{\bar b \bar c}) \right]^{-1} \cdot Z_C$$

$$(4-33)$$

因此,综合结构的频响函数矩阵可表示为

$$\begin{bmatrix} H_{aa} & H_{ab} & H_{ac} \\ H_{ba} & H_{bb} & H_{bc} \\ H_{ca} & H_{cb} & H_{cc} \end{bmatrix} = \begin{bmatrix} A & 0 & 0 \\ 0 & B' & 0 \\ 0 & 0 & C' \end{bmatrix}^{-1} \left\{ \begin{bmatrix} A'H_{\bar a \bar a} & P_b H_{\bar a \bar b} & P_c H_{\bar a \bar c} \\ A'H_{\bar b \bar a} & P_b H_{\bar b \bar b} & P_c H_{\bar b \bar c} \\ A'H_{\bar c \bar a} & P_b H_{\bar c \bar b} & P_c H_{\bar c \bar c} \end{bmatrix} - \right.$$

$$\left. \begin{bmatrix} Q_c H_{\bar a \bar c} - Q_b H_{\bar a \bar b} \\ Q_c H_{\bar b \bar c} - Q_b H_{\bar b \bar b} \\ Q_c H_{\bar c \bar c} - Q_b H_{\bar c \bar b} \end{bmatrix} \mathbf{mid} \begin{bmatrix} A'C H_{\bar c \bar a} - A'B H_{\bar b \bar a} \\ P_b C H_{\bar c \bar b} - P_b B H_{\bar b \bar b} \\ P_c C H_{\bar c \bar c} - P_c B H_{\bar b \bar c} \end{bmatrix}^T \right\}$$

$$(4-34)$$

对式(4-33)表示的 **mid** 做如下处理,令

$$m = C Q_c H_{\bar c \bar c} + B Q_b H_{\bar b \bar b} - C Q_b H_{\bar c \bar b} - B Q_c H_{\bar b \bar c} \quad (4-35)$$

此处可以把 **mid** 看做一个逆矩阵 **inv** 与 Z_C 相乘,即

$$\mathbf{mid} = \mathbf{inv}\, Z_C \quad (4-36)$$

根据逆矩阵的性质,可得

$$\begin{cases} \mathbf{inv} = (I + Z_C m)^{-1} \\ \mathbf{inv} + \mathbf{inv}\, Z_C m = I \\ Z_C^{-1} \mathbf{inv}(I + Z_C m) = Z_C^{-1} \\ Z_C^{-1} \mathbf{inv} + m\mathbf{inv} = Z_C^{-1} \end{cases} \tag{4-37}$$

若 $Z_C^{-1} + m$ 可逆,则有

$$\mathbf{inv} = (Z_C^{-1} + m)^{-1} Z_C^{-1} \tag{4-38}$$

$$\mathbf{mid} = (Z_C^{-1} + CQ_c H_{\bar{c}\bar{c}} + BQ_b H_{\bar{b}\bar{b}} - CQ_b H_{\bar{c}\bar{b}} - BQ_c H_{\bar{b}\bar{c}})^{-1} \tag{4-39}$$

推导过程中,假设 Z_C 和 $Z_C^{-1} + CQ_c H_{\bar{c}\bar{c}} + BQ_b H_{\bar{b}\bar{b}} - CQ_b H_{\bar{c}\bar{b}} - BQ_c H_{\bar{b}\bar{c}}$ 可逆。Z_C 为连接部件的综合阻抗矩阵,通常是可逆的。当不同连接点之间无耦合时,Z_C 可化为对角矩阵,Z_C 和 $CQ_c H_{\bar{c}\bar{c}} + BQ_b H_{\bar{b}\bar{b}} - CQ_b H_{\bar{c}\bar{b}} - BQ_c H_{\bar{b}\bar{c}}$ 表示坐标旋转矩阵与频响矩阵乘积的叠加,通常是可逆的。

子结构系统中也存在所有连接均不成角度关系的情况,在这种情况下,所有的坐标旋转矩阵转换成对应的单位矩阵,根据推导过程,可以很容易地得到这种情况下的综合结构的频响函数矩阵,即

$$\begin{bmatrix} H_{aa} & H_{ab} & H_{ac} \\ H_{ba} & H_{bb} & H_{bc} \\ H_{ca} & H_{cb} & H_{cc} \end{bmatrix} = \begin{bmatrix} H_{\bar{a}\bar{a}} & H_{\bar{a}\bar{b}} & H_{\bar{a}\bar{c}} \\ H_{\bar{b}\bar{a}} & H_{\bar{b}\bar{b}} & H_{\bar{b}\bar{c}} \\ H_{\bar{c}\bar{a}} & H_{\bar{c}\bar{b}} & H_{\bar{c}\bar{c}} \end{bmatrix} - \begin{bmatrix} H_{\bar{a}\bar{c}} & -H_{\bar{a}\bar{b}} \\ H_{\bar{b}\bar{c}} & -H_{\bar{b}\bar{b}} \\ H_{\bar{c}\bar{c}} & -H_{\bar{c}\bar{b}} \end{bmatrix} (Z_C^{-1} + H_{\bar{c}\bar{c}} + H_{\bar{b}\bar{b}} - H_{\bar{c}\bar{b}} - H_{\bar{b}\bar{c}})^{-1} \begin{bmatrix} H_{\bar{c}\bar{a}} & -H_{\bar{b}\bar{a}} \\ H_{\bar{c}\bar{b}} & -H_{\bar{b}\bar{b}} \\ H_{\bar{c}\bar{c}} & -H_{\bar{b}\bar{c}} \end{bmatrix}^T$$

$$\tag{4-40}$$

由此可见,可以得到子结构系统综合频响矩阵的计算公式,即式(4-40),这也是子结构混合建模的理论核心。从式(4-40)中可以看出,需要得到所有子结构组装的频响矩阵,还需要得到由子结构的连接关系生成的阻抗矩阵,然后进行子结构系统频响矩阵的计算。

4.1.5 有限元模型与试验模型混合子结构法

本节是在基于有限元模型的频响子结构法的理论基础上进行的有限元模

型与试验模型混合建模求解系统研究。有限元模型与试验模型混合建模系统实现的功能:建立有限元模型进行模态分析,利用分析结果中的子结构模态信息计算出它的频响函数;读入振动测试系统测试出的子结构的频响函数结果,根据相关理论,综合各个子结构的频响函数得到整个子结构系统的频响函数;根据频响函数实现不同的结果输出。此系统可以实现理论子结构之间的综合、试验子结构之间的综合、理论子结构和试验子结构混合综合。

从求解系统需要实现的整体功能和求解流程来看(包括频响函数的计算、子结构系统频响函数矩阵的组装和考虑连接特性的子结构综合计算),将系统划分为4个功能模块:输入模块、预处理模块、综合计算模块和后处理模块。实现流程如图4-6所示。

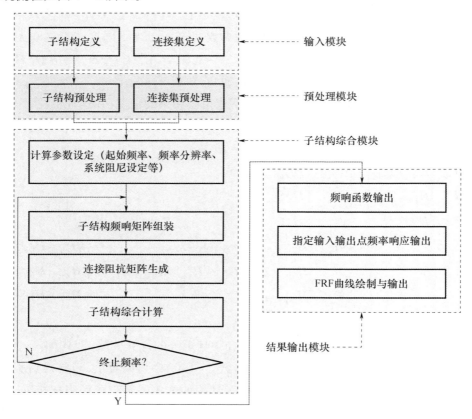

图4-6 系统软件结构框图

1) 输入模块

输入模块包括子结构模块定义、连接集模块定义、连接集属性定义和激励方式选择与参数设置 4 个部分。

（1）子结构定义部分以有限元分析软件 Nastran 输出的结果文件和 LMST-estLab 测试结果文件为基础实现子结构的定义，导入子结构的信息，模块要求可以自由添加、删除和修改单个子结构。

（2）连接集定义部分用于定义输入子结构之间的连接关系，主要包括子结构的连接点信息、连接自由度信息以及连接属性，连接集定义格式如表 4 - 1 所列。

表 4 - 1　连接集定义格式

连接集编号	连接子结构 1 的编号	连接子结构 2 的编号	连接子结构 1 的节点编号	连接子结构 2 的节点编号	连接自由度	连接属性
c_1	1	2	34,35,36	228,325,436	U_x	刚性/柔性

（3）激励方式选择和参数设置，用于设置激励方式和激励频率范围及其分辨率，其中激励方式包括正弦激励、随机激励和线谱激励 3 种方式，功能要求具有自由添加、删除、修改频率点信息，保存配置文件等功能。

2）预处理模块

预处理模块包括连接集的预处理和子结构的预处理，如图 4 - 7 所示。

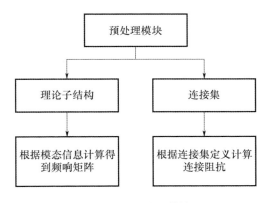

图 4 - 7　预处理模块

连接集的预处理主要用于调整各子结构频响矩阵的生成顺序，为后续子结构系统的整体频响矩阵组装和结果矩阵中各频响函数的定位做准备。

对于理论子结构的预处理，按照第 2 章的多自由度模态分析理论，可以根据结构有限元模态信息计算得到频响函数矩阵。对于试验子结构，可以直接得到它的频响函数，试验测试得到的是子结构 3 个平动自由度的频响函数。得到所有子结构的频响函数矩阵之后,按照内部自由度和边界自由度,将子结构的频响矩阵中元素的位置做调整。因此,综合子结构之间的连接特性即可进行子结构的综合计算。

其中,理论子结构预处理模块,首先由输入子结构定义模块,按照定义读取子结构对应模型文件,获取子结构的模态信息;然后获取用户输入的激励方式,并计算激励频率离散点,依次对频率离散点进行子结构频响矩阵计算;最后将计算所获得的所有离散频率下全部子结构的频响函数矩阵存储起来,以便于频响曲线输出和后续的子结构综合计算。连接集预处理主要是根据连接集定义,计算连接集中每对连接自由度对应的连接阻抗,用于生成阻抗矩阵。

3)子结构综合模块

由于理论计算得到频响函数数据是一系列离散频率点的响应值,且有的连接特性需要引入与离散频率值有关的阻尼项。因此,子结构的综合计算只能在各离散频率点进行。综合计算模块包括子结构系统频响矩阵的组装,连接部分阻抗矩阵的生成以及子结构频响综合计算。

(1)子结构系统频响矩阵的组装:子结构系统频响函数的组装需要首先对每个子结构按照内部节点集和连接边界点集进行分块取值。然后在子结构系统频响矩阵中,对每个子结构的分块矩阵进行定位和组装。

(2)连接部分阻抗矩阵的生成:利用已定义的连接集和连接属性中的信息,可以根据预设的连接模型计算方法得到各连接自由度之间的连接阻抗,然后,按照连接编号中连接点的自由度的顺序将其组装成矩阵,即可得到离散频率处的阻抗矩阵。

(3)子结构频响综合计算:最后的子结构频响综合计算中涉及矩阵的大量矩阵运算,包括矩阵的点乘运算、矩阵分块、矩阵求逆等,且需要在每个离散的激励频率点进行,运算量很大。在具体实现过程中,在系统实现过程中,需要考虑到这点,以提高计算结果的可靠性。

4)后处理模块

从综合计算得到的离散频响矩阵序列中组装出不同激励点和响应点之间的频响函数,并对每个频响函数进行定位。得到所需的频响函数后,还可以进行幅值、相位等处理,为绘制曲线显示做准备。

功能实现过程中,涉及两项关键算法,算法实现过程进行描述如下:

(1)由模态信息计算频响函数。

在计算之前,用户需要定义结构的输入/输出点、连接集和求解控制条件。

经过有限元分析,可以得到子结构的输入点、输出点的模态矩阵和结构模态参数等信息,之后便可根据公式进行频响函数计算。以下计算是在各个频率离散点进行的。子结构频响函数矩阵中各个自由度位置的频响函数为

$$H_{ij} = \frac{X_i}{F_j} = \sum_{r=1}^{N} \frac{\varphi_{ir}\varphi_{jr}}{m_r(\Omega_r^2 - \omega^2 + 2\xi_r\omega\Omega_r\mathrm{i})} \qquad (4-41)$$

式中:φ_{ir}、φ_{jr} 为结构在 i 点和 j 点的第 r 阶模态;m_r 为第 r 阶模态质量;Ω_r 为第 r 阶固有频率;ξ_r 为第 r 阶模态阻尼比;ω 为激振力的频率。式(4-41)中,分子部分表示输入点和输出点的振型信息,与频率无关;分母部分表示子结构的整体模态信息,只和离散频率有关,与输入/输出点无关。因此,在程序设计过程中分开计算分子、分母两部分,并将其结果作为中间变量存起来,最后在计算过程中再组合起来。

理论子结构由模态信息计算频响函数的算法逻辑框图如图 4-8 所示。

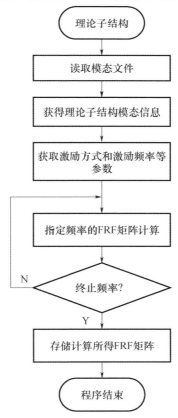

图 4-8　理论子结构频响函数计算逻辑框图

（2）子结构系统频响矩阵的组装算法。

根据子结构系统的定义，在获得所有子结构的频响函数矩阵之后，需要将每个子结构的频响矩阵中的元素按照内部自由度、边界自由度的顺序排列并进行分块，然后将所有子结构按照内部自由度 a、边界自由度 b、边界自由度 c 组装成整个子结构系统的频响函数矩阵。对于子结构的频响函数矩阵，定义行为输入自由度、列为输出自由度，用 I 表示输入，O 表示输出，C 表示连接。对于任意一个子结构，可以将其频响函数矩阵分为 4 块，如图 4-9 所示。

图 4-9　单个子结构的频响矩阵分块示意图

对于子结构系统，在组装其频响函数矩阵的过程中，按照上述分块，取出对应子结构的对应分块，将其依次填入到组装矩阵的相应位置，子结构系统频响矩阵按照自由度划分可以化为 9 个模块，如图 4-10 所示。

aa	ab	ac
ba	bb	bc
ca	cb	cc

图 4-10　子结构系统组装分块示意图

下面以一个 5 个子结构，4 个连接集的子结构系统为例，描述子结构系统组装的过程。子结构编号以及连接关系如图 4-11 所示。

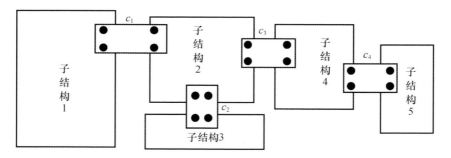

图 4-11　5 个子结构的编号及连接关系

现分别定义 5 个子结构的输入、输出、连接的自由度,如表 4 – 2 所列。

表 4 – 2 子结构自由度

子结构编号	输入部分自由度	输出部分自由度	连接部分自由度
1	I_1	O_1	L_1
2	I_2	O_2	L_2
3	I_3	O_3	L_3
4	I_4	O_4	L_4
5	I_5	O_5	L_5

由图 4 – 11 的连接关系可知,表 4 – 2 中 $L_1 = c_1$,$L_2 = c_1 + c_2 + c_3 = L_1 + L_3 + L_4$,$L_3 = c_2$,$L_4 = c_3$,$L_5 = c_4$。根据连接集定义,将子结构按照连接关系将子结构分为两组,用于子结构系统的连接界面自由度的组装。将每个子结构的频响矩阵的元素排序分块之后,需要按照子结构的连接关系定义出集合 B、C。子结构系统的边界自由度 b 与边界自由度 c 的元素是相对应的,且均包含了所有子结构边界自由度信息。因此,集合 B、C 的算法逻辑如下:

① 输入 $c_1 \cdots c_n$。

② 步骤 1:c_1 连接的子结构 1 的编号放入 B 中,c_1 所连接的子结构 2 的编号放入 C 中。

③ 步骤 2:For(连接集 c_2 到 c_n 按照编号顺序循环)。

If(c_i 所连接的子结构 1 的编号在 B 中)。

c_i 连的子结构 2 放入 C 中。

Else(c_i 所连接的子结构 1 的编号在 C 中)。

c_i 连的子结构 2 的编号放在 B 中。

④ 输出 B、C 中分别包含的子结构编号并按照顺序排放。

按照上述算法,子结构的编号 1、3、4 放入集合 B 中,编号 2、5 放入集合 C 中,则该子结构系统的频响矩阵 **row** $= O_1 + O_2 + O_3 + O_4 + O_5 + L_1 + L_3 + L_4$,**column** $= I_1 + I_2 + I_3 + I_4 + I_5 + L_2 + L_5$,**row** 和 **column** 分别表示矩阵的行和列。

按照子结构的连接关系定义出集合 B、C 之后,将所有子结构的各个频响函数矩阵块进行组装。组装过程中需要对每个子结构的频响矩阵进行预处理,使其依次按照内部自由度、连接自由度的顺序排序。在组装之前需要得到所有子结构的分块情况和定位信息。矩阵的行和列都是分为三大块,依次按照内部自由度 a、边界自由度 b、边界自由度 c。图 4-11 中 5 个子结构的系统组装矩阵如图 4-12 所示,其中每个矩阵元素都来自于各个子结构的频响函数矩阵,元素的上角标表示子结构的编号。

$$\begin{bmatrix}
H_{OI}^1 & 0 & 0 & 0 & 0 & 0 & 0 & 0 & 0 & H_{Oc_1}^1 & 0 & 0 & 0 \\
0 & H_{OI}^2 & 0 & 0 & 0 & H_{Oc_1}^2 & H_{Oc_2}^2 & H_{Oc_3}^2 & 0 & 0 & 0 & 0 & 0 \\
0 & 0 & H_{OI}^3 & 0 & 0 & 0 & 0 & 0 & 0 & 0 & H_{Oc_2}^3 & 0 & 0 \\
0 & 0 & 0 & H_{OI}^4 & 0 & 0 & 0 & 0 & 0 & 0 & 0 & H_{Oc_3}^4 & H_{Oc_4}^4 \\
0 & 0 & 0 & 0 & H_{OI}^5 & 0 & 0 & 0 & H_{Oc_4}^5 & 0 & 0 & 0 & 0 \\
0 & H_{c_1I}^2 & 0 & 0 & 0 & H_{c_1c_1}^2 & H_{c_1c_2}^2 & H_{c_1c_3}^2 & 0 & 0 & 0 & 0 & 0 \\
0 & H_{c_2I}^2 & 0 & 0 & 0 & H_{c_2c_1}^2 & H_{c_2c_2}^2 & H_{c_2c_2}^2 & 0 & 0 & 0 & 0 & 0 \\
0 & H_{c_3I}^2 & 0 & 0 & 0 & H_{c_3c_1}^2 & H_{c_3c_2}^2 & H_{c_3c_3}^2 & 0 & 0 & 0 & 0 & 0 \\
0 & 0 & 0 & 0 & H_{c_4I}^5 & 0 & 0 & 0 & H_{c_4c_4}^5 & 0 & 0 & 0 & 0 \\
H_{c_1I}^1 & 0 & 0 & 0 & 0 & 0 & 0 & 0 & 0 & H_{c_1c_1}^1 & 0 & 0 & 0 \\
0 & 0 & H_{c_2I}^3 & 0 & 0 & 0 & 0 & 0 & 0 & 0 & H_{c_2c_2}^3 & 0 & 0 \\
0 & 0 & 0 & H_{c_3I}^4 & 0 & 0 & 0 & 0 & 0 & 0 & 0 & H_{c_3c_3}^4 & H_{c_3c_4}^4 \\
0 & 0 & 0 & H_{c_4I}^4 & 0 & 0 & 0 & 0 & 0 & 0 & 0 & H_{c_4c_3}^4 & H_{c_4c_4}^4
\end{bmatrix}$$

图 4-12 5 个子结构系统的组装矩阵

通过上面 5 个子结构的例子,可以了解子结构系统矩阵组装的基本思路和大概流程。组装的算法流程,如图 4-13 所示。

根据以上相关理论,综合各个子结构的有限元模型与试验模型得到的频响函数综合得到整个结构系统的频响函数。此系统可以实现理论子结构和试验子结构的混合综合。它将试验模态分析方法和计算模态方法综合在一起,实现了振动试验测试系统软件和有限元分析软件之间的交互。

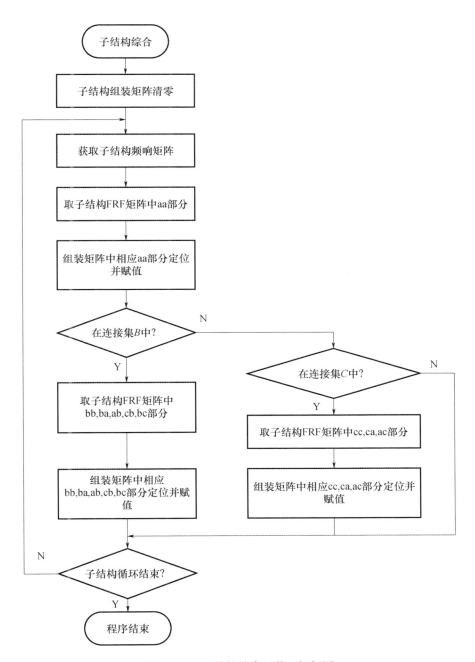

图4-13 子结构综合组装逻辑框图

4.2 结构-控制-光学一体化分析方法

空间相机工作的理想条件是航天器平台的姿态指向准确且十分稳定,相机结构不发生任何由于外界干扰因素导致的静态或动态变形。然而,实际空间相机工作的环境并非如此理想。星上扰振源产生的扰振载荷一方面会使卫星姿态发生低频晃动;另一方面会激发卫星及相机结构的高频振动。这两种形式的运动均会导致相机视线与标称指向发生动态偏移,从而造成图像质量下降。在这个过程中,扰振源、卫星结构、控制系统以及相机光学系统均参与其中且相互影响。因此,为了进行扰振对图像质量影响的评估,需要建立一体化的分析模型,将各环节的贡献考虑在内。

4.2.1 控制系统数学模型

在以评估扰振对遥感卫星成像质量影响为目的的一体化建模分析中,控制系统的作用主要是使航天器视线维持在零位附近,克服扰振载荷引起的低频姿态漂移。因此,采用适当简化的模型即可满足分析的需要,在后续章节中,将根据需要对采用的控制规律进行具体介绍。控制系统的模型可以写作状态空间形式并串联在前向通路中,即

$$\begin{cases} \dot{\boldsymbol{x}}_c = \boldsymbol{A}_c \boldsymbol{x}_c + \boldsymbol{B}_c \boldsymbol{u}_c \\ \boldsymbol{y}_c = \boldsymbol{C}_c \boldsymbol{x}_c + \boldsymbol{D}_c \boldsymbol{u}_c \end{cases} \tag{4-42}$$

式中:输入量 $\boldsymbol{u}_c$ 为姿态控制误差;输出量 $\boldsymbol{y}_c$ 为施加在执行机构节点的控制力矩。

4.2.2 光学灵敏度

3种可能导致空间相机发生像移的模式,分别为相机整体运动、光学元件运动以及探测器运动,如图4-14所示。

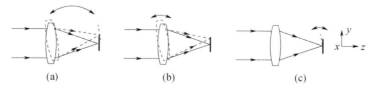

图4-14 空间相机像移模式示意图

(a)相机整体运动;(b)光学元件运动;(c)探测器运动。

按照图 4-14 所示的坐标系,定义像移向量 δX_{image} 及光学元件、探测器运动向量 δX_{optics},可分别表示为

$$\delta X_{\text{image}} = \begin{bmatrix} \delta x_{\text{image}} \\ \delta y_{\text{image}} \end{bmatrix}, \delta X_{\text{optics}} = \begin{bmatrix} \delta X_1 \\ \delta X_2 \\ \vdots \\ \delta X_n \end{bmatrix}, \delta X_i = \begin{bmatrix} \delta x_i \\ \delta y_i \\ \delta \theta_{xi} \\ \delta \theta_{yi} \end{bmatrix} \quad (4-43)$$

式中:i 为构成光学系统的光学元件编号。

一般来说,像移向量 δX_{image} 与光学元件的位移向量 δX_{optics} 之间存在非线性的函数关系,即

$$\delta X_{\text{image}} = f(\delta X_{\text{optics}}) \quad (4-44)$$

在相机结构小变形条件下,可以通过多元函数泰勒展开并保留一阶导数项对式(4-44)进行线性化,可得

$$\delta X_{\text{image}} = S_o \times \delta X_{\text{optics}} \quad (4-45)$$

式中:S_o 为光学灵敏度矩阵,下标"o"代表光学(Optics),可表示为

$$S_o = \begin{bmatrix} \dfrac{\partial \delta x_{\text{image}}}{\partial \delta x_1} & \dfrac{\partial \delta x_{\text{image}}}{\partial \delta y_1} & \dfrac{\partial \delta x_{\text{image}}}{\partial \delta \theta_{x1}} & \dfrac{\partial \delta x_{\text{image}}}{\partial \delta \theta_{y1}} & \cdots \\ \dfrac{\partial \delta y_{\text{image}}}{\partial \delta x_1} & \dfrac{\partial \delta y_{\text{image}}}{\partial \delta y_1} & \dfrac{\partial \delta y_{\text{image}}}{\partial \delta \theta_{x1}} & \dfrac{\partial \delta y_{\text{image}}}{\partial \delta \theta_{y1}} & \cdots \end{bmatrix} \quad (4-46)$$

光学灵敏度矩阵可以通过近似解析方法求得,也可以通过在光学系统设计软件中依次对每个光学元件及探测器进行微幅平移、转动并计算像移量来获取。该矩阵一般由相机设计单位提供。有了空间相机的光学灵敏矩阵,便可以利用式(4-46),通过结构动力学模型分析得到的每个光学元件的响应情况,计算出探测器位置的像移量。

虽然光学灵敏度矩阵是通过单独偏移每个光学元件及探测器来得到的,但相机的整体运动导致的像移量作为一种特殊的运动形式同样可以使用式(4-46)计算。

4.2.3 一体化分析模型

一体化建模与分析框图如图 4-15 所示。一体化模型中包含了扰振源模型、控制系统模型、结构动力学模型、光学灵敏度矩阵以及光学评价指标等环节。其中,控制系统模型的输入量为敏感器测得的姿态误差,输出量为控制力

矩;结构动力学模型的输入量为控制力矩及扰振载荷,输出量为姿态敏感器安装位置及空间相机光学元件位置的动力学响应;光学灵敏度矩阵将相机光学元件的动力学响应转换为探测器处的像移情况;曝光时间内像移量、MTF 等光学评价指标作为一体化分析的最后一个环节,用于评估分析得到的航天器扰振响应对相机图像造成的影响。

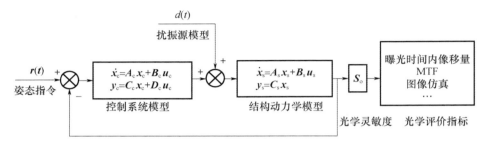

图 4-15 一体化建模与分析框图

4.2.4 模型适用性

本章主要研究减小扰振对图像质量影响的措施,一体化分析的目的是得到卫星对目标稳定成像时在扰振载荷作用下的视线抖动情况,以及小角度姿态调整时控制系统的响应情况。为此,分析中采用了在标称工作点附近线性化得到的线性定常连续时间系统模型。本节对计算模型假设的前提进行一些讨论。

结构动力学模型基于模态叠加方法或子结构模态综合方法建立,使用刚体模态描述航天器的姿态运动,其中包含的假设条件包括:航天器的姿态角速率小,姿态动力学方程可以线性化;姿态角变化量小,姿态运动方程可以线性化;结构动力学模型满足小变形条件,并略去连接结构碰撞、摩擦等非线性因素的影响;飞轮等旋转部件转速变化小,在仿真计算时间内其引起的陀螺矩阵为常值。另外,隔振装置是本节研究的重点。隔振装置通常含有限位缓冲环节以减小发射段大过载引起的变形,因此具有一定的非线性刚度及非线性阻尼特性。本节主要关注在轨微振动条件下的隔振效果,隔振装置在这种工作状态下变形量非常小,限位与缓冲环节不起作用,可以假定其具有线性刚度与线性阻尼。

控制系统模型的假设条件包括:采用飞轮作为姿态控制执行机构产生连续控制力矩;略去离散时间采样及计算机控制周期的影响。

另外,使用光学灵敏度矩阵计算像移量的方法包含了相机光学元件振动量级小以及光学元件本身刚性较好,其形状改变对光路的影响可以忽略的假定。

4.3 整星微振动分析实例

本节给出某遥感卫星微振动仿真分析的实例。该卫星采用敏捷型卫星平台,采用金属构架和蜂窝板作为主承力构件,能够适应多种高分辨率遥感载荷。

4.3.1 有限元模型

4.3.1.1 主结构建模

立柱、舱板、背架均采用典型结构件频响试验修正后的模型,其中背架采用梁单元建模,立柱和舱板采用壳单元。主要连接环节的处理如下。

(1) 立柱与舱板连接。在立柱与舱板的搭接区域内建立均布弹簧阻尼单元,弹簧阻尼单元的参数根据局部结构试验修模结果选取。

(2) 背架与舱板连接。背架与舱板采用共节点方式连接,背架接头采用刚性连接单元模拟,约束6个自由度。

(3) 背架与立柱连接。背架与立柱连接采用刚性连接单元模拟,约束6个自由度。

4.3.1.2 微振动分析结构阻尼选取

分析中结构阻尼的选取主要参考 GF-2 等型号的分析经验。分析中采用的模态阻尼比如表4-3所列,模态阻尼比随频率的变化如图4-16所示。

表4-3 模态阻尼比

模态阻尼比	频率/Hz
0.0020	0~15
0.0025	15~50
0.0030	50~500

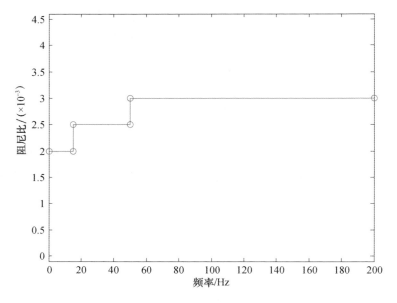

图 4-16 模态阻尼比随频率的变化

4.3.2 模态分析

在自由状态下,计算整星 2~500Hz 内的模态,通过模态计算结果,进行以下两项分析。

(1) 模态密度分析。计算各频段内的模态密度,作为评估有限元计算方法在各频段置信水平的依据。

(2) 相机晃动敏感度分析。计算各阶模态中,相机主承力框 Rx、Ry 两个自由度的参预因子,作为评估各阶模态对成像质量影响程度的依据。

4.3.2.1 模态密度分析

将结构振动划分为 3 个频段,即低频频段、中频频段和高频频段。可用模态密度 $n(f)$ 或带宽 Δf 内模态数 $N(N=n(f)\Delta f)$ 将结构振动划分为 3 个频段:① 当 $N \leqslant 1$ 时为低频段;② 当 $1 < N < 5$ 时为中频段;③ $N \geqslant 5$ 时为高频段。

典型的低频段、中频段和高频段的频段划分示意图如图 4-17 所示,由图可见:在低频段,频响曲线中能够分辨出明显的共振峰,基本不会出现模态密集和模态混叠情况;在中频段,开始出现由于模态密集导致的轻度或中度模态混叠情况,从曲线中较难分辨出明显的共振峰;在高频段,由于模态极度密集,出现了严重的模态混叠情况,曲线呈现为"平滑"特性。

采用有限元方法进行响应分析,在低频段置信水平较高,在中高频段置信水平较差。

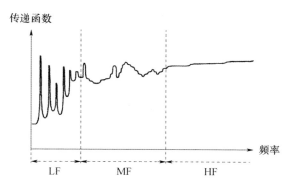

图 4-17 频段划分示意图

根据本次建模结果,各频段模态数分析结果如图 4-18 所示。由分析结果可见,在 71Hz 处模态数达到 8,在 160Hz 处模态数达到 4,模态数较高主要是因为舱板局部模态较为密集。由模态密度分布可见,在 CMG 扰动的特征频点 66Hz 和 158Hz 附近,模态数较高,响应分析置信度较低,后续须以试验为基础,修正模型以提高分析准确度。

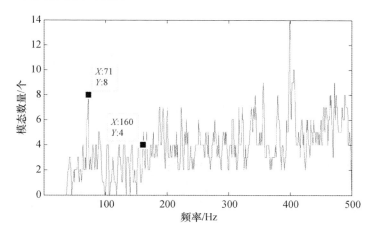

图 4-18 模态密度分布

4.3.2.2 相机晃动敏感度分析

分析各阶模态的归一化振型向量,相机主镜 R_x 和 R_y 自由度的系数,如图 4-19 所示。

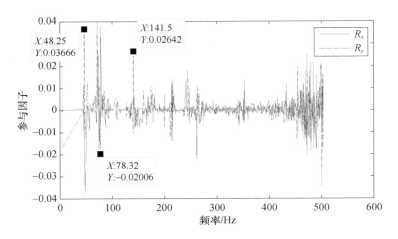

图 4-19 相机主镜自由度系数

由图 4-19 可见,在 200Hz 以内,对相机抖动影响较大的模态主要集中在 3 个频带附近,主要频点振型如图 4-20 所示,振型描述如下:

(1) 48Hz 附近主要表现为相机一阶摆动模态引起的整星耦合。
(2) 78Hz 附近主要表现为相机二阶摆动与星上其他部位的耦合。
(3) 141Hz 附近主要表现为相机的呼吸模态与卫星结构的耦合。

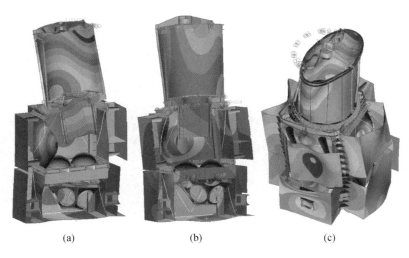

图 4-20 抖动敏感模态振型(见彩图)
(a)相机一弯耦合模态;(b)相机二弯耦合模态;(c)相机呼吸耦合模态。

4.3.3 平台结构微振动传递特性分析

为了评价整星各环节的微振动传递特性,复核微振动全链路指标分配,进行了整星微振动传递特性分析。分析方法如下:

(1) 分别在 5 台 CMG 的安装点,以 CMG 局部坐标系为参考,施加单方向单位扰动力,计算星上关键部位的频域响应。

(2) CMG 隔振器与立柱连接点至相机安装面 R_x、R_y 自由度典型力传递函数曲线如图 4-21 所示,典型力矩传递函数曲线如图 4-22 所示。

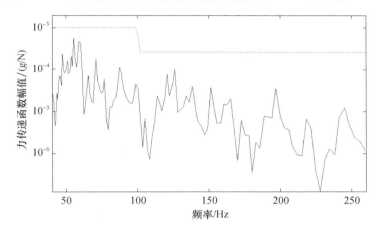

图 4-21 力传递函数曲线

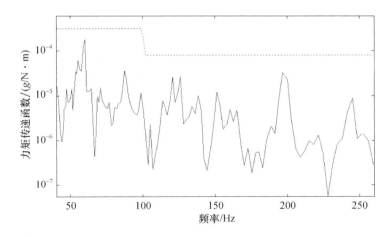

图 4-22 力矩传递函数曲线

4.3.4 相机微振动响应

采用基于模态叠加的时域响应分析方法进行计算,模态截断至 300 Hz。计算得到关键节点的时程响应曲线。

无隔振状态下,主镜和次镜在俯仰和滚转方向的角振动如图 4-23 所示。主镜角振动幅值约为 0.065″,次镜角振动幅值约为 0.072″。分析结果表明 R_y 方向的抖动略高于 R_x 方向。按照相机刚体假设,采用主镜角位移近似代替相机晃动,则角振动量约为 0.496 像元。

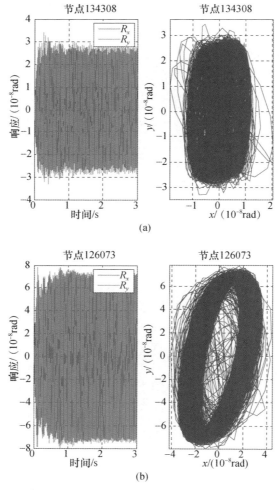

图 4-23 无隔振状态响应(见彩图)
(a)主镜;(b)次镜。

隔振状态下，主镜和次镜在俯仰和滚转方向的角振动如图4-24所示。主镜角振动幅值约为0.033″，次镜角振动幅值约为0.026″。按照相机刚体假设，采用主镜角位移近似代替相机晃动，则角振动量约为0.252像元。

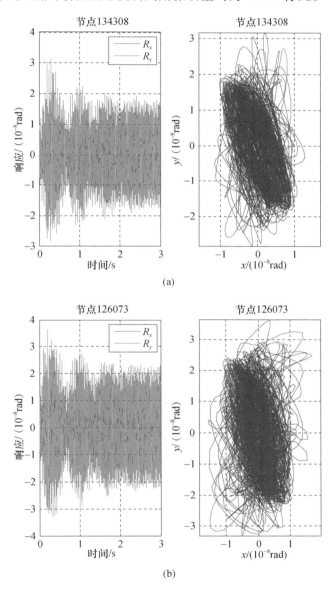

图4-24 隔振状态响应（见彩图）

（a）主镜；（b）次镜。

分析结果如表 4-4 所列,由于将隔振装置替换为刚性连接,相机模态与 CMG 模块模态耦合增强,相机各部位角振动出现较大差异,说明相机自身模态的参与因子增大。

表 4-4 相机抖动分析结果

方向	无隔振响应/像元	隔振响应/像元
试验结果	0.48	0.26
分析结果	0.496	0.252

4.3.5 成像质量预示

本节以同轴三反相机为典型光学载荷,进行在轨成像质量预示分析,光学模型如图 4-25 所示。

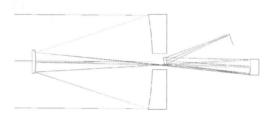

图 4-25 光学模型

像移分析采用光学灵敏度方法进行,由光学系统模型得到光学灵敏度矩阵,然后根据有限元响应分析得到的各光学元件六自由度时域响应曲线计算像移时程曲线,无隔振状态和隔振状态下的像移曲线如图 4-26 所示。

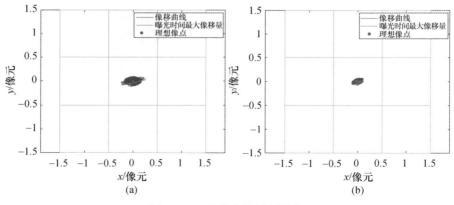

图 4-26 像移曲线(见彩图)
(a)无隔振状态;(b)隔振状态。

无隔振状态计算结果表明，按照 TDI 级数 48 级，积分时间 200μs 计算，像移量最大为 0.556 像元。按照 TDI 级数 48 级，积分时间 60μs 计算，像移量最大为 0.473 像元。

隔振状态计算结果表明，按照 TDI 级数 48 级，积分时间 200μs 计算，像移量最大为 0.286 像元。按照 TDI 级数 48 级，积分时间 60μs 计算，像移量最大为 0.243 像元。

4.3.6 小结

本章针对平台微振动传递特性，从部件级、组件级、舱段级和平台级开展了建模分析、试验验证和模型修正工作，得到以下主要成果。

（1）提出了平台金属结构件倒角建模方法，对于单倒角、双倒角和夹角非直角等多种倒角形式的影响进行了研究并进行等效建模，提出了倒角等效建模方法，与试验结果对应良好。

（2）提出了蜂窝板螺钉连接建模方法，针对螺钉的硬连接和软连接形式提出了建模方法，并应用大量的测试实例进行了验证，检验结果证明了其精度、可靠性和有效性。

（3）建立了通过频响优化修正结构模态阻尼的方法，通过多模态、多工况和多测点的测试检验，证明了其精度和可靠性。

（4）试验及建模结果表明，典型部件的模态频率误差低于5%，组合结构的模态频率误差低于10%；典型部件的频响误差低于20%，组合结构的频响在高频段误差较为明显，建模方法仍有待进一步研究。

（5）基于试验修正后的部组件有限元模型，组装建立了平台结构微振动传递分析模型，为整星微振动响应预示和在轨成像质量分析奠定了基础。

第 5 章 多层级微振动抑制方案设计

5.1 微振动抑制方案设计方法

5.1.1 减振方案选取

通常减振方法按照减振原理的不同可以分为解耦、结构的刚化、隔振、阻尼减振和动力吸振等,具体介绍如下。

1. 解耦方法

解耦方法是添加附加质量和弹性单元,通过在不同结构频率之间调配,来解除激励与需隔振测点之间的耦合,来达到减隔振的目的。对于大型复杂结构,模态密集,解耦方法很难有效,需要在不同结构频率之间调配,复杂而且需要以增加附加质量作为代价。

2. 结构的刚化方法

结构刚化方法主要是通过提高结构的刚度,增大结构件的固有振动频率,使之和激励解除耦合。对于尺寸较大结构件,尽管通过增厚或者增粗结构尺寸,能够提高结构的刚度,但同时结构的质量也大幅增加。因此,当结构的固有频率提高到一定程度后,随着刚度的增加,结构的固有频率增长很慢,同时附加质量也要大幅增加。然而,这种方式主要用于被动隔振领域,不适用于主动隔振领域。

3. 隔振方法

隔振方法主要是通过隔振器弹性阻尼元件将需要减振的敏感设备隔离起来,隔振器是一种机械低通滤波器,其显著特点是:①对于低频振动一比一地传递给敏感设备,并在低频引入一共振放大峰,振动位移较大,需要占用较大空间;②对高频振动进行隔离,高频振动减振效果显著。通过设计弹性阻尼元件的刚度可以将系统一阶频率调节到某一恰当的值,通过调节阻尼可以保证共振点放大系数不会过大,从而实现传递率要求和隔振性能要求。

4. 阻尼减振方法

阻尼减振方法是通过某种方式将高阻尼材料添加到结构中,增大结构的模态阻尼比,有效抑制共振区附近动态响应。其显著特点是不会明显改变结构的固有模态,而是削弱结构在共振峰处的振动放大系数。特别适合结构的事后修改,主要用于梁、板和薄壳结构的弯曲振动减振。

如果结构模态复杂,在高频部分会存在很多共振峰。阻尼减振对高频部分这些共振峰只能起到衰减作用,但放大系数不可能小于1。因此,阻尼减振方式并不适用于模态复杂的结构。

5. 动力吸振方法

动力吸振方法是在敏感设备上安装一个质量–弹簧单元,将敏感设备的振动能量转移到质量–弹簧单元,达到降低敏感设备的振动响应。其特点是:将敏感设备上的一个共振峰变成两个共振峰,一般通过增加弹簧单元的阻尼达到压低共振峰值的目的,而且这个阻尼值有一个最佳值。工程结构一般模态比较密集,实际应用时一般是将一系列不同频率的动力吸振器安装于振动结构上,对理论设计计算要求较高。

同时,此减隔振方式对被减振设备的激励频率存在极大的敏感性,即被减振设备的激励频率需非常稳定,一旦其激励频率出现少许偏移,该隔振措施的隔振效果就会大幅度下降甚至完全失效。此方式只适用于针对低频的窄频段共振峰进行削弱,对高频的诸多共振峰无能为力。因此该减隔振方式的适用范围受到极大的限制。

5.1.2 传递路径设计

有效载荷安装面的动响应与星体结构的动力学特性密切相关。对振动传递路径的动力学特性进行参数化设计,可以使从振源传递至有效载荷的振动得到有效衰减。根据整星结构的模态振型,为振源设备和成像设备选取适当的安装位置,避开振型波腹,尽量接近振型节点,是降低振动传递的一条有效途径。若通过结构设计无法将有效载荷安装面的振动幅值降低到可接受的范围内,则需要加入减振装置对微振动进行抑制。而减隔振装置本质上是对整星动力学传递特性的调适与分配。根据国外商业遥感卫星的经验，高分辨率遥感卫星一般都需要采用减振装置。

当隔振频率取至 10Hz 以上时，可能与整星模态频率接近，采用刚性基础假设评价隔振效果可能会引起较大偏差，必须将整星柔性考虑在内。隔振器的设计应考虑到整星的柔性，通过错开频率、提高阻尼等手段，避免隔振器与整星结构耦合振动导致响应放大。除考虑隔振频率与整星模态的耦合外，还应考虑到隔振器与大型柔性附件模态的耦合问题。因此，隔振频率也不能过低，一般应高于 1Hz。

建立整星微振动响应的仿真分析模型，通过计算预示微振动抑制措施的减振效果，是开展微振动抑制方案选择与参数设计的基础。根据微振动幅值和频谱分布，以仿真分析为依据，可以选取合适的微振动抑制方案，并进行指标分配。一般而言，采用飞轮/CMG 隔振器是较为有效并且技术难度相对较小的方法。当星上其他活动部件的瞬态运动对成像设备也有明显影响时，则需要同时考虑对有效载荷进行隔振处理。对于柔性附件的晃动引起整星姿态稳定度降低，则可以考虑采用柔性附件阻尼器。

5.1.3 微振动源抑制

降低微振动源传递至星体结构的微振动，是改善平台结构在轨动力学环境的手段之一。微振动源抑制主要包括微振动源设备优化设计和微振动源隔振两种手段。

1. 微振动源设备优化设计

活动部件引起的微振动主要是由于运动部分的非均匀运动引起的。活动部件运动时形成的惯性力主要由运动速度和质量特性在惯性坐标系下的变化引起。通过优化设计扰动源设备，如降低高速转子的静、动不平衡量，尽量避免往复运动机构等，可有效降低扰动源输出的扰动力。

如某相机扫摆机构初始设计为单个摆镜往复运动，其输出至安装基础的扰动力为连续脉冲形式。改进设计后，增加一个动量补偿机构，与摆镜反相运动，二者形成的惯性力互相抵消，输出值安装基础的扰动力大幅下降，扫摆机构及动量补偿装置示意图如图 5-1 所示，动量补偿前后数据对比如表 5-1 所列。

第 5 章　多层级微振动抑制方案设计

图 5 - 1　扫摆机构及动量补偿装置示意图

表 5 - 1　动量补偿前后数据对比

工况	干扰力矩幅值/(N·m)	角速度波动幅值/((°)/s)
无补偿	1.12	0.0068
有补偿	0.71	0.0033

2. 微振动源隔振

以往的减振装置往往针对主动段恶劣的动力学环境设计,适用于大载荷条件。而星载微振动抑制装置是在轨长期服役的部件,其工作环境有很大不同。所受到的动载荷振幅为微米量级,还要长期经受空间辐射、真空、高低温交变等特殊环境条件,因此其设计要求也不同于以往的减振装置。一般而言,星载微振动抑制装置应至少满足以下要求。

（1）阻尼器灵敏度高,在微米尺度下能够提供较高的阻尼比。

（2）避免运动间隙,不包含运动副。在空间微重力环境下,运动副的间隙位置处于随机状态,微振动可能引起间隙面碰撞,使动响应高频成分放大。

（3）在持久微幅交变应力下,力学特性不能发生明显变化。

（4）空间环境下,力学性能和化学性能稳定性良好。在空间辐照、高低温、真空环境下,其刚度和阻尼不能出现明显衰减,不能发生冷焊,不能释放气体或粉尘,以避免对光学设备造成污染。

传统的流体阻尼器、黏弹性阻尼器、干摩擦阻尼器往往都适用于大幅值动载荷,而在微振动条件下,由于其阻尼机理的限制,无法产生有效的阻尼力,却引起了较高的附加刚度,效果并不理想。传统的减振材料在空间环境作用下,存在一定的问题。黏弹性材料在高低温作用下易出现老化,力学性能出现衰退;在辐照、真空环境下易出现放气或粉尘。流体机理的阻尼器在失重状态下,由于表面张力效应,附加刚度增大,易卡死;长期服役时,还存在潜在的泄漏危险。一些新型的全金属减振材料,如金属橡胶、钢丝绳等。目前的应用和研究工作仍基于主动段大量级动载荷条件展开,在空间环境中微幅激励作用下的性能仍有待进一步验证。几种不同机理的阻尼形式的优缺点对比如表 5-2 所列,涡流阻尼器由于环境适应能力强、灵敏度高,具有明显的优势。

表 5-2 主要阻尼形式优缺点对比

阻尼形式	黏弹性材料	流体阻尼	涡流阻尼	干摩擦阻尼	颗粒阻尼
优点	形式多样,阻尼比大	阻尼力大	全金属,灵敏度高	全金属	不受温度影响
缺点	受温度影响大,有老化放气问题,直接承力存在强度问题	有潜在泄漏危险,失重条件下易卡死	同等体积时阻尼力相对较小	仅在大变形时效果好	非线性,能量损耗因子小,仅适用于大载荷条件,需要专门设计抗失重装置
应用形式	分布式、独立式	独立式	用于隔振器内	连接处	独立腔体

5.1.4 降低有效载荷敏感性

提高有效载荷的抗干扰能力,降低有效载荷对微振动的敏感性,是解决微振动问题的有效手段之一。降低有效载荷的敏感性主要有以下两种措施。

1. 对关键敏感元件的微振动进行补偿

对于低频扰动引起的图像扭曲,采用地面信标进行标校能够较好地进行补偿。对于高频振动引起的图像模糊,修正的难度较大,需要同时获取光路的抖动信息。如采用高精度角位移传感器对卫星入轨后相机关键部位的角振动进行实时测量,并与遥感图像同步发送至地面站。在后期处理中,基于角振动数据可实现图像校正和修复。

2. 通过减隔振措施降低敏感元件的微振动响应

通过在相机与平台之间安装隔振装置,或者在敏感光学元件与支撑结构之间采用柔性安装形式,能够降低敏感元件微振动响应,进而降低视轴的抖动量,改善成像质量。如在相机与平台结构之间采用挠性撑杆连接,一方面能够有效释放由于温度变化、安装过程等引起的应力;另一方面可衰减从平台结构传递至相机的微振动,提高相机的抗干扰能力。

对于相机隔振,除应考虑空间环境适应能力外,其抗力学环境的能力也是关键的设计因素之一。光学元件一般对于高频振动、冲击等都十分敏感,相机隔振装置在具备隔离在轨微振动的能力之外,至少不应恶化相机的力学环境。当星载减振装置刚度较低时,在发射段载荷条件下变形量较大,可能超出减振装置的安全行程。因此,需要采取防护措施进行保护,发射锁是一种可行的防护措施。在发射状态下,采用发射锁将有效载荷与卫星本体锁死,由发射锁承受发射段载荷;入轨后释放发射锁,由隔振器连接有效载荷和卫星本体,起到隔离微振动的作用。发射锁本质上是与隔振器配合使用的一种分离装置。由于传统的火工分离方式冲击较大,易对光学设备造成破坏。欧美国家已经开展了无火工品的分离装置研究,并得到了初步的应用。国内相关科研单位也在开展这方面的研究工作。

对于有效载荷隔振,在有效载荷与星体结构之间加入隔振装置,使有效载荷悬浮安装,在起到隔振作用的同时,还可释放有效载荷与星体结构之间热变形不协调形成的热应力,改善载荷视轴与姿态敏感轴之间的夹角稳定度。因此,有效载荷隔振应与热稳定性统筹考虑。

5.2 隔振装置与柔性结构耦合设计

以航天器结构为具体研究对象,本节采用的整体隔振系统动力学模型如图 5-2 所示。被隔振体通过隔振装置与平台结构安装界面连接。被隔振体为敏感载荷时,则为基础振动隔离问题;被隔振器为振源设备时,则变为设备振动隔离问题。由减振理论可知,二者传递特性具有相似性,隔振装置与柔性结构的耦合关系基本一致。不失一般性,本节以基础振动隔振问题为例展开讨论。

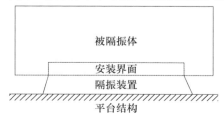

图 5-2 整体隔振航天器的力学模型

5.2.1 线弹性隔振器与柔性结构耦合设计

虽然工程应用的隔振器都有一定的非线性,但是在较小的变形范围内,非线性特征一般不明显,在实际应用中常近似作为线性隔振器处理。基于线性隔振器展开耦合振动的分析与讨论,不仅对于大量可以忽略非线性因素的情形有一定的现实意义,并且容易得到耦合振动的一般规律和隔振器的设计原则,为非线性隔振器与柔性结构的耦合动力学分析提供参考和对照。

被隔振体作为柔性体考虑,假设隔振装置具有线弹性特性。平台结构安装界面一般刚度较大,作为刚性界面考虑。系统受到来自平台结构安装界面的基础激励。为了讨论隔振装置的减振效果,分别计算安装隔振器前后的动响应,并进行对比。

5.2.1.1 未隔振情形的动响应

当没有加入隔振器时,载荷直接作用于被隔振体安装界面上,则

$$\begin{bmatrix} m_{ss} & m_{sa} \\ m_{as} & m_{aa} \end{bmatrix} \begin{bmatrix} \ddot{x}_s \\ \ddot{x}_a \end{bmatrix} + \begin{bmatrix} c_{ss} & c_{sa} \\ c_{as} & c_{aa} \end{bmatrix} \begin{bmatrix} \dot{x}_s \\ \dot{x}_a \end{bmatrix} + \begin{bmatrix} k_{ss} & k_{sa} \\ k_{as} & k_{aa} \end{bmatrix} \begin{bmatrix} x_s \\ x_a \end{bmatrix} = \begin{bmatrix} 0 \\ F \end{bmatrix} \quad (5-1)$$

式中:下标"s"代表被隔振体内部节点;下标"a"代表被隔振体安装界面上的节点。

被隔振体的有限元模型一般较复杂,该方程较庞大,采用 Craig–Bampton 部件模态综合法降阶,可得

$$\begin{bmatrix} x_s \\ x_a \end{bmatrix} = \begin{bmatrix} \boldsymbol{\Phi}_s & \boldsymbol{\Phi}_c \\ 0 & \boldsymbol{I} \end{bmatrix} \begin{bmatrix} \gamma \\ x_a \end{bmatrix} \quad (5-2)$$

式中:$\boldsymbol{\Phi}_s$ 为航天器的固定界面子结构模态,由方程的特征值问题求解获得。该方程可表示为

$$m_{ss}\ddot{x}_e + k_{ss}x_e = 0 \quad (5-3)$$

$\boldsymbol{\Phi}_s$ 的性质可表示为

$$\boldsymbol{I}_N = \boldsymbol{\Phi}_s^T \boldsymbol{\Phi}_s \quad (5-4)$$

$$\boldsymbol{\Lambda}_N = \boldsymbol{\Phi}_s^T k_{ss} \boldsymbol{\Phi}_s = \text{diag}\{\omega_i^2\} \quad (5-5)$$

在式(5-2)中,$\boldsymbol{\Phi}_c$ 为约束模态,可表示为

$$\boldsymbol{\Phi}_c = -k_{ss}^{-1} k_{sa} \quad (5-6)$$

式(5-2)第一组方程为

$$x_s = \boldsymbol{\Phi}_s \gamma + \boldsymbol{\Phi}_c x_a \quad (5-7)$$

定义被隔振体结构弹性运动为

$$x_e = \boldsymbol{\Phi}_s \boldsymbol{\gamma} \tag{5-8}$$

定义被隔振体结构牵连运动为

$$x_{re} = \boldsymbol{\Phi}_c x_a \tag{5-9}$$

将式(5-2)代入式(5-1),可得

$$\begin{bmatrix} \boldsymbol{I}_N & \boldsymbol{m}_{as}'^{\mathrm{T}} \\ \boldsymbol{m}_{as}' & \boldsymbol{m}_{aa}' \end{bmatrix} \begin{bmatrix} \ddot{\boldsymbol{\gamma}} \\ \ddot{\boldsymbol{x}}_a \end{bmatrix} + \begin{bmatrix} \boldsymbol{c}_N & 0 \\ 0 & \boldsymbol{c}_{aa}' \end{bmatrix} \begin{bmatrix} \dot{\boldsymbol{\gamma}} \\ \dot{\boldsymbol{x}}_a \end{bmatrix} + \begin{bmatrix} \boldsymbol{\Lambda}_N & 0 \\ 0 & \boldsymbol{k}_{aa}' \end{bmatrix} \begin{bmatrix} \boldsymbol{\gamma} \\ \boldsymbol{x}_a \end{bmatrix} = \begin{bmatrix} 0 \\ \boldsymbol{F} \end{bmatrix} \tag{5-10}$$

$$\boldsymbol{m}_{as}' = \boldsymbol{\Phi}_c^{\mathrm{T}} \boldsymbol{m}_{ss} \boldsymbol{\Phi}_s + \boldsymbol{m}_{as} \boldsymbol{\Phi}_s \tag{5-11}$$

$$\boldsymbol{m}_{aa}' = \boldsymbol{m}_{aa} + \boldsymbol{\Phi}_c^{\mathrm{T}} (\boldsymbol{m}_{ss} \boldsymbol{\Phi}_c + \boldsymbol{m}_{as}^{\mathrm{T}}) + \boldsymbol{m}_{as} \boldsymbol{\Phi}_c \tag{5-12}$$

$$\boldsymbol{k}_{aa}' = \boldsymbol{k}_{aa} + \boldsymbol{\Phi}_c^{\mathrm{T}} \boldsymbol{k}_{sa} \tag{5-13}$$

$$\boldsymbol{c}_{aa}' = \boldsymbol{c}_{aa} + \boldsymbol{\Phi}_c^{\mathrm{T}} \boldsymbol{c}_{sa} \tag{5-14}$$

$$\boldsymbol{c}_N = \mathrm{diag}\{2\xi_i \omega_i\} \tag{5-15}$$

经拉普拉斯变换,可得

$$\begin{bmatrix} \boldsymbol{B}_1 & \boldsymbol{B}_2 \\ \boldsymbol{B}_3 & \boldsymbol{B}_4 \end{bmatrix} \begin{bmatrix} \boldsymbol{\gamma} \\ \boldsymbol{x}_a \end{bmatrix} = \begin{bmatrix} 0 \\ \boldsymbol{F} \end{bmatrix} \tag{5-16}$$

式中:

$$\boldsymbol{B}_1 = -\omega^2 \boldsymbol{I}_N + \mathrm{i}\omega \boldsymbol{c}_N + \boldsymbol{\Lambda}_N \tag{5-17}$$

$$\boldsymbol{B}_2 = -\omega^2 \boldsymbol{m}_{as}'^{\mathrm{T}} \tag{5-18}$$

$$\boldsymbol{B}_3 = -\omega^2 \boldsymbol{m}_{as}' \tag{5-19}$$

$$\boldsymbol{B}_4 = -\omega^2 \boldsymbol{m}_{aa}' + \mathrm{i}\omega \boldsymbol{c}_{aa}' + \boldsymbol{k}_{aa}' \tag{5-20}$$

取式(5-16)的第二组方程,即

$$\boldsymbol{F} = \boldsymbol{B}_3 \boldsymbol{\gamma} + \boldsymbol{B}_4 \boldsymbol{x}_a \tag{5-21}$$

将式(5-19)和式(5-20)代入式(5-21)后,得到界面力为

$$\boldsymbol{F} = -\omega^2 (\boldsymbol{\Phi}_c^{\mathrm{T}} \boldsymbol{m}_{ss} + \boldsymbol{m}_{as}) \boldsymbol{x}_s +$$
$$[(-\omega^2 \boldsymbol{m}_{aa} + \mathrm{i}\omega \boldsymbol{c}_{aa} + \boldsymbol{k}_{aa}) + \boldsymbol{\Phi}_c^{\mathrm{T}} (-\omega^2 \boldsymbol{m}_{sa} + \mathrm{i}\omega \boldsymbol{c}_{sa} + \boldsymbol{k}_{sa})] \boldsymbol{x}_a \tag{5-22}$$

由式(5-16)的第一组方程可得

$$\boldsymbol{\gamma} = -\boldsymbol{B}_1^{-1} \boldsymbol{B}_2 \boldsymbol{x}_a \tag{5-23}$$

将式(5-23)代入式(5-7),可得

$$\boldsymbol{x}_s = -\boldsymbol{\Phi}_s \boldsymbol{B}_1^{-1} \boldsymbol{B}_2 \boldsymbol{x}_a + \boldsymbol{\Phi}_c \boldsymbol{x}_a \tag{5-24}$$

从界面 a 到被隔振体上观测点 o 的传递率可写为

$$\boldsymbol{T}_{oa} = \boldsymbol{\Phi}_{co} - \boldsymbol{\Phi}_{so} \boldsymbol{B}_1^{-1} \boldsymbol{B}_2 \tag{5-25}$$

式中:$\boldsymbol{\Phi}_{co}$ 和 $\boldsymbol{\Phi}_{so}$ 分别表示约束模态矩阵和固支边界模态矩阵中观测点 o 对应的行。

提取式(5-23)的第 i 行,即

$$(-\omega^2 + 2\mathrm{i}\xi_i\omega_i\omega + \omega_i^2)\gamma_i = \omega^2 \boldsymbol{L}_i \boldsymbol{x}_a \quad (5-26)$$

式中:γ_i 为第 i 个模态坐标;ξ_i,ω_i 分别为第 i 阶模态阻尼比和模态频率;等号右边项表示界面加速度 $-\omega^2 \boldsymbol{x}_a$ 对模态坐标产生的激振力。$\boldsymbol{L}_i$ 为 $\boldsymbol{m}_{as}'^{\mathrm{T}}$ 的第 i 行,可写为

$$\boldsymbol{L}_i = \boldsymbol{\varphi}_i^{\mathrm{T}} \boldsymbol{m}_{ss} \boldsymbol{\Phi}_c + \boldsymbol{\varphi}_i^{\mathrm{T}} \boldsymbol{m}_{as} \quad (5-27)$$

式中:$\boldsymbol{\varphi}_i$ 为第 i 阶模态向量;$\boldsymbol{L}_i$ 的第 j 个元素表示第 j 个界面自由度加速度激励对第 i 阶固定界面模态的模态参与因子。模态参与因子越大,则表明该阶模态对界面加速度激励引起的响应的贡献越大。

由式(5-26)可得

$$\gamma_i = \frac{\omega^2 \boldsymbol{L}_i \boldsymbol{x}_a}{\omega_i^2 - \omega^2 + 2\mathrm{i}\xi_i\omega_i\omega} \quad (5-28)$$

令

$$h_i(\omega) = \frac{\omega^2}{\omega_i^2 - \omega^2 + 2\mathrm{i}\xi_i\omega_i\omega} \quad (5-29)$$

则式(5-2)中的模态坐标可以表示为

$$\gamma_i = h_i(\omega) \boldsymbol{L}_i \boldsymbol{x}_a \quad (5-30)$$

5.2.1.2 整体隔振后的动响应

不计入隔振器质量,只有刚度和阻尼。此时载荷作用于平台结构安装界面上,对于双接头隔振器,可令隔振器两端自由度数相等,方程可表示为

$$\begin{bmatrix} \boldsymbol{m}_{ss} & \boldsymbol{m}_{sa} & 0 \\ \boldsymbol{m}_{as} & \boldsymbol{m}_{aa} & 0 \\ 0 & 0 & 0 \end{bmatrix} \begin{bmatrix} \ddot{\boldsymbol{x}}_s \\ \ddot{\boldsymbol{x}}_a \\ \ddot{\boldsymbol{x}}_b \end{bmatrix} + \begin{bmatrix} \boldsymbol{c}_{ss} & 0 & 0 \\ 0 & \boldsymbol{c}_w & -\boldsymbol{c}_w \\ 0 & -\boldsymbol{c}_w & \boldsymbol{c}_w \end{bmatrix} \begin{bmatrix} \dot{\boldsymbol{x}}_s \\ \dot{\boldsymbol{x}}_a \\ \dot{\boldsymbol{x}}_b \end{bmatrix} + \begin{bmatrix} \boldsymbol{k}_{ss} & \boldsymbol{k}_{sa} & 0 \\ \boldsymbol{k}_{as} & \boldsymbol{k}_{aa}+\boldsymbol{k}_w & -\boldsymbol{k}_w \\ 0 & -\boldsymbol{k}_w & \boldsymbol{k}_w \end{bmatrix} \begin{bmatrix} \boldsymbol{x}_s \\ \boldsymbol{x}_a \\ \boldsymbol{x}_b \end{bmatrix} = \begin{bmatrix} 0 \\ 0 \\ \boldsymbol{F} \end{bmatrix}$$

$$(5-31)$$

式中:下标"b"表示平台结构安装界面的自由度。

采用 Craig - Bampton 部件模态综合法降阶,坐标变换方程为

$$\begin{bmatrix} \boldsymbol{x}_s \\ \boldsymbol{x}_a \\ \boldsymbol{x}_b \end{bmatrix} = \begin{bmatrix} \boldsymbol{\Phi}_s & \boldsymbol{\Phi}_c & 0 \\ 0 & \boldsymbol{I} & 0 \\ 0 & 0 & \boldsymbol{I} \end{bmatrix} \begin{bmatrix} \boldsymbol{\gamma} \\ \boldsymbol{x}_a \\ \boldsymbol{x}_b \end{bmatrix} \quad (5-32)$$

式(5-32)代入式(5-31),可得

$$\begin{bmatrix} I_N & m_{as}'^T & 0 \\ m_{as}' & m_{aa}' & 0 \\ 0 & 0 & 0 \end{bmatrix} \begin{bmatrix} \ddot{\gamma} \\ \ddot{x}_a \\ \ddot{x}_b \end{bmatrix} + \begin{bmatrix} c_N & 0 & 0 \\ 0 & c_w & -c_w \\ 0 & -c_w & c_w \end{bmatrix} \begin{bmatrix} \dot{\gamma} \\ \dot{x}_a \\ \dot{x}_b \end{bmatrix} + \begin{bmatrix} \Lambda_N & 0 & 0 \\ 0 & k_{aa}'+k_w & -k_w \\ 0 & -k_w & k_w \end{bmatrix} \begin{bmatrix} \gamma \\ x_a \\ x_b \end{bmatrix} = \begin{bmatrix} 0 \\ 0 \\ F \end{bmatrix}$$

(5-33)

经拉普拉斯变换，可得

$$\begin{bmatrix} B_1 & B_2 & 0 \\ B_3 & B_4' & B_5 \\ 0 & B_6 & B_7 \end{bmatrix} \begin{bmatrix} \gamma \\ x_a \\ x_b \end{bmatrix} = \begin{bmatrix} 0 \\ 0 \\ F \end{bmatrix}$$

(5-34)

式中：

$$B_4' = -\omega^2 m_{aa}' + i\omega c_w + k_{aa}' + k_w \tag{5-35}$$

$$B_5 = B_6 = -B_7 = -k_w - i\omega c_w \tag{5-36}$$

由式(5-34)可得，从激励点 b 到观测点 o 的传递率为

$$T_{ob} = -(B_4' - B_3 B_1^{-1} B_2)^{-1} B_5 (\Phi_{co} - \Phi_{so} B_1^{-1} B_2) \tag{5-37}$$

5.2.1.3 静定界面隔振动响应

由于隔振器两端界面刚度很大，可假设连接界面为刚性。以下讨论中假设界面有6个自由度。由于界面为刚性，则使界面自由度具有单位位移以得到刚体模态 Φ_c 时的约束反力应为0，即

$$\begin{bmatrix} k_{ss} & k_{sa} \\ k_{as} & k_{aa} \end{bmatrix} \begin{bmatrix} \Phi_c \\ I_{aa} \end{bmatrix} = \begin{bmatrix} 0 \\ 0 \end{bmatrix} \tag{5-38}$$

取式(5-38)第二组方程为

$$k_{as} \Phi_c + k_{aa} = 0 \tag{5-39}$$

整理可得

$$k_{aa}' = 0 \tag{5-40}$$

将式(5-33)展开，可得

$$(-\omega^2 I_N + i\omega c_N + \Lambda_N)\gamma - \omega^2 m_{as}'^T x_a = 0 \tag{5-41}$$

$$-\omega^2 m_{as}' \gamma + (k_{aa}' - \omega^2 m_{aa}') x_a + (i\omega c_w + k_w)(x_a - x_b) = 0 \tag{5-42}$$

$$(i\omega c_w + k_w)(x_b - x_a) = F \tag{5-43}$$

将式(5-43)代入式(5-42)，可得

$$-\omega^2 m_{as}' \gamma - \omega^2 m_{aa}' x_a = F \tag{5-44}$$

提取式(5-41)第 i 行，可得

$$(-\omega^2 + 2\mathrm{i}\xi_i\omega_i\omega + \omega_i^2)\gamma_i - \omega^2 L_i x_a = 0 \quad (5-45)$$

由式(5-30)可得

$$\gamma_i = h_i(\omega) L_i x_a \quad (5-46)$$

代入式(5-22),界面 a 的力可写为

$$F_a = -(\boldsymbol{\Phi}_c^T \boldsymbol{m}_{ss} + \boldsymbol{m}_{as})\omega^2 x_s - (\boldsymbol{m}_{aa} + \boldsymbol{\Phi}_c^T \boldsymbol{m}_{sa})\omega^2 x_a \quad (5-47)$$

将式(5-7)~式(5-9)代入式(5-47),可得

$$F_a = -\omega^2(\boldsymbol{\Phi}_c^T \boldsymbol{m}_{ss} + \boldsymbol{m}_{as})x_e - \omega^2 \boldsymbol{m}'_{aa} x_a \quad (5-48)$$

式中:$\boldsymbol{m}'_{aa}$ 为结构相对于界面自由度的刚体质量矩阵,可表示为

$$\boldsymbol{m}'_{aa} = \boldsymbol{m}_{aa} + \boldsymbol{\Phi}_c^T(\boldsymbol{m}_{ss}\boldsymbol{\Phi}_c + \boldsymbol{m}_{as}^T) + \boldsymbol{m}_{as}\boldsymbol{\Phi}_c \quad (5-49)$$

将式(5-46)代入式(5-44),可得

$$-\omega^2 \sum_{i=1}^{\infty} h_i(\omega) L_i^T L_i x_a - \omega^2 \boldsymbol{m}'_{aa} x_a = F \quad (5-50)$$

式(5-50)可写为

$$-\omega^2 \left(\sum_{i=1}^{\infty} h_i(\omega) L_i^T L_i + \boldsymbol{m}'_{aa}\right) x_a = F \quad (5-51)$$

又由

$$\sum_{i=1}^{\infty} L_i^T L_i = \boldsymbol{m}'^T_{as} \boldsymbol{m}'_{as} = \boldsymbol{m}'_{aa} - (\boldsymbol{m}_{aa} - \boldsymbol{m}_{as}\boldsymbol{m}_{ss}^{-1}\boldsymbol{m}_{as}^T) \quad (5-52)$$

因与整体质量相比,界面质量为一小量,式(5-52)可近似写为

$$\sum_{i=1}^{\infty} L_i^T L_i = \boldsymbol{m}'_{aa} \quad (5-53)$$

将式(5-52)代入式(5-50),可得

$$F = \sum_{i=1}^{\infty} m_i^{\mathrm{eff}} T_i \ddot{x}_a \quad (5-54)$$

式中:m_i^{eff} 为模态有效质量;T_i 为模态传递率。可分别表示为

$$m_i^{\mathrm{eff}} = L_i^T L_i \quad (5-55)$$

$$T_i = 1 + h_i(\omega) \frac{\omega_i^2 + 2\mathrm{i}\xi_i\omega_i\omega}{-\omega^2 + \omega_i^2 + 2\mathrm{i}\xi_i\omega_i\omega} \quad (5-56)$$

对于静定界面,考虑界面的6个刚体自由度,则模态有效质量是6维方阵,其主对角线上的元素代表了相应的主方向。通常,结构模态的参与因子在一个方向上的数值会远远大于其他方向,该阶模态主要在该方向上发生,与其他方向耦合很弱,可以忽略。此时模态有效质量矩阵中与该方向对应的行和列上的非对角元素很小,可以忽略。式(5-54)中对应的方程可以分离出来。而当模

态参与因子在某几个方向上都比较大时，模态有效质量矩阵的非对角元素不可忽略，需要将这几个方向的振动共同考虑。

将式(5-46)代入式(5-42)，可得

$$(-\omega^2 \sum_{i=1}^{\infty} m_i^{\text{eff}} T_i + \mathrm{i}\omega c_w + k_w) x_a = (\mathrm{i}\omega c_w + k_w) x_b \quad (5-57)$$

对于模态有效质量无耦合的情形，只考虑一个方向，从隔振器下端到隔振器上端的传递率为

$$T_w = \frac{x_a}{x_b} = \frac{\mathrm{i}\omega c_w + k_w}{-\omega^2 \sum_{i=1}^{\infty} m_i^{\text{eff}} T_i + \mathrm{i}\omega c_w + k_w} \quad (5-58)$$

由式(5-30)可得

$$\gamma_i = h_i(\omega) L_i T_w x_b \quad (5-59)$$

对于远高于激励频率的高阶模态，可近似认为$|T_i| \approx 1$，由式(5-54)可见，高阶模态对界面力的贡献近似等于模态有效质量与界面加速度的乘积。因此，可将高阶模态的影响近似为集中质量附加到安装界面上，得到式(5-54)的近似表达式为

$$F = (\sum_{i=1}^{n} m_i^{\text{eff}} T_i + \sum_{i=n}^{\infty} m_i^{\text{eff}}) \ddot{x}_a \quad (5-60)$$

将式(5-53)代入式(5-60)，可得

$$F = (\sum_{i=1}^{n} m_i^{\text{eff}} h_i + m'_{aa}) \ddot{x}_a \quad (5-61)$$

同理，可得式(5-58)的近似式为

$$T_w = \frac{x_a}{x_b} = \frac{\mathrm{i}\omega c_w + k_w}{-\omega^2 (\sum_{i=1}^{n} m_i^{\text{eff}} h_i + m'_{aa}) + \mathrm{i}\omega c_w + k_w} \quad (5-62)$$

近似表达式的误差来源于将高阶模态传递率的近似处理。当模态频率为激励频率3倍以上时，$|T_i| \leq 1.125$；当模态频率为激励频率4倍以上时，$|T_i| \leq 1.067$；模态频率与激励频率之比越大，误差越小。在计算分析中，可根据精度要求选取适当的模态截断频率。

式(5-52)将结构柔性对隔振效果的影响归结为与频率相关的单一参数，隔振之后的动响应分析仅依赖于被隔振结构的模态参数和观测点的振型向量，从而使被隔振结构有限元分析和隔振后的动响应分析可分离进行，提高动响应分析的效率。

5.2.1.4 隔振器参数和结构参数对动响应的影响

为了得到隔振器的一般设计规律,本节根据推导得到的动响应公式讨论隔振器参数和柔性体参数对传递率的影响。当激振频率远低于被隔振体一阶模态时,可得

$$h_i \approx 0, \quad i = 1,2,\cdots,n \tag{5-63}$$

式(5-52)退化为刚体隔振的传递率方程,即

$$T_w \approx \frac{\mathrm{i}\omega c_w + k_w}{-\omega^2 m'_{aa} + \mathrm{i}\omega c_w + k_w} \tag{5-64}$$

根据经典隔振理论定义的隔振频率和阻尼比为

$$\omega_w = \sqrt{\frac{k_w}{m'_{aa}}} \tag{5-65}$$

$$\xi_w = \frac{c_w}{2\omega_w m'_{aa}} \tag{5-66}$$

引入变量代换,可表示为

$$p = \frac{\omega_w}{\omega} \tag{5-67}$$

$$p_i = \frac{\omega_i}{\omega} \tag{5-68}$$

$$t_i = (p_i^2 - 1)^2 + 4\xi_i^2 p_i^2 \tag{5-69}$$

当激励频率与被隔振体结构固有频率不同,即 $p_i \neq 1$ 时,式(5-62)变为

$$|T_w| = \sqrt{\frac{p^4 + 4\xi_w^2 p^2}{\left(p^2 - 1 - \frac{1}{m'_{aa}}\sum_{i=1}^{n}\frac{m_i^{\mathrm{eff}}(p_i^2-1)}{t_i}\right)^2 + 4\left(\xi_w p + \frac{1}{m'_{aa}}\sum_{i=1}^{n}\frac{m_i^{\mathrm{eff}}\xi_i p_i}{t_i}\right)^2}} \tag{5-70}$$

按照经典隔振理论,定义从隔振器底端到隔振器顶端传递率小于 1 的频段为有效频段,有

$$|T_w| < 1 \tag{5-71}$$

忽略航天器结构阻尼,整理可得

$$\omega > \omega_w \sqrt{\frac{2}{1 + \frac{1}{m'_{aa}}\sum_{i=1}^{n}\frac{m_i^{\mathrm{eff}}(p_i^2-1)}{t_i}}} \tag{5-72}$$

由此可见,由于结构柔性的影响,隔振器的有效频段不再是 $\sqrt{2}$ 倍隔振频率

以上。若使隔振器在被隔振体的各阶固有频率处均有隔振效果,则应满足

$$\omega_w < \omega_1 \cdot \sqrt{\dfrac{1 + \dfrac{1}{m'_{aa}} \sum\limits_{i=1}^{n} \dfrac{m_i^{eff}(p_i^2 - 1)}{t_i}}{2}} \quad (5-73)$$

因为

$$m'_{aa} = \sum_{i=1}^{\infty} m_i^{eff} \quad (5-74)$$

$$-1 < \dfrac{(p_i^2 - 1)}{t_i} < 1 \quad (5-75)$$

所以,有

$$0 < \sqrt{\dfrac{1 + \dfrac{1}{m'_{aa}} \sum\limits_{i=1}^{n} \dfrac{m_i^{eff}(p_i^2 - 1)}{t_i}}{2}} < 1 \quad (5-76)$$

由此可见,隔振频率至少应小于被隔振体的一阶频率。

以下讨论隔振器对传递率峰值的抑制情况。若传递率到达共振峰时,需要满足

$$p^2 - 1 - \dfrac{1}{m'_{aa}} \sum_{i=1}^{n} \dfrac{m_i^{eff}(p_i^2 - 1)}{t_i} = 0 \quad (5-77)$$

峰值为

$$|T_w| = \sqrt{\dfrac{p^4 + 4\xi_w^2 p^2}{4\xi_w^2 p^2 + 4\dfrac{1}{m'_{aa}} \sum\limits_{i=1}^{n} \dfrac{m_i^{eff}\xi_i p_i}{t_i} \left(\dfrac{1}{m'_{aa}} \sum\limits_{i=1}^{n} \dfrac{m_i^{eff}\xi_i p_i}{t_i} + 8\xi_w p\right)}} \quad (5-78)$$

由此可见,峰值频率不仅与隔振器参数相关,还与被隔振结构模态参数和总质量相关。当结构参数发生变化时,峰值频率也发生变化。增加被隔振体结构阻尼比使传递率峰值下降。而一般航天器结构阻尼较小,不计被隔振体结构阻尼时,式(5-78)变为

$$|T_w| = \sqrt{1 + \dfrac{\omega_w^2}{4\xi_w^2 \omega^2}} \quad (5-79)$$

由此可知,降低隔振器刚度,增大隔振器阻尼都有利于抑制传递率的峰值。

以下讨论激励频率与被隔振体结构固有频率相同的情形,即 $p_i = 1$。当激振频率为被隔振体的第 q 阶固有频率时,有

$$h_q = \dfrac{1}{2\mathrm{i}\xi_q} \quad (5-80)$$

式(5-62)变为

$$T_\mathrm{w} = \frac{\mathrm{i}\omega c_\mathrm{w} + k_\mathrm{w}}{-\omega^2 \left(\sum_{i=1, i\neq k}^{n} m_i^{\mathrm{eff}} h_i - \mathrm{i}\frac{m_q^{\mathrm{eff}}}{2\xi_q} + m_{\mathrm{aa}}' \right) + \mathrm{i}\omega c_\mathrm{w} + k_\mathrm{w}} \quad (5-81)$$

由于被隔振体的结构阻尼一般较小,模态阻尼比为一小量。可见若隔振频率与被隔振体固有频率接近时,T_w 幅值接近为 0,相角接近 $-90°$,隔振器与被隔振体的连接界面形成反共振点。不计结构阻尼,则有

$$x_\mathrm{a} = 0 \quad (5-82)$$

将式(5-82)代入式(5-43)和式(5-44),可得

$$(\mathrm{i}\omega c_\mathrm{w} + k_\mathrm{w}) x_\mathrm{b} = F \quad (5-83)$$

$$-\omega^2 m_{\mathrm{as}}' \gamma = F \quad (5-84)$$

当给定平台结构安装界面 b 的激励幅值后,作用在被隔振体安装界面上的力仅与隔振器参数相关。降低隔振器刚度,可以降低界面力的幅值,进而使被隔振体结构的响应幅值下降。

定义响应比为隔振后观测点的动响应与未隔振时的动响应之比,来评价隔振效果。对比式(5-37)和式(5-25)可知,当激励频率与被隔振体固有频率不同时,响应比为从隔振器底端到隔振器顶端的传递率,即

$$\boldsymbol{T}_{\mathrm{ab}} = -(\boldsymbol{B}_4' - \boldsymbol{B}_3 \boldsymbol{B}_1^{-1} \boldsymbol{B}_2)^{-1} \boldsymbol{B}_5 \quad (5-85)$$

在被隔振体固有频率处,隔振前后的响应都较大。隔振后出现反共振现象,不考虑被隔振体结构阻尼时,响应比出现 0 值。在此频率下的隔振效果应单独考虑。

根据以上推导结果,得到对柔性体进行隔振时的一般设计原则。

(1) 传统的隔振频率在柔性体隔振的情况下失去其原有的物理意义,隔振频率的选取应满足与被隔振体模态参数相关的关系式,低于被隔振结构的最低阶固有频率仍然是一个基本要求。

(2) 隔振器的阻尼有利于降低共振条件下的振动传递率,隔振器应具有较高的阻尼比。

(3) 降低隔振器的刚度可以使传递率峰值下降,获得更好的隔振效果。

(4) 当激励频率与被隔振结构固有频率重合时,出现反共振现象,降低隔振器刚度有利于降低反共振时的结构响应。

5.2.2 非线性隔振器与柔性结构耦合设计

采用非线性隔振器的主要目的是适应发射与在轨两种差异极大的力学环

境。利用隔振器的非线性刚度,使其在微小变形条件下工作在低刚度区,适应在轨微幅振动的需求。当变形量增大时,刚度上升,阻尼变大,适应发射过程的力学载荷。航天器在轨振动变形小,隔振器一般表现为近似线性特性。因此,非线性隔振器与柔性结构耦合振动应重点考虑在发射过程复杂载荷条件下基础振动隔离的情形。

对于航天器而言,在进入外太空的过程中,因加速度缓慢变化而形成准静态载荷,导致隔振器变形量超出其线性工作范围,表现出明显的非线性特性。当隔振器具有非线性特征时,传递率曲线可能出现弯曲和跳跃现象,传递率峰值相对于线性隔振的情形明显下降。同时,隔振频率对振动幅值也有很强的依赖关系,不同量级动载荷作用下的传递率曲线可能出现较大差异。采用等效的线性模型估算隔振效果,无法反映出隔振器在动态变形范围内的刚度变化情况,估算结果与实际情况有较大偏差。因此,有必要对采用非线性隔振器的航天器动响应特征进行分析,讨论非线性参数对隔振效果的影响,为结构的动态设计提供依据。

静态力和动载荷的耦合作用使非线性隔振器的动力学特性发生变化。而航天器在发射过程中的极限载荷状态往往发生在最大静载荷与最大动载荷同时作用的工况。因此,分析非线性隔振器在静动力耦合作用下的响应特征对于确定航天器在实际工况下的极限应力状态具有重要的意义。

仍以航天器结构为具体研究对象,非线性隔振的力学模型与线性隔振情形类似,如图 5 - 2 所示。被隔振结构作为柔性体考虑,通过非线性隔振装置与平台结构连接。安装界面作为刚性界面考虑。

5.2.2.1 非线性隔振柔性结构谐响应

非线性隔振柔性体的动力学方程可表示为

$$\begin{bmatrix} m_{ss} & m_{sa} & 0 \\ m_{as} & m_{aa} & 0 \\ 0 & 0 & 0 \end{bmatrix} \begin{bmatrix} \ddot{x}_s \\ \ddot{x}_a \\ \ddot{x}_r \end{bmatrix} + \begin{bmatrix} c_{ss} & 0 & 0 \\ 0 & c_{aa} & 0 \\ 0 & 0 & h \end{bmatrix} \begin{bmatrix} \dot{x}_s \\ \dot{x}_a \\ \dot{x}_r \end{bmatrix} + \begin{bmatrix} k_{ss} & k_{sa} & 0 \\ k_{as} & k_{aa} & 0 \\ 0 & 0 & h \end{bmatrix} \begin{bmatrix} x_s \\ x_a \\ x_r \end{bmatrix} = \begin{bmatrix} 0 \\ F \\ F \end{bmatrix}$$

$$(5-86)$$

式中:F 为界面力;h 为表征隔振器力学特性的非线性算子;x_r 为界面自由度与基础自由度的相对位移,可表示为

$$x_r = x_a - x_b \quad (5-87)$$

采用 Craig - Bamption 部件模态综合法降阶,有

$$\begin{bmatrix} I_N & m_{as}'^T & 0 \\ m_{as}' & m_{aa}' & 0 \\ 0 & 0 & 0 \end{bmatrix} \begin{bmatrix} \ddot{\gamma} \\ \ddot{x}_a \\ \ddot{x}_r \end{bmatrix} + \begin{bmatrix} c_N & 0 & 0 \\ 0 & c_{aa}' & 0 \\ 0 & 0 & h \end{bmatrix} \begin{bmatrix} \dot{\gamma} \\ \dot{x}_a \\ \dot{x}_r \end{bmatrix} + \begin{bmatrix} \Lambda_N & 0 & 0 \\ 0 & k_{aa}' & 0 \\ 0 & 0 & h \end{bmatrix} \begin{bmatrix} \gamma \\ x_a \\ x_r \end{bmatrix} = \begin{bmatrix} 0 \\ F \\ F \end{bmatrix}$$

(5-88)

将式(5-88)展开,可得

$$(-\omega^2 I_N + \mathrm{i}\omega c_N + \Lambda_N)\gamma - \omega^2 m_{as}'^T x_a = 0 \quad (5-89)$$

$$-\omega^2 m_{as}' \gamma + (k_{aa}' - \omega^2 m_{aa}') x_a = F \quad (5-90)$$

$$\hbar[(x_b - x_a), (\dot{x}_b - \dot{x}_a)] = F \quad (5-91)$$

卫星安装界面作为静定截面考虑,由式(5-89)和式(5-90)得到与式(5-54)相同的表达式,即

$$F = \sum_{i=1}^{\infty} m_i^{\mathrm{eff}} T_i \ddot{x}_a \quad (5-92)$$

将式(5-91)代入式(5-92),可得

$$\hbar[(x_b - x_a), (\dot{x}_b - \dot{x}_a)] = \left(\sum_{i=1}^{\infty} m_i^{\mathrm{eff}} T_i\right) \ddot{x}_a \quad (5-93)$$

令

$$m_\omega = \sum_{i=1}^{\infty} m_i^{\mathrm{eff}} T_i \quad (5-94)$$

由式(5-51)可得近似表达式

$$m_\omega = \sum_{i=1}^{n} m_i^{\mathrm{eff}} h_i + m_{aa}' \quad (5-95)$$

对于模态有效质量无耦合的情形,只考虑一个方向,采用幂级数模型,即

$$\hbar[x_r, \dot{x}_r] = \sum_{i=1}^{\sigma_k} k_i x_r |x_r|^{i-1} + \sum_{i=1}^{\sigma_c} c_i \dot{x}_r |\dot{x}_r|^{i-1} \quad (5-96)$$

将式(5-94)和式(5-96)代入式(5-93),可得

$$m_\omega \ddot{x}_r + \sum_{i=1}^{\sigma_k} k_i x_r |x_r|^{i-1} + \sum_{i=1}^{\sigma_c} c_i \dot{x}_r |\dot{x}_r|^{i-1} = m_\omega \ddot{x}_b \quad (5-97)$$

由谐波平衡法求解式(5-97)的频域响应,可得传递率方程为

$$R(\omega) = \frac{\ddot{x}_r(t)}{\ddot{u}(t)} = \frac{m_\omega \omega^2}{\sum_{j=1}^{\sigma_k} k_j^* A^{j-1} - m_\omega \omega^2 + \mathrm{i}\omega \sum_{j=1}^{\sigma_c} c_j^* (\omega A)^{j-1}} \quad (5-98)$$

式中:

$$k_j^* = \frac{k_j}{\pi} \int_0^{2\pi} \mathrm{d}\varphi \sin^{j+1}\varphi \qquad (5-99)$$

$$c_j^* = \frac{c_j}{\pi} \int_0^{2\pi} \mathrm{d}\varphi \cos^{j+1}\varphi \qquad (5-100)$$

式(5-97)具有与非线性刚体隔振模型类似的表达形式,将柔性体的动力学特性归结为与频率相关的参数 $\boldsymbol{m}_\omega$,通过柔性体边界力与位移的协调条件引入非线性隔振器的力学模型,可将非线性隔振器的振动方程与被隔振结构的动力学方程分离。非线性隔振航天器的求解过程得到大大简化,首先对被隔振结构进行模态分析,可求得各阶模态有效质量和模态阻尼比,从而获得与频率相关的参数 $\boldsymbol{m}_\omega$;然后对分离得到的非线性方程采用近似解析方法求解。

5.2.2.2 非线性隔振柔性结构随机响应

将式(5-87)代入式(5-93),可得

$$\boldsymbol{m}_\omega \ddot{x}_r + c\dot{x}_r + kx_r + g(x_r, \dot{x}_r) = \boldsymbol{m}_\omega \ddot{x}_b \qquad (5-101)$$

式中:

$$g(x_r, \dot{x}_r) = \hbar(x_r, \dot{x}_r) - c\dot{x}_r - kx_r \qquad (5-102)$$

建立与非线性系统等效的线性化方程,即

$$\boldsymbol{m}_\omega \ddot{x}_r + \tilde{c}_{eq}\dot{x}_r + \tilde{k}_{eq}x_r = \boldsymbol{m}_\omega \ddot{x}_b \qquad (5-103)$$

式中:$\tilde{c}_{eq}$ 和 $\tilde{k}_{eq}$ 分别为随机激励下的等效阻尼系数和等效刚度系数。

计算式(5-101)与式(5-103)的差,即

$$e(x_r, \dot{x}_r) = (c - \tilde{c}_{eq})\dot{x}_r + (k - \tilde{k}_{eq})x_r + g(x_r, \dot{x}_r) \qquad (5-104)$$

式中:$e(x_r, \dot{x}_r)$ 作为 x_r 和 $\dot{x}_r$ 的函数,也是一个随机过程。选择 $\tilde{c}_{eq}$ 和 $\tilde{k}_{eq}$,使 $e(x_r, \dot{x}_r)$ 的均方值为最小,即

$$\frac{\partial E[e^2]}{\partial \tilde{c}_{eq}} = 0 \qquad (5-105)$$

$$\frac{\partial E[e^2]}{\partial \tilde{k}_{eq}} = 0 \qquad (5-106)$$

将式(5-104)分别代入式(5-105)和式(5-106),可得

$$(c - \tilde{c}_{eq})E[\dot{x}_r^2] + (k - \tilde{k}_{eq})E[x_r\dot{x}_r] + E[\dot{x}_r g(x_r, \dot{x}_r)] = 0 \qquad (5-107)$$

$$(c - \tilde{c}_{eq})E[\dot{x}_r x_r] + (k - \tilde{k}_{eq})E[x_r^2] + E[x_r g(x_r, \dot{x}_r)] = 0 \qquad (5-108)$$

则

$$\tilde{c}_{eq} = c + \frac{E[x_r^2]E[\dot{x}_r g(x_r,\dot{x}_r)] - E[x_r\dot{x}_r]E[x_r g(x_r,\dot{x}_r)]}{E[\dot{x}_r^2]E[x_r^2] - (E[x_r\dot{x}_r])^2} \quad (5-109)$$

$$\tilde{k}_{eq} = k + \frac{E[\dot{x}_r^2]E[x_r g(x_r,\dot{x}_r)] - E[x_r\dot{x}_r]E[\dot{x}_r g(x_r,\dot{x}_r)]}{E[\dot{x}_r^2]E[x_r^2] - (E[x_r\dot{x}_r])^2} \quad (5-110)$$

若激励为平稳过程,且响应也已达到平稳状态,则有

$$E(x_r\dot{x}_r) = 0 \quad (5-111)$$

这样,式(5-109)和式(5-110)可简化为

$$\tilde{c}_{eq} = c + \frac{E[\dot{x}_r g(x_r,\dot{x}_r)]}{E[\dot{x}_r^2]} \quad (5-112)$$

$$\tilde{k}_{eq} = k + \frac{E[x_r g(x_r,\dot{x}_r)]}{E[x_r^2]} \quad (5-113)$$

在式(5-112)和式(5-113)中,统计量$E[x_r^2]$和$E[\dot{x}_r^2]$应由式(5-103)解出,其中已包含待求系数$\tilde{c}_{eq}$和$\tilde{k}_{eq}$,因此式(5-112)和式(5-113)为等效阻尼系数和等效刚度系数的非线性方程,须迭代求解。设基础激励的加速度功率谱为$S_F(\omega)$。对于弱非线性系统,可近似假设响应过程仍为正态,则x_r和$\dot{x}_r$的联合概率密度函数为

$$p(x_r,\dot{x}_r) = \frac{1}{2\pi\sigma_{x_r}\sigma_{\dot{x}_r}} e^{-\frac{1}{2}\left(\frac{x_r^2}{\sigma_{x_r}^2} + \frac{\dot{x}_r^2}{\sigma_{\dot{x}_r}^2}\right)} \quad (5-114)$$

$$E[\dot{x}_r g(x_r,\dot{x}_r)] = \int_{-\infty}^{\infty}\int_{-\infty}^{\infty} \dot{x}_r g(x_r,\dot{x}_r) p(x_r,\dot{x}_r) dx_r d\dot{x}_r \quad (5-115)$$

$$E[x_r g(x_r,\dot{x}_r)] = \int_{-\infty}^{\infty}\int_{-\infty}^{\infty} x_r g(x_r,\dot{x}_r) p(x_r,\dot{x}_r) dx_r d\dot{x}_r \quad (5-116)$$

x_r和$\dot{x}_r$的均方值分别为

$$\psi_{x_r}^2 = E[x_r^2] = \frac{1}{2\pi}\int_{-\infty}^{\infty} \frac{S_F(\omega)}{|k_{eq}/m_\omega - \omega^2 + ic_{eq}\omega/m_\omega|} d\omega \quad (5-117)$$

$$\psi_{\dot{x}_r}^2 = E[\dot{x}_r^2] = \frac{1}{2\pi}\int_{-\infty}^{\infty} \frac{\omega^2 S_F(\omega)}{|k_{eq}/m_\omega - \omega^2 + ic_{eq}\omega/m_\omega|} d\omega \quad (5-118)$$

将式(5-115)~式(5-118)代入式(5-112)和式(5-113),得到关于$\tilde{c}_{eq}$和$\tilde{k}_{eq}$非线性数值方程组。该方程组导数的解析形式不易求得,可采用离散牛顿迭代法求解。得到等效阻尼系数和等效刚度系数后,即可采用线性隔振系统的计算方法求解从激励点到观测点的传递率,进而求解观测点的随机响应。

对于五参数金属橡胶隔振器,有

$$g(x_r, \dot{x}_r) = k_2 x_r |x_r| + k_3 x_r^3 + c_3 \dot{x}_r^3 \qquad (5-119)$$

将式(5-119)代入式(5-115)和式(5-116),可得

$$\begin{aligned} E[\dot{x}_r g(x_r, \dot{x}_r)] &= \int_{-\infty}^{\infty} \int_{-\infty}^{\infty} \dot{x}_r (k_2 x_r |x_r| + k_3 x_r^3 + c_3 \dot{x}_r^3) p(x_r, \dot{x}_r) \mathrm{d}x_r \mathrm{d}\dot{x}_r \\ &= 3c_3 (E[\dot{x}_r^2])^2 \end{aligned} \qquad (5-120)$$

$$\begin{aligned} E[x_r g(x_r, \dot{x}_r)] &= \int_{-\infty}^{\infty} \int_{-\infty}^{\infty} x_r (k_2 x_r |x_r| + k_3 x_r^3 + c_3 \dot{x}_r^3) p(x_r, \dot{x}_r) \mathrm{d}x_r \mathrm{d}\dot{x}_r \\ &= 3k_3 (E[x_r^2])^2 + \frac{4\sqrt{2}}{\sqrt{\pi}} k_2 (E[x_r^2])^{3/2} \end{aligned} \qquad (5-121)$$

将式(5-120)和式(5-121)代入式(5-112)和式(5-113),可求得等效刚度和等效阻尼,分别为

$$\tilde{c}_{eq} = c_1 + 3c_3 E[\dot{x}_r^2] \qquad (5-122)$$

$$\tilde{k}_{eq} = k_1 + \frac{4\sqrt{2}}{\sqrt{\pi}} k_2 (E[x_r^2])^{1/2} + 3k_3 E[x_r^2] \qquad (5-123)$$

由此可见,等效刚度系数和等效阻尼系数直接与响应量级和非线性参数相关,间接与激励幅值相关。

5.2.2.3 非线性隔振柔性结构动响应的稳定性

假设非线性系统式(5-97)的一组周期解为

$$x_r = A \mathrm{e}^{\mathrm{i}(\omega t - \theta)} \qquad (5-124)$$

$$\dot{x}_r = \mathrm{i}A\omega \mathrm{e}^{\mathrm{i}(\omega t - \theta)} \qquad (5-125)$$

式中:A 和 θ 为时间 t 的慢变函数。

令

$$\psi = \omega t - \theta \qquad (5-126)$$

对式(5-124)求导数,并消去式(5-125),可得

$$\dot{A} \mathrm{e}^{\mathrm{i}\psi} - \mathrm{i}A \dot{\theta} \mathrm{e}^{\mathrm{i}\psi} = 0 \qquad (5-127)$$

将式(5-125)对时间微分,代入式(5-97),可得

$$m_\omega (\mathrm{i}\dot{A}\mathrm{e}^{\mathrm{i}\psi} - \omega^2 A \mathrm{e}^{\mathrm{i}\psi} + \omega \dot{\theta} A \mathrm{e}^{\mathrm{i}\psi}) + f_c (\mathrm{i}A\omega \mathrm{e}^{\mathrm{i}\psi}) + f_k (A\mathrm{e}^{\mathrm{i}\psi}) = m_\omega B \mathrm{e}^{\mathrm{i}(\psi+\theta)}$$

$$(5-128)$$

式中:m_ω 为一复数,设

$$m_\omega = M \mathrm{e}^{\mathrm{i}\alpha} \qquad (5-129)$$

讨论 A 和 θ 的慢变规律时,将回复力以 ψ 的一个周期中的均值近似代替,可得

$$Me^{i\alpha}(i\dot{A}e^{i\psi} - \omega^2 A e^{i\psi} + \omega\dot{\theta}Ae^{i\psi}) + i\omega c_{eq}Ae^{i\psi} + k_{eq}Ae^{i\psi} = Me^{i\alpha}Be^{i(\psi+\theta)} \tag{5-130}$$

由式(5-127)和式(5-130)可得到 A 和 θ 的一阶常微分方程,即

$$\dot{A} = -\frac{1}{\omega}((c_{eq}\omega q_r + k_{eq}q_i)A - B\sin\theta) \tag{5-131}$$

$$\dot{\theta} = -\frac{1}{\omega A}((k_{eq}q_r - c_{eq}\omega q_i)A - \omega^2 A - B\cos\theta) \tag{5-132}$$

式中:

$$q_r = \frac{\cos\alpha}{M} \tag{5-133}$$

$$q_i = -\frac{\sin\alpha}{M} \tag{5-134}$$

动相平面内的奇点(A_s, θ_s)对应于系统的稳态响应,引入扰动变量

$$\xi = A - A_s \tag{5-135}$$

$$\eta = \theta - \theta_s \tag{5-136}$$

列出方程在奇点(A_s, θ_s)附近的一次近似式,可表示为

$$\dot{\xi} = -\frac{1}{\omega}\left(\frac{\partial(c_{eq}\omega q_r A + k_{eq}q_i A)}{\partial A}\bigg|_s \xi - \eta B\cos\theta_s\right) \tag{5-137}$$

$$\dot{\eta} = -\frac{1}{\omega A_s}\left(\frac{\partial(k_{eq}q_r A - c_{eq}\omega q_i A - \omega^2 A)}{\partial A}\bigg|_s \xi + \eta B\sin\theta_s\right) \tag{5-138}$$

线性扰动方程的本征方程为

$$\begin{vmatrix} \lambda + \frac{1}{\omega}\left(\frac{\partial(c_{eq}\omega q_r A + k_{eq}q_i A)}{\partial A}\bigg|_s\right) & -\frac{(k_{eq}q_r - c_{eq}\omega q_i - \omega^2)A_s}{\omega} \\ \frac{1}{\omega A_s}\left(\frac{\partial(k_{eq}q_r A - c_{eq}\omega q_i A - \omega^2 A)}{\partial A}\bigg|_s\right) & \lambda + \frac{c_{eq}\omega q_r + k_{eq}q_i}{\omega} \end{vmatrix} = 4\omega^2(\lambda^2 + a_1\lambda + a_2) = 0$$

$$\tag{5-139}$$

式中:

$$a_1 = \frac{1}{\omega}\left(\frac{\partial(c_{eq}\omega q_r A + k_{eq}q_i A)}{\partial A}\bigg|_s\right) \tag{5-140}$$

$$a_2 = \frac{1}{2\omega^2 A_s}\left(\frac{\partial((c_{eq}\omega q_r A + k_{eq}q_i A)^2 + (k_{eq}q_r A - c_{eq}\omega q_i A - \omega^2 A)^2)}{\partial A}\bigg|_s\right)$$

$$\tag{5-141}$$

根据李雅普诺夫一次近似稳定性理论,奇点(A_s,θ_s)不稳定的条件是$a_1<0$或$a_2<0$。当$a_1<0$时,(A_s,θ_s)为鞍点;当$a_2<0$时,(A_s,θ_s)为不稳定结点或焦点。将五参数金属橡胶模型代入式(5-140)和式(5-141),将其展开得到不稳定条件为

$$q_r(c_1^* + 3c_3^*\omega^2 A_s^2) + \frac{q_i}{\omega}(k_1^* + 2k_2^* A_s + 3k_3^* A_s^2) < 0 \quad (5-142)$$

或者

$$\left(\frac{1}{M}f_1 f_1' - q_r\omega^2 f_1' A_s - q_r\omega^2 f_1\right) + \left(\frac{1}{M}f_2 f_2' + q_i\omega^2 f_2' A_s + q_i\omega^2 f_2\right) + \omega^4 A_s < 0$$

$$(5-143)$$

式中:
$$f_1 = k_1^* A_s + k_2^* A_s^2 + k_3^* A_s^3 \quad (5-144)$$

$$f_1' = \frac{\mathrm{d}f_1}{\mathrm{d}A_s} = k_1^* + 2k_2^* A_s + 3k_3^* A_s^2 \quad (5-145)$$

$$f_2 = c_1^* \omega A_s + c_3^* \omega^3 A_s^3 \quad (5-146)$$

$$f_2' = \frac{\mathrm{d}f_2}{\mathrm{d}A_s} = c_1\omega + 3c_3\omega^3 A_s^2 \quad (5-147)$$

对于一般隔振器而言,不存在负刚度或负阻尼,因此式(5-142)恒不成立。由式(5-143)可见,不稳定解由刚度项引起,增大阻尼有利于系统的稳定。解的稳定性不仅受非线性参数的影响,还受到被隔振结构的动力学特性的影响。

首先讨论远离被隔振结构固有频率的频段。由m_ω的表达式(5-94)可知,远离被隔振结构固有频率时,$\alpha \approx 0°$,q_r为正,q_i为一小量。由式(5-143)略去q_i,整理得到不稳定条件为

$$(3c_3^{*2}\omega^6 + 3k_3^{*2})A_s^4 + 5k_2^* k_3^* A_s^3 +$$
$$(2k_2^{*2} + 4c_1^* c_3^* \omega^4 + 4k_3^*(k_1^* - \omega^2/q_r))A_s^2 +$$
$$3k_2^*(k_1^* - \omega^2/q_r)A_s + c_1^{*2}\omega^2 + (k_1^* - \omega^2/q_r)^2 < 0 \quad (5-148)$$

由此可见,系统稳定性与单自由度非线性隔振系统类似,由于非线性刚度项,系统可能出现不稳定解,传递率曲线出现跳跃现象。若没有非线性刚度,则系统恒稳。增大线性阻尼系数和非线性阻尼系数都有利于系统的稳定。

以下讨论接近被隔振结构固有频率时解的稳定性。在被隔振结构第k阶固有频率处,有

$$m_\omega = \sum_{i=1,i\neq k}^{n} m_i^{\mathrm{eff}} T_i + \frac{m_k^{\mathrm{eff}}}{2\mathrm{i}\xi_k} \quad (5-149)$$

由于航天器结构阻尼一般较小,模态阻尼比不超过5%,因此 $\alpha \approx -90°$,M 为大的正值,q_r 为正的小量,q_r 为 q_i 的高阶小量。由式(5-98)可知,此时传递率接近1,即隔振器变形量接近基础位移,在隔振器与被隔振结构的连接界面形成反共振点。式(5-143)中最后一项 $\omega^4 A_s$ 恒为正,其余各项均为小量,系统不易出现不稳定解。

由以上分析可见,采用非线性隔振器对柔性体进行隔振时,激励频率在远离被隔振结构固有频率时,解的稳定性与单自由度非线性振动系统类似。在接近被隔振结构固有频率时,不易出现不稳定解。

5.2.2.4 非线性隔振柔性结构动响应的幅值依赖性

航天器的设计载荷一般是由飞行任务中最危险的载荷状态确定的,并在此基础上留出了一定的安全系数。在飞行任务中,航天器所受到的载荷比设计载荷小。在这种状态下,非线性隔振器的传递率峰值会发生漂移,相对设计载荷下的峰值频率发生变化。为避免结构耦合振动,漂移之后的峰值频率也应避开航天器结构的频率,应当考察从零载荷状态到设计载荷状态之间的频率漂移情况。

根据 5.2.2.3 节讨论情况,隔振频率应当远离被隔振结构的固有频率,并且应低于被隔振结构的一阶频率。因此,在隔振频率附近 m_ω 随频率升高而缓慢增大,虚部为一小量,可近似认为 $m_\omega \omega^2$ 是关于频率单调递增的实数,即等效刚度和隔振频率正相关。以下讨论基于此假设展开。由式(5-98)得,传递率的骨架线方程为

$$\sum_{j=1}^{\sigma_k} k_j^* A^{j-1} - m_\omega \omega^2 = 0 \qquad (5-150)$$

骨架线上的点对应的传递率为

$$R_p(\omega) = \frac{m_\omega \omega}{\sum_{j=1}^{\sigma_c} c_j^* (\omega A)^{j-1}} \qquad (5-151)$$

由式(5-150)和式(5-151)可见,骨架曲线不仅与非线性系数和幅值相关,也与表征被隔振结构动力学特性的参数 m_ω 相关。对于给定的被隔振结构,自振频率由刚度项系数决定,峰值由阻尼项系数决定。两式为响应幅值和频率的非线性隐式函数,采用迭代方法可以求解。由骨架线的变化规律可以确定自振频率的变化范围。

对于金属橡胶隔振器,可用五参数模型来描述,随着振幅升高,表现出先软后硬的特性,峰值频率先降低后升高,存在极小值。式(5-150)对 A 求导数,可得

$$\sum_{j=2}^{\sigma_k}(j-1)k_j^* A^{j-2} - 2m_\omega \omega \frac{\partial \omega}{\partial A} - \frac{\partial m_\omega}{\partial \omega}\frac{\partial \omega}{\partial A}\omega^2 = 0 \quad (5-152)$$

峰值频率取极小值的条件为

$$\frac{\partial \omega}{\partial A} = 0 \quad (5-153)$$

将式(5-153)代入式(5-152),并将五参数金属橡胶模型代入,可得

$$\frac{8}{3\pi}k_2 + \frac{3}{2}k_3 A = 0 \quad (5-154)$$

因此,当 k_2 为负,k_3 为正时,自振频率极小值点存在,在极值点处有

$$A = -\frac{16k_2}{9\pi k_3} \quad (5-155)$$

$$m_\omega \omega^2 = k_1 - \frac{64k_2^2}{27\pi^2 k_3} \quad (5-156)$$

由于自振频率随幅值增大为先下降后升高的趋势,在给定的激励幅值范围内,自振频率的极大值可能在最小量级激励时或最大量级激励时达到。小量级激励时自振频率的上限接近于振幅为 0 的情形,将此频率定义为骨架线的起始频率,满足

$$m_\omega \omega^2 = k_1 \quad (5-157)$$

计算自振频率漂移上\下限时,首先应计算最大动载荷状态下的响应幅值,若最大响应幅值小于式(5-155)确定的极值点幅值,则应将最大响应幅值代入式(5-150)计算频率漂移下限,频率漂移上限按式(5-157)计算。若最大响应幅值超过极值点幅值,则频率漂移下限应按式(5-156)计算,频率漂移上限则应分别计算最小幅值和最大幅值对应的隔振频率,取其中较大者。

对于某隔振对象,计算采用线性刚度对骨架线的影响,如图 5-3 所示。可见骨架线有 1 个拐点,随幅值升高,频率先下降后上升。线性刚度项增大,骨架线起始频率升高,频率向下漂移量减小。

取 p_2 值为 0.6~1.4,p_1 和 p_3 为 1,计算采用二次非线性刚度对骨架线的影响,如图 5-4 所示。二次刚度项不影响骨架线起始频率,所有骨架线在振幅为 0 时共点。二次非线性刚度项绝对值增大,频率向下漂移量增大,骨架线拐点振幅先上升后降低。

取 p_3 值为 0.6~1.4,p_1 和 p_2 值为 1,计算采用三次非线性刚度对骨架线的影响,如图 5-5 所示。三次刚度项对骨架线起始频率也没有影响。三次刚度项增大,频率向下漂移量减小,骨架线拐点振幅降低。

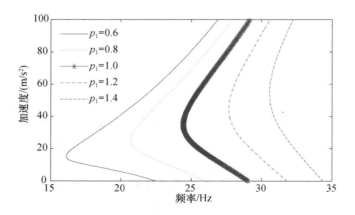

图 5-3 线性刚度对骨架线的影响

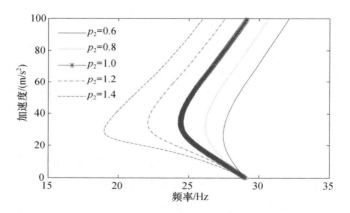

图 5-4 二次非线性刚度对骨架线的影响

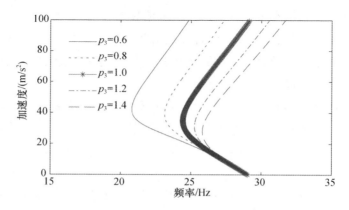

图 5-5 三次非线性刚度对骨架线的影响

对于随机响应,非线性系统在不同激励量级下的传递率会也发生变化,变化的规律取决于非线性项的性态。由式(5-123)可见,对于五参数金属橡胶模型,其等效刚度随激励量级的增大先软后硬。等效刚度取极小值时,有

$$\frac{\partial k_{\mathrm{eq}}}{\partial a_{\mathrm{rms}}} = 0 \tag{5-158}$$

式中:

$$a_{\mathrm{rms}} = (E[x_r^2])^{1/2} \tag{5-159}$$

将式(5-123)代入式(5-158),可得

$$\frac{4\sqrt{2}}{\sqrt{\pi}}k_2 + 6k_3 a_{\mathrm{rms}}^2 = 0 \tag{5-160}$$

则等效刚度取极小值时,有

$$a_{\mathrm{rms}} = -\frac{2\sqrt{2}}{3\sqrt{\pi}} \frac{k_2}{k_3} \tag{5-161}$$

等效刚度的极小值为

$$k_{\mathrm{eq}} = k_1 - \frac{8}{3\pi} \frac{k_2^2}{k_3} \tag{5-162}$$

定义随机响应减振系数为观测点与激励点加速度均方根之比,即

$$p = \frac{\int_{-\infty}^{\infty} S_F(\omega) f_{\mathrm{FRF}}^2(\omega) \mathrm{d}\omega}{\int_{-\infty}^{\infty} S_F(\omega) \mathrm{d}\omega} \tag{5-163}$$

式中:$f_{\mathrm{FRF}}(\omega)$为由等效刚度和等效阻尼计算得到的传递率。

对于某典型隔振对象,计算不同量级激励下的随机响应减振系数,如图5-6所示。由图可见,减振系数不是常值,随幅值升高先下降后上升。

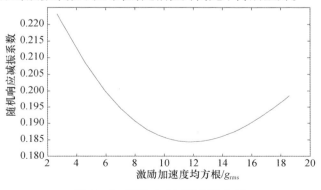

图5-6 随机响应减振系数曲线

不同激励量级下的频响曲线如图 5-7 所示,其中 b_{rms} 表示激励加速度均方根。激励量级增大时,传递率峰值下降,但高频段明显上升。

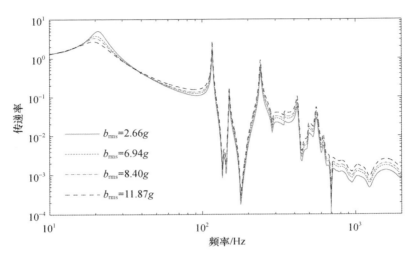

图 5-7　不同量级随机激励下的传递率

对于非线性系统,当激励幅值变化时,响应幅值随之发生变化,从而引起等效刚度和等效阻尼系数变化,对传递率产生影响。因此,非线性系统的随机响应减振系数不是常值。由式(5-122)可知,激励量级增大时,隔振器等效阻尼增大,一方面可以抑制共振峰的传递率;另一方面使高频段减振效果变差,随机响应减振系数的变化规律较为复杂。

为了分析激励幅值变化对观测点响应幅值的影响,对非线性隔振航天器的随机响应进行摄动分析。在式(5-117)和式(5-118)中引入表征激励量级的常参数 n,可得

$$d^2 = \frac{1}{2\pi} \int_{-\infty}^{\infty} \frac{S_F(\omega)n}{|k_{eq}/m_\omega - \omega^2 + ic_{eq}\omega/m_\omega|^2} d\omega \qquad (5-164)$$

$$v^2 = \frac{1}{2\pi} \int_{-\infty}^{\infty} \frac{\omega^2 S_F(\omega)n}{|k_{eq}/m_\omega - \omega^2 + ic_{eq}\omega/m_\omega|^2} d\omega \qquad (5-165)$$

式中:

$$d^2 = E[x_r^2] \qquad (5-166)$$

$$v^2 = E[\dot{x}_r^2] \qquad (5-167)$$

对激励量级进行摄动,引入激励量级的变化量 Δn,式(5-164)和式(5-165)变为

$$(d+\Delta d)^2 = \frac{1}{2\pi}\int_{-\infty}^{\infty}\frac{\mid m_\omega^2\mid S_F(\omega)(n+\Delta n)}{\mid k_{eq}+\Delta k_{eq}-m_\omega\omega^2+\mathrm{i}\omega(c_{eq}+\Delta c_{eq})\mid^2}\mathrm{d}\omega \tag{5-168}$$

$$(v+\Delta v)^2 = \frac{1}{2\pi}\int_{-\infty}^{\infty}\frac{\mid m_\omega^2\mid \omega^2 S_F(\omega)(n+\Delta n)}{\mid k_{eq}+\Delta k_{eq}-m_\omega\omega^2+\mathrm{i}\omega(c_{eq}+\Delta c_{eq})\mid^2}\mathrm{d}\omega \tag{5-169}$$

等效刚度和等效阻尼分别为

$$c_{eq}+\Delta c_{eq}=c_1+3c_3(v+\Delta v)^2 \tag{5-170}$$

$$k_{eq}+\Delta k_{eq}=k_1+\frac{4\sqrt{2}}{\sqrt{\pi}}k_2(d+\Delta d)+3k_3(d+\Delta d)^2 \tag{5-171}$$

略去高阶摄动项,可得

$$\Delta c_{eq}=6c_3\Delta v \tag{5-172}$$

$$\Delta k_{eq}=\left(\frac{4\sqrt{2}}{\sqrt{\pi}}k_2+6k_3 d\right)\Delta d \tag{5-173}$$

将式(5-172)和式(5-173)代入式(5-168)和式(5-169),只保留一阶摄动,可得

$$\frac{\Delta d}{\Delta n}=\int_{-\infty}^{\infty}\frac{\mid m_\omega^2\mid S_F(\omega)W}{4\pi d\mid k_{eq}-m_\omega\omega^2+c_{eq}\omega\mid^2}\mathrm{d}\omega \tag{5-174}$$

$$\frac{\Delta v}{\Delta n}=\int_{-\infty}^{\infty}\frac{\mid m_\omega^2\mid \omega^2 S_F(\omega)W}{4\pi d\mid k_{eq}-m_\omega\omega^2+c_{eq}\omega\mid^2}\mathrm{d}\omega \tag{5-175}$$

式中:

$$\begin{aligned}W=&(k_{eq}-m_r\omega^2)^2+(c_{eq}\omega-m_i\omega^2)^2-\\&n(k_{eq}-m_r\omega^2)\left(\frac{8\sqrt{2}}{\sqrt{\pi}}k_2+12k_3 d\right)\frac{\Delta d}{\Delta n}-\\&12nc_3\omega^2(c_{eq}-m_i\omega)\frac{\Delta v}{\Delta n}\end{aligned} \tag{5-176}$$

$$m_r=\mathrm{Re}(m_\omega) \tag{5-177}$$

$$m_i=\mathrm{Im}(m_\omega) \tag{5-178}$$

式中:$\Delta d/\Delta n$ 为观测点位移响应均方根相对于激励量级的变化率,其数值受多个因素的影响。不仅与隔振器的非线性参数相关,还与表征被隔振体柔性的参数 m_ω 相关,同时也受到激励功率谱 S_F 的影响。

由式(5-176)可见,存在参数组[$k_1,k_2,k_3,c_1,c_3,m_\omega$]和负的 $\Delta d/\Delta n$ 使 W

在全频段内不总为正,同时可以构造激励功率谱 S_F,使式(5-174)和式(5-175)成立。也就是说,$\Delta d/\Delta n$ 可能存在负值解。因此,响应均方根有可能随激励量级的升高而降低。

在进行航天器动态设计时,通常依据最大载荷条件进行强度设计。对于非线性隔振的情形,观测点响应均方根相对于激励量级的变化率可能为负值,观测点的最大响应状态可能不出现在最大激励条件下。因此,在基于非线性隔振器的轻质化设计过程中,应当采用多种激励量级进行随机响应计算,得到随机响应减振系数随激励幅值的变化规律,以确定最大响应状态,作为强度设计的依据。

5.2.2.5 非线性隔振器的静动力耦合效应

航天器在发射过程中,受到动载荷的同时,还受到由于过载形成的准静态载荷,图5-8为"长征"4号B系列(CZ-4B)运载火箭在发射任务中的过载系数曲线。

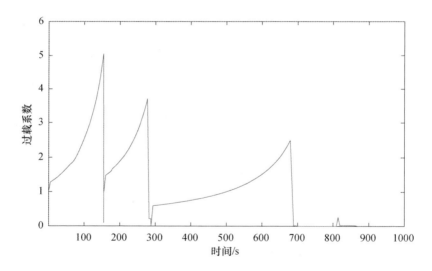

图5-8 运载火箭过载系数曲线

隔振器在准静态载荷的作用下发生静变形。对于线性隔振器,在工作行程内刚度和阻尼系数都是一致的,静变形不影响其动力学特性。对于非线性隔振器,在静载荷作用下发生初始变形,偏离原来的工作点,其刚度和阻尼也会发生相应的变化,进而影响到结构的动响应,如图5-9所示。因此,对于非线性隔振器,静变形和动响应存在耦合效应。

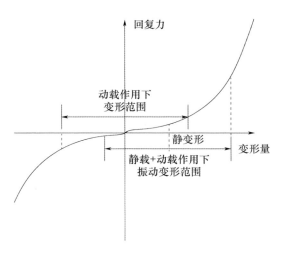

图 5-9　非线性隔振器静动力耦合效应示意图

静载荷引起隔振器零位偏移后,其等效动刚度发生变化,隔振频率发生漂移,以下讨论静载作用下隔振器频率漂移的规律。设隔振器在静载作用下的变形量为 d_s,隔振器振幅为 A,根据五参数金属橡胶模型,隔振器在动载作用下的弹簧力为

$$\hat{f}_k = f_k(x + d_s) - f_k(d_s) \tag{5-179}$$

以下分两种情况讨论隔振器等效动刚度的变化情况。当 $A \leqslant d_s$ 时,隔振器在振动过程中不过初始零点,式(5-179)可写为

$$\hat{f}_k(x) = (k_1 + 2k_2 d_s + 3k_3 d_s^2)x + (k_2 + 3k_3 d_s)x^2 + k_3 x^3 \tag{5-180}$$

由谐波平衡法计算其等效刚度,即

$$\hat{k}_{eq} = \frac{1}{\pi A} \int_0^{2\pi} \mathrm{d}\varphi \hat{f}_k(A\sin\varphi)\sin\varphi \tag{5-181}$$

对式(5-181)积分后,可得

$$\hat{k}_{eq} = k_1 + 2k_2 d_s + 3k_3 d_s^2 + \frac{3}{4}k_3 A^2 \tag{5-182}$$

将式(5-182)代入式(5-150)得骨架线方程,可表示为

$$k_1 + 2k_2 d_s + 3k_3 d_s^2 + \frac{3}{4}k_3 A^2 - m_\omega \omega^2 = 0 \tag{5-183}$$

由此可见,金属橡胶隔振器的动刚度特性相对于未受静载的情况已发生明显变化,其刚度不再是先软后硬的特性,而是表现出硬特性,隔振频率漂移量不仅与振幅相关,还依赖于隔振器的静变形。不同的静载荷作用下,隔振器的最

大振幅也发生变化。因此,为了确定频率漂移的上限,需要计算不同静载作用下的骨架线和最大振幅。

频率漂移下限由振幅趋近于 0,则式(5-183)变为

$$k_1 + 2k_2 d_s + 3k_3 d_s^2 - m_\omega \omega^2 = 0 \qquad (5-184)$$

由于隔振器动刚度随变形量为先变小后变大的趋势,因此当隔振器动刚度取极小值,振幅趋近于 0 时,等效动刚度最小,隔振频率最低。由式(5-184)对 d_s 求导数,可得频率漂移下限取极小值时,有

$$d_s = -\frac{k_2}{3k_3} \qquad (5-185)$$

此处即为等效刚度极小值点。

将式(5-185)代入式(5-184),可得频率漂移下限满足

$$k_1 - \frac{k_2^2}{3k_3} - m_\omega \omega^2 = 0 \qquad (5-186)$$

计算隔振频率漂移下限时,应首先判断静变形是否能够达到等效刚度极小值点,若能够达到,则系统频率漂移下限应根据式(5-186)计算。若不能达到,则应将最大静变形代入式(5-184),计算频率漂移下限并与式(5-156)确定的频率漂移下限进行比较,取较小的值作为频率漂移下限。

当 $A > d_s$ 时,隔振器在振动过程中经过初始零点,式(5-179)可写为分段形式,即

$$\hat{f}_k(x) = \begin{cases} (k_1 + 2k_2 d_s + 3k_3 d_s^2)x + (k_2 + 3k_3 d_s)x^2 + k_3 x^3, & x + d_s \geq 0 \\ (k_1 - 2k_2 d_s + 3k_3 d_s^2)x + (k_2 - 3k_3 d_s)x^2 + k_3 x^3 - 2k_2 d_s^2, & x + d_s < 0 \end{cases}$$
$$(5-187)$$

令

$$x = A\sin\varphi \qquad (5-188)$$

式(5-187)可变换为

$$\hat{f}_k(A\sin\varphi) = \begin{cases} (k_1 + 2k_2 d_s + 3k_3 d_s^2)A\sin\varphi + k_3 A^3 \sin^3\varphi + \\ (k_2 + 3k_3 d_s)A^2 \sin^2\varphi, \varphi \in (-\theta, \pi+\theta] \\ (k_1 - 2k_2 d_s + 3k_3 d_s^2)A\sin\varphi + k_3 A^3 \sin^3\varphi + \\ (k_2 - 3k_3 d_s)A^2 \sin^2\varphi - 2k_2 d_s^2, \varphi \in (-\pi+\theta, -\theta] \end{cases} \qquad (5-189)$$

式中:

$$\theta = \arcsin\left(\frac{d_s}{A}\right) \qquad (5-190)$$

将式(5-189)代入式(5-181)，可得

$$\hat{k}_{eq} = k_1 + 3k_3 d_s^2 + \frac{2k_2 d_s}{\pi}(2\theta - \sin 2\theta) - 2k_2 d_s^2 (\pi - 2\theta) +$$

$$\frac{1}{2\pi} k_2 A \left(6\cos\theta - \frac{2}{3}\cos 3\theta \right) + \frac{3}{4} k_3 A^2 \qquad (5-191)$$

骨架线方程变为

$$k_1 + 3k_3 d_s^2 + \frac{2k_2 d_s}{\pi}(2\theta - \sin 2\theta) - 2k_2 d_s^2 (\pi - 2\theta) +$$

$$\frac{1}{2\pi} k_2 A \left(6\cos\theta - \frac{2}{3}\cos 3\theta \right) + \frac{3}{4} k_3 A^2 - m_\omega \omega^2 = 0 \qquad (5-192)$$

当 $\theta = \pi/2$ 时，式(5-192)与式(5-183)等价；当 $\theta = 0$ 时，式(5-192)与式(5-150)等价。这一关系式较为复杂，不易从中得到频率漂移的一般规律，可进行数值求解得到骨架曲线。

对于金属橡胶隔振器，其等效阻尼具有随振幅升高而增大的特点，这主要是因为当金属橡胶受压体积变小时，内部金属丝的触点数增多、滑移面增大，耗能效果更加明显。在静载作用下，隔振器振动零位发生偏移，在零位处金属橡胶有一初始压缩量，此时的阻尼值相对未受静载时升高。因此，在大静载小振幅条件下，金属橡胶隔振器等效阻尼系数增大。为了准确描述金属橡胶隔振器在静载作用下的阻尼特性，需要进行静动力耦合试验建模，在当前试验条件下，难以满足耦合建模的需求。

本节假设等效阻尼系数满足

$$\hat{c}_{eq} = (1 + qd_s)\left(c_1 + \frac{3}{4} c_3 \omega^2 A^2 \right) \qquad (5-193)$$

式中：q 为表征阻尼系数对静变形依赖性的常数。

将由式(5-191)和式(5-193)得到的等效刚度和阻尼系数代入动力学方程式(5-97)，即可计算得到不同静载条件下系统的谐响应。由谐响应计算结果确定最大振幅，即可根据骨架线确定频率漂移上下限。

对于某典型结构，计算采用金属橡胶隔振器对模拟结构隔振时在静动力载荷耦合作用下的骨架线，取静变形量为 $0 \sim 1.5\text{mm}$，如图 5-10 所示。当静变形增大时，骨架线的起始频率先变低后变高。没有静变形时，骨架线只有一个拐点。静变形不为零时，骨架线有 3 个拐点，第 1 个拐点处振幅与静变形量相等，3 个拐点并不一定对应隔振频率的极值点。由于静变形的作用，隔振频率漂移的上下限均有可能超过无静载的情形。

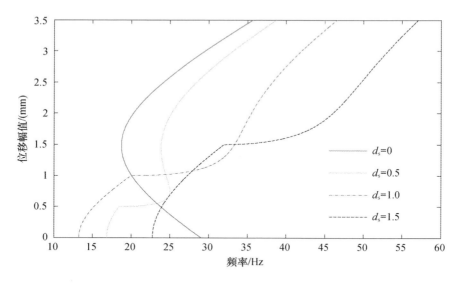

图 5-10 静动力耦合骨架线

对于静载荷和随机载荷组合作用的情形,将静载作用下的弹簧力(式(5-187))和等效阻尼(式(5-193))代入式(5-101),可得

$$m_\omega \ddot{x}_r + (1+qd_s)c_1\dot{x}_r + (k_1+3k_3d_s^2)x_r + g(x_r,\dot{x}_r) = m_\omega \ddot{x}_b \quad (5-194)$$

式中:

$$g(x_r,\dot{x}_r) = k_2(x+d_s)|x+d_s| + 3k_3d_s x^2 + k_3 x^3 + (1+qd_s)c_3\dot{x}^3 \quad (5-195)$$

代入式(5-115)和式(5-116),整理得等效刚度和等效阻尼的表达式,分别为

$$\tilde{c}_{eq} = (1+qd_s)(c_1 + 3c_3 E[\dot{x}_r^2]) \quad (5-196)$$

$$\tilde{k}_{eq} = k_1 + 2k_2 d_s + 3k_3 d_s^2 + 3k_3 E[x_r^2] - \frac{2}{E[x_r^2]}\int_{-\infty}^{-d_s} x(x+d_s)^2 \frac{1}{\sqrt{2\pi}\sigma_{x_r}} e^{-\frac{x_r^2}{2\sigma_{x_r}^2}} dx$$

$$(5-197)$$

由式(5-196)~式(5-118)迭代计算可求解动静力组合作用下的随机响应。由等效刚度表达式可见,随机响应与静变形量直接相关。在静载荷作用下,非线性项对等效刚度和等效阻尼的影响系数也发生改变。首先通过计算不同过载条件下的随机减振因子曲线,可以确定动响应最大值,计算动应力;然后与静应力叠加可得到极限应力状态,以此为依据进行强度校核。

5.3 减振装置的主要类型

5.3.1 被动减振

被动减振技术根据原理可分为下面几种:惯性抑制、内部或外部摩擦、流体黏滞、磁滞、涡流等。被动抑制或被动隔振不需要额外提供能源,并且可靠性高。常用的单自由度被动隔振系统如图5-11所示。

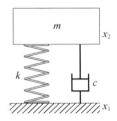

图 5-11 单自由度被动隔振原理图

单自由度隔振器中振动传递函数可表示为

$$T_1 = \frac{cs + k}{ms^2 + cs + k} \tag{5-198}$$

式中:x_1 为基座位移;x_2 为载荷位移;c 和 k 分别为隔振器的阻尼和刚度;s 为拉普拉斯算子;m 为敏感载荷的质量。

不失一般性,令 $\omega_n = \sqrt{k/m}$,$2\xi\omega_n = c/m$,ξ 为阻尼比,于是有

$$T_1 = \frac{2\xi\omega_n s + \omega_n^2}{s^2 + 2\xi\omega_n s + \omega_n^2} \tag{5-199}$$

进一步分析阻尼对传递函数的影响,取 $s = i\omega$,标准化频率 $\bar{\omega} = \omega/\omega_n$,振动传递函数为

$$|T_1| = \sqrt{\frac{1 + 4\xi^2 \bar{\omega}^2}{(1 - \bar{\omega}^2)^2 + 4\xi^2 \bar{\omega}^2}} \tag{5-200}$$

对于任何阻尼值,当 $\bar{\omega} < \sqrt{2}$,即 $\omega < \sqrt{2}\omega_n$ 时,系统没有隔振性能;隔振发生在 $\bar{\omega} > \sqrt{2}$,即 $\omega > \sqrt{2}\omega_n$ 的频率区间,并且阻尼越小,高频隔振效果越明显;当 $\bar{\omega} = 1$ 即 $\omega = \omega_n$ 时,振动放大最显著,ω_n 附近的扰动被放大,此时被动隔振器反而起到了放大器的作用,当阻尼等于 0 时,振动无限放大;对于 $\omega < \sqrt{2}\omega_n/2$ 的振

动,信号无衰减地通过隔振器。对于被动隔振器,只能抑制频率高于$\sqrt{2}\omega_n$的振动,阻尼越小,高频衰减越大。此外,当姿态跟踪或定向时,敏感设备对隔振平台要求低频姿态信号顺利通过,并且不附加相位滞后,这要求对卫星本体的姿态信号进行保持,而对姿态控制信号之外的扰动和噪声进行有效抑制。

显然,减小隔振器的刚度是提高减振性能的有效方法,如果采用小刚度的隔振器,就可以在更宽的频带内抑制振动,特别是高频扰动。但是,航天器姿态控制力矩的传递频带变窄,并且相位滞后变大,这说明隔振器刚度太小虽然有利于隔振,但是不利于传递有用的姿态控制力矩。当隔振器刚度增加时,传递力矩的频带变宽,隔振带宽反而变窄,隔振器对高频扰动抑制减弱。

阻尼是耗散掉振动能量的有效方法,提高阻尼可以减小谐振响应,但高频扰动传函增加,低频相位滞后变大,不利于姿态信号通过,也不利于对高频振动抑制;如果降低阻尼值,会增加谐振峰值,但低频信号相位滞后变小,高频扰动衰减也变大。这说明被动隔振时,刚度和阻尼的选择需要折中,根据不同的扰动源和技术指标进行优化。

为了得到更好的被动隔振性能,可以串联单自由度隔振器,从而得到二自由度被动隔振器,如图 5-12 所示。

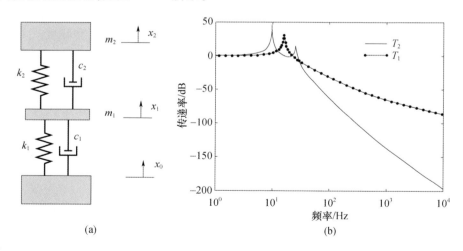

图 5-12 二自由度被动隔振器及与单级隔振幅频特性
(a)二自由度被动隔振原理图;(b)二自由度与单级隔振幅频特性曲线。

二自由度隔振器的动力学方程为

$$m_1\ddot{x}_1 = -k_1(x_1-x_0) - c_1(\dot{x}_1-\dot{x}_0) - k_2(x_1-x_2) - c_2(\dot{x}_1-\dot{x}_2)$$
(5-201)
$$m_2\ddot{x}_2 = k_2(x_1-x_2) + c_2(\dot{x}_1-\dot{x}_2)$$

式中:x_0 为扰动位移;x_1 为隔振器位移;x_2 为载荷位移;m_1 为隔振器质量;m_2 为载荷质量,k_1、k_2、c_1 和 c_2 为相应的刚度和阻尼。

对式(5-201)、式(5-202)进行拉普拉斯变换,在零初始条件下,得到 x_0 到 x_2 的传递函数,可表示为

$$T_2 = \frac{(k_1+c_1s)(k_2+c_2s)}{(m_1s^2+c_1s+c_2s+k_1+k_2)(m_2s^2+c_2s+k_2)-(c_2s+k_2)^2}$$
(5-203)

对比单自由度被动隔振系统与二自由度被动隔振系统传递函数,可以看出单级隔振系统对高频扰动衰减 $1/\omega$,二自由度隔振系统对高频扰动衰减 $1/\omega^2$,二自由度隔振系统相对于单级隔振系统具有更好的高频隔振性能。如果令 $m_1=0,c_1=0$,二自由度隔振系统转化为单级三参数隔振系统,高频振动的传递函数仍可以达到 $1/\omega^2$。虽然二自由度隔振系统与单级隔振系统相比,它对高频扰动的隔振性能有很大提高,但是仍具有被动隔振的局限性,如对低频段扰动只能抑制谐振峰值,增加阻尼仍然会增加高频振动的传递率。

5.3.2 半主动隔振

为了提高被动隔振的性能,可以采用半主动隔振技术,根据不同的环境条件改变刚度和阻尼值。半主动隔振也称为自适应被动隔振,对隔振器的刚度和阻尼参数改变时需要外部能源。变刚度的实现方式有通过形状记忆合金在温度变化时改变刚度、通过机构调节弹性元件的几何布局等。变阻尼可通过电场和磁场改变特定流体的黏性实现,其中流体中的离子被外部电场或磁场加强,于是得到较大的阻尼值,进而得到半主动阻尼。

5.3.3 主动隔振

半主动隔振仍有被动隔振的局限性,如不能在同一频率处抑制基座和载荷振动。为了进一步提高隔振性能,特别是低频性能,更好地适应振动环境并且对更高频带的振动进行抑制,需要考虑主动隔振技术。被动隔振与主动隔振的比较如图 5-13 所示,从图中看出相对被动隔振,主动隔振的性能主要集中在中低频,如果采用主被动混合隔振,可以取得最佳隔振效果。主动隔振可以克服被动和半主动隔振对低频振动抑制不足的缺点。

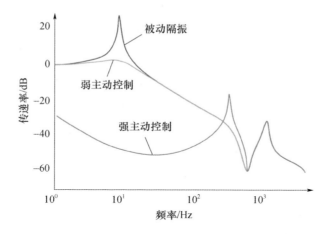

图 5-13　被动隔振与主动隔振的比较

随着科学技术的发展,主动隔振越来越受到重视,特别是相关的控制方法和作动器非线性研究。主动隔振系统由传感器、智能作动器、驱动器和 DSP 组成。PID 及经典控制目前是应用最广泛的一种控制算法。此外,正位置反馈(PPF)也是主动隔振的一种有效方法,它在理论上可以实现零刚度隔振。稳健控制、自适应控制以及智能控制技术也应用到主动隔振领域。

5.3.4　混合隔振

理论上主动隔振效率高、性能好,但是只采用主动控制,可靠性却不如被动隔振高,主动隔振失效时,整个隔振系统失效。为了提高可靠性与稳健性,考虑增加被动隔振,当主动隔振失效时,被动隔振仍然起到一部分振动抑制的作用。

采用混合隔振,同时具有被动和主动隔振的优点,相对主动隔振减小了能源需要,主动级失效后,被动级仍可以提供部分隔振。但是混合隔振对匹配性设计要求较高,如果主动控制设计不好,可能衰减被动隔振效果。

5.3.5　智能作动器

根据刚度大小智能作动器可分为硬作动器和软作动器。硬作动器刚度大、基频高,其被动隔振的性能有限,主动隔振起主要作用,如压电陶瓷、形状记忆合金、磁滞伸缩作动器等。软作动器刚度小、基频低,被动隔振效果较好,主动隔振不需要提供高带宽,如音圈作动器、气压作动器等。

压电陶瓷作动器具有响应速度快、分辨率高、线性化好、控制带宽大等优点,但是作动位移小,没有放大的话,压电堆栈可以做到 300μm 的作动位移。对在轨航天器的微扰动进行主动隔振时,30μm 的作动位移可以满足要求,研究证实压电陶瓷可以具有较好的空间主动隔振性能。形状记忆合金,其响应速度慢,非线性回滞效应较明显,但是作动力大,机械特性较好,适合于需要作动力大的低频振动。磁流变弹性体也可以作为智能作动器进行主动隔振。音圈作动器利用洛伦兹力作动,其作动位移大,可以提供毫米级位移,能够同时满足主动减振和载荷定向操作的需要,但是需要锁紧释放机构以克服发射中的过载,而压电陶瓷等硬作动器刚度大,发射过程不需要支撑结构。此外,在轨航天器处于高真空环境,气动式作动器不适合对空间敏感载荷进行主动隔振。

主动隔振时,在传感器的选择方面,可采用位移传感器、速度传感器、加速度和力传感器,分别用于测量振动的相对位移、速度、加速度和作用力,其中速度、加速度和力传感器对极低频信号测量时,噪声明显,分辨率不高,所以更低频的振动适合采用位移传感器测量。

第6章
微振动源非线性隔振设计

6.1 双状态非线性隔振设计方法

非线性隔振器的动力学特性与所受静态载荷相关。通过设计隔振器的非线性参数，可使解决低隔振频率和小变形约束之间的矛盾，使其在给定的载荷条件下具有较好的隔振性能，实现线性隔振器难以达到的设计目标。

本章介绍了一种双状态非线性隔振器，针对发射和在轨两种不同的准静态载荷状态进行设计，结果满足不同的动力学要求。发射时具有较高的隔振频率，防止变形过大并保护有效载荷；在轨时具有较低的隔振频率，隔离星体扰振。在分析各设计参数对发射段动力响应以及在轨隔振性能影响的基础上，提出了隔振器参数设计方法，给出了隔振器设计实例，进行了静力学试验以及发射和在轨两种状态的动力学试验，测试了隔振器在两种状态下的性能。

6.1.1 隔振器力学模型

航天器在发射阶段和在轨工作阶段的载荷条件有很大差别。发射阶段，航天器受到随时间缓慢变化的过载，形成准静态载荷。此外，发动机的振动和噪声以及级间分离等因素，还会产生较大的动载荷。入轨工作时，航天器处于微重力环境中，准静态载荷接近0。星上运动部件引起的动载荷一般量级较小，为微振动。

利用发射和在轨两个阶段的载荷差异，构造一种具有非线性刚度的隔振器，使其在两种载荷状态下具有不同的等效刚度，分别适应两个阶段对隔振器的需求。在轨时隔振器的任务是隔离星体的微振动,这就要求在没有准静态载荷的条件下,隔振器在一定的位移范围内具有较低的刚度。发射时,隔振器的任务是避免发生较大变形,同时保护星载设备在较大的动载荷下不被破坏。这就要求隔振器在受到发射段准静态载荷时,具有较高的等效刚度和阻尼。

综合两个阶段对隔振器的要求,构造隔振器理想刚度曲线如图 6-1 所示。x_1 与 x_2 之间为低刚度线性段,当隔振器不受静载荷时,零位处于线性段中点。若此时动载荷引起的振幅不超过线性段宽度,则可以实现较低的隔振频率。当隔振器受到准静态载荷时,进入非线性段,刚度逐渐上升,在较大的动载荷作用下,其动响应表现出非线性特性。采用金属橡胶垫结合专门的结构设计可以实现这种隔振器。

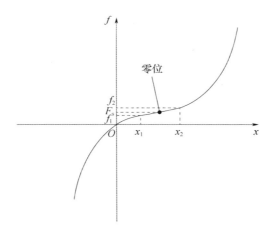

图 6-1 隔振器理想刚度曲线

设隔振器承担的静载荷为 F_s,采用幂级数表示非线性段刚度,则隔振器表观刚度可表示为

$$\tilde{f}_k(x) = \begin{cases} -\sum_{i=1}^{\infty} a_i (x-x_1)^i + f_1, & x \leqslant x_1 \\ k_0 (x-x_1) + f_1, & x_1 < x \leqslant x_2 \\ \sum_{i=1}^{\infty} a_i (x-x_2)^i + f_2, & x > x_2 \end{cases} \quad (6-1)$$

其中

$$f_2 = k_0 (x_2 - x_1) + f_1 \quad (6-2)$$

隔振器所受静载荷可表示为

$$F_s = \frac{f_1 + f_2}{2} \qquad (6-3)$$

表观阻尼可表示为

$$\tilde{f}_c(\dot{x}, x) = \begin{cases} c_1 \dot{x}, & x \leq x_1 \\ c_0 \dot{x}, & x_1 < x \leq x_2 \\ c_1 \dot{x}, & x > x_2 \end{cases} \qquad (6-4)$$

定义线性段宽度为

$$\Delta x = x_2 - x_1 \qquad (6-5)$$

6.1.2 在轨状态参数选择

在轨工作时,星载设备安装基座处的扰振激励一般为宽频微振动,根据相关试验数据,其振动幅值量级较小,频率在 5~2000Hz 范围都有分布。取适当的线性段宽度,使设备相对于星体的位移幅值小于线性段宽度,则在轨状态下,隔振器工作在线性段,可简化为线性单自由度基础激励隔振系统。在轨隔振频率仅由 k_0 决定,即

$$f_0 = \frac{1}{2\pi}\sqrt{\frac{k_0}{m}} \qquad (6-6)$$

由单自由度隔振理论可知,为有效隔离星体扰振,应使隔振频率在扰振频率下限的 $1/\sqrt{2}$ 以下,且阻尼比不宜过大。隔振频率越低,隔振效果越好。但是,考虑到避免与控制系统频率发生耦合,隔振频率一般应大于 1Hz。选定在轨隔振频率即可由式(6-6)确定线性段刚度 k_0。

6.1.3 发射段参数选择

在发射过程中,航天器要承受较大的准静态载荷和恶劣的振动、冲击载荷,隔振器应具有较高的刚度,防止产生过大变形造成结构干涉或破坏。为避免耦合共振,隔振频率还应避开运载器、整星以及星载设备的固有频率。星载设备的固有频率一般远高于发射状态的隔振频率,其动力学响应可简化为单自由度系统进行分析,如图 6-2 所示。图中,m 为单个隔振器的负载质量,$e(t)$ 和 $u(t)$ 分别为设备和星体的位移。

该系统的动力学方程可写为

$$m\ddot{e} + f_k(e - u) + f_c(\dot{e} - \dot{u}, e - u) = F_s \qquad (6-7)$$

第6章 微振动源非线性隔振设计

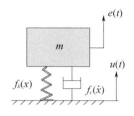

图6-2 单自由度系统

对于分段线性隔振器的动力学响应,有多种方法进行求解,如平均法、摄动法、谐波平衡法等。但是,对于分段多项式非线性隔振器的动力学响应,研究较少。以下将求解分段线性隔振器动力响应的谐波平衡法扩展到分段非线性刚度隔振器,求解其动力响应。设相对位移为

$$x = e - u \tag{6-8}$$

基础激励的加速度幅值为一个常量 B,x_d 为相对位移 x 的动态分量,系统的等效动力学方程可写为

$$m\ddot{x}_d + c_{eq}\dot{x}_d + k_{eq}x_d = mB\sin\omega t \tag{6-9}$$

由谐波平衡法,设系统响应为

$$x_d(t) = A\sin(\omega t) \tag{6-10}$$

式(6-9)中的 c_{eq} 和 k_{eq} 分别为等效刚度和等效阻尼,可表示为

$$k_{eq} = \frac{1}{\pi A}\int_0^{2\pi} d\varphi\, \tilde{f}_k(A\sin\varphi)\sin\varphi \tag{6-11}$$

$$c_{eq} = \frac{1}{\pi\omega A}\int_0^{2\pi} d\varphi\, \tilde{f}_c(\omega A\cos\varphi, A\sin\varphi)\cos\varphi \tag{6-12}$$

不失一般性,设 $x_1, x_2 > 0$,经积分可得

$$k_{eq} = k_{eq}^{(1)}\big|_0^{\theta_1} + k_{eq}^{(1)}\big|_{\pi-\theta_1}^{2\pi} + k_{eq}^{(2)}\big|_{\theta_1}^{\theta_2} + k_{eq}^{(2)}\big|_{\pi-\theta_2}^{\pi-\theta_1} + k_{eq}^{(3)}\big|_{\theta_2}^{\pi-\theta_2} \tag{6-13}$$

$$c_{eq} = c_{eq}^{(1)}\big|_0^{\theta_1} + c_{eq}^{(1)}\big|_{\pi-\theta_1}^{2\pi} + c_{eq}^{(2)}\big|_{\theta_1}^{\theta_2} + c_{eq}^{(2)}\big|_{\pi-\theta_2}^{\pi-\theta_1} + c_{eq}^{(3)}\big|_{\theta_2}^{\pi-\theta_2} \tag{6-14}$$

$$\theta_1 = \begin{cases} \arcsin\left(\dfrac{x_1}{A}\right), & A > x_1 \\ \dfrac{\pi}{2}, & A \leqslant x_1 \end{cases} \tag{6-15}$$

$$\theta_2 = \begin{cases} \arcsin\left(\dfrac{x_2}{A}\right), & A > x_2 \\ \dfrac{\pi}{2}, & A \leqslant x_2 \end{cases} \tag{6-16}$$

$$k_{eq}^{(1)} = \frac{1}{\pi A}\left(\sum_{i=1}^{n}\sum_{k=0}^{i} a_i A^i C_i^k (-\sin\theta_1)^k S_{ik} - f_1 \cos\varphi\right) \quad (6-17)$$

$$k_{eq}^{(3)} = \frac{1}{\pi A}\left(\sum_{i=1}^{n}\sum_{k=0}^{i} b_i A^i C_i^k (-\sin\theta_2)^k S_{ik} - f_2 \cos\varphi\right) \quad (6-18)$$

$$k_{eq}^{(2)} = \frac{1}{\pi A}\left[kA\left(\frac{\varphi}{2} - \frac{1}{4}\sin 2\varphi\right) + kA\sin\theta_1 \cos\varphi - f_1 \cos\varphi\right] \quad (6-19)$$

$$c_{eq}^{(1)} = \frac{1}{\pi \omega A}\sum_{i=1}^{n} d_i \omega^i A^i G_i \quad (6-20)$$

$$c_{eq}^{(2)} = \frac{1}{\pi} c_0 \left(\frac{\varphi}{2} + \frac{1}{4}\sin 2\varphi\right) \quad (6-21)$$

$$c_{eq}^{(3)} = \frac{1}{\pi \omega A}\sum_{i=1}^{n} e_i \omega^i A^i G_i \quad (6-22)$$

$$S_{ij} = \int (\sin\varphi)^{i-j+1} d\varphi \quad (6-23)$$

$$G_i = \int \cos^{i+1}\varphi \, d\varphi \quad (6-24)$$

绝对传递率可表示为

$$\Lambda_a(\omega) = \frac{k_{eq} + ic_{eq}\omega}{k_{eq} - m\omega^2 + ic_{eq}\omega} \quad (6-25)$$

传递率曲线的骨架线方程可表示为

$$k_{eq} - m\omega^2 = 0 \quad (6-26)$$

式(6-25)和式(6-26)均为幅值与频率的隐函数,采用牛顿迭代法进行数值求解。

根据响应计算结果进行参数设计的流程如下。

(1) 按照发射段过载系数确定 F_s 的取值范围,在此范围内计算骨架曲线,得到峰值频率随幅值漂移的范围,根据对发射段隔振频率的要求,选定 Δx、a_i。

(2) 按照给定的发射段动载荷计算传递率曲线,根据对峰值放大率的要求,选定阻尼系数 c_1 的取值范围。

6.1.4 设计实例与参数讨论

隔振器设计要求如表 6-1 所列。要同时满足的设计指标包括在轨隔振频率以及发射段动响应。

第6章 微振动源非线性隔振设计

表 6-1 隔振器设计要求

设计参数	要求值
在轨隔振频率 f_0	1.5Hz
线性段宽度 Δx	>0.1mm
发射段隔振频率	20~35Hz
单个隔振器负载质量 m	40kg
发射过程峰值放大率	<3.5
发射过程过载系数 n_f	0.2~5.0g

与隔振器性能相关的主要设计参数有线性段宽度 Δx、非线性段刚度 a_i、线性段刚度 k_0。

在设计过程中,为简化参数选择,将非线性段刚度做近似线性化处理,即令

$$a_i = 0, i \geqslant 2 \quad (6-27)$$

并定义第二隔振频率为

$$f_2 = \frac{1}{2\pi}\sqrt{\frac{a_1}{m}} \quad (6-28)$$

将在轨隔振频率 f_0 代入式(6-6)可得,线性段刚度 k_0 为 3.55N/mm。

取线性段宽度 Δx 为 1.0mm,过载系数 n_f 为 1.0,第二隔振频率 f_2 为 20~40Hz,计算骨架曲线,如图 6-3 所示。骨架曲线有 2 个转折点。当振幅较小时,隔振器未进入线性段,始终处于非线性段,隔振频率与 f_2 相等。振幅增大,隔振器开始进入线性段,等效刚度变低,骨架线出现第一转折点,隔振频率向下漂移。振幅继续增大,隔振器跨过线性段,进入另一侧的非线性段,骨架线出现第二转折点,隔振频率向上漂移,随着振幅的增大隔振频率趋近于 f_2。第一转折点与第二转折点的频率差,即为隔振频率的最大漂移量,f_2 越高,隔振频率漂移量越大。

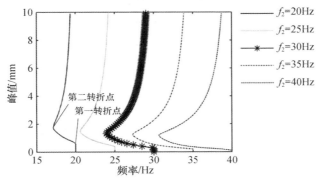

图 6-3 第二隔振频率对骨架线的影响

取第二隔振频率 f_2 为 30Hz,过载系数 n_f 为 1.0,Δx 为 0.1～2.5mm,计算骨架曲线,如图 6-4 所示。可见所有骨架线第一转折点重合,第二个转折处的幅值比第一转折点高 Δx。间隙量越大,频率漂移量越大。因此,为减小频率漂移量,在满足设计要求的基础上,Δx 应尽量小。

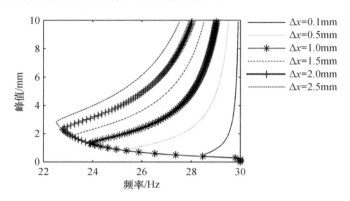

图 6-4　线性段宽度对骨架线的影响

取线性段宽度 Δx 为 1.0mm,第 2 隔振频率 f_2 为 30Hz,过载系数 n_f 为 0.2～6.0,计算骨架曲线,如图 6-5 所示。由此可见,过载系数越小,第一转折点的幅值越小,频率漂移越大。在最低过载系数 0.2 时,频率漂移 8Hz。

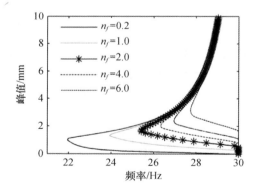

图 6-5　过载系数对骨架线的影响

在本设计中,基于可靠性和设计裕度等多个方面的考虑,取 Δx 为 1.0mm,第二隔振频率 f_2 为 30Hz,发射过程中最大频率漂移量为 8Hz,满足发射过程频率范围限制。

为了满足峰值放大率的要求,讨论阻尼系数对传递率峰值的影响。为收到较好的在轨隔振效果,线性段阻尼系数较小,计算过程中令阻尼系数为 0。发射段动载荷如图 6-6 所示，激励幅值按照该发射条件给定，过载系数取 1.0。

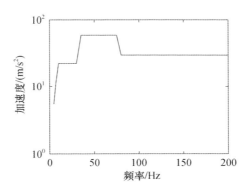

图 6-6　发射段动载荷

取不同的非线性段阻尼系数 c_1 时传递率曲线如图 6-7 所示，可见随着阻尼系数增大，传递率峰值点沿骨架线下降，当阻尼系数大于 2.5×10^3 N·s/m 时，传递率峰值小于 3.5。

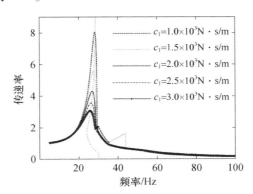

图 6-7　阻尼系数对传递率的影响

6.2　全金属阻尼 CMG 隔振设计

6.2.1　金属橡胶元件力学特性建模

6.2.1.1　金属橡胶材料概述

金属橡胶是根据其运动表现形式和普通橡胶材料类似命名，是近年来在航天器中应用越来越多的一种减振材料,根据其构成方式也称为金属丝网材料,在仪表盘、惯导器件、发动机管路等部件级减振设计中已有较多应用。金属橡胶是由金属丝经过螺旋拉长,按照一定的规则进行编织、打卷,最后经过模压成型。这种材料具有疏松的空间网状结构,类似于天然橡胶的大分子结构。在交变力的作用下,金属丝相对滑移产生的干摩擦可有效耗散振动能量。其阻尼比一般能达到 0.2~0.4,与高性能减振橡胶阻尼水平相当。由于这种材料完全由金属材料制成,环境适应能力优于传统黏弹性阻尼材料。金属橡胶在高低温作用下不会发生性能衰减,通过选择适当的金属材料或表面处理方法还可以抗腐蚀。金属橡胶不存在老化问题,其保存期不受限制。由于它的阻尼性能好、环境适应能力强、结构简单、重量轻、易于设计成各种形状、并能够根据设计要求调节刚度、选择合理的制作、安装参数等优点,使其在各种工程机械的减振领域中,特别是航空航天等国防领域中,具有广泛的应用前景。本书采用金属橡胶材料设计了航天器整体隔振器,并应用于航天器轻质化设计中。

金属橡胶隔振器不仅具有较强的空间环境适应能力和较高的阻尼比,而且具有在一定程度上可设计的非线性,为解决静态位移大幅度变化问题提供了条件。因此,选择金属橡胶隔振器作为非线性隔振器的具体应用进行建模方法和试验研究。

当前金属橡胶隔振器的建模方法大多是基于静载试验或定频重复加载试验,依据时域数据,建立金属橡胶隔振器的时滞非线性模型。由于金属橡胶隔振器内部金属丝的交叠、摩擦与变形速度和大小都密切相关,基于定频重复加载试验所得到的模型仅适用于几种特定的加载条件,当振动幅值或激励频段不同于试验条件时,模型参数会发生较大的变化。定频往复加载试验一次只能测得一种加载幅值和频率下的数据,采用这种试验方法覆盖航天器发射过程中全部实际工况,工作量将会非常大。

金属橡胶隔振器动力学模型的局限性给结构动态设计带来了较大的困难。由于模型无法反映出全部工况下的动力学特性,采用这种模型进行结构动态设计得到的结果只适用于测试条件下的激励频率和幅值。在实际工作条件下,隔振器动力学特性相对于设计中所采用的模型发生变化,有可能造成结构的意外振动,引起结构破坏。隔振器模型信息覆盖不全,会造成设计上的盲区,不能满足结构动态设计的需求。

为了获取金属橡胶隔振器在宽频段、多工况条件下的动力学模型,采用正弦扫描试验获取多种量级激励的频响曲线,采用幂级数逼近隔振器的非线性阻尼力和弹簧力,按照计算频响与试验频响一致性准则推导了参数识别方程,建立了金属橡胶隔振器动力学模型。

6.2.1.2　金属橡胶装卡形式

下面介绍两种结构形式的金属橡胶隔振器,分别代表金属橡胶材料两种典型的应用方法。纵环式金属橡胶隔振器采用一件环形金属橡胶构件纵向放置,上端和下端分别采用卡箍与安装面固连,如图6-8所示。这种隔振器纵向刚度较高,侧向刚度较弱,在扭转方向刚度接近于0。隔振器在受到纵向载荷作用时,金属橡胶既有剪切变形,又有拉伸和压缩变形。这种隔振器没有限位装置,适合在小载荷条件下多个组合应用,在提供纵向隔振效果的同时,释放其他方向的约束,减小被隔振构件的内应力。

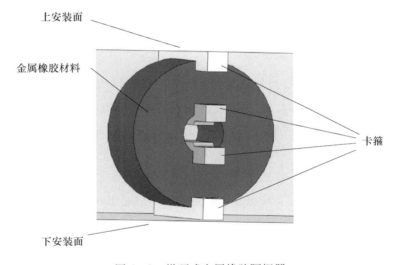

图6-8　纵环式金属橡胶隔振器

对装式隔振器内部结构如图6-9所示,采用一对变截面柱形金属橡胶构件相对放置,内有通孔。金属橡胶外侧由卡套包覆,卡套与安装面固连。限位套筒从金属橡胶内孔中穿过,调整限位套筒的长度可控制金属橡胶安装时的预压缩量。这种隔振器在纵向和横向都有较好的隔振效果,当受到外载荷作用时,纵向和横向都是以压缩变形为主。由于采用套筒和卡套对金属橡胶进行限位,在大载荷条件下隔振器静刚度上升,静位移不会超限。这种隔振器适合在较为恶劣的动力学环境下进行多向隔振。

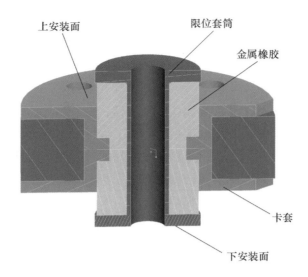

图 6-9 对装式金属橡胶隔振器

6.2.1.3 试验方法

采用静力学加载试验或拟动力学试验,可以得到金属橡胶隔振器的滞回曲线。识别其刚度、阻尼等参数,进而代入振动方程,可以求解其动力学响应。但这种方法是以静态载荷或某特定频率的动态载荷下得到的参数来计算不同频率动态载荷下的响应,不可避免地存在偏差。金属橡胶隔振器在振动过程中,不仅存在干摩擦阻尼,还有黏性阻尼的成分,并且阻尼力随频率而变化,静载试验无法获得这些参数,而采取动力学试验方法可以更准确地获得金属橡胶隔振器的动态特性。

下面介绍对金属橡胶隔振器的单自由度隔振系统的正弦扫描试验。金属橡胶隔振器建模试验原理如图 6-10 所示。通过计算机发出指令,由信号处理仪生成振动信号,经过功率放大器放大,使激振器产生振动。加速度传感器 a_1 放在振动台台面上测试振动台的振动信号;加速度传感器 a_2 放在质量块上,测试经过金属橡胶隔振器衰减后的振动信号。

试验装置与试验件的实例如图 6-11 所示,纵环式隔振器测试中的配重质量为 0.8kg,对装式隔振器测试中的配重质量为 2.5kg。

在试验中,按照金属橡胶隔振器实际工况条件下的载荷条件给定激振台的激励加速度幅值,频率在给定的范围内从低到高扫描,获得 a_2 通道在不同工况条件下的幅频曲线和相频曲线。

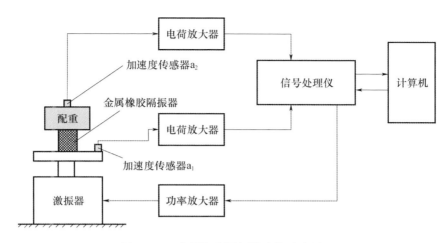

图 6-10　金属橡胶隔振器建模试验原理

(a)　　　　　　　　(b)

图 6-11　金属橡胶隔振器试验件及试验工装

(a)纵环式；(b)对装式。

6.2.1.4　参数化建模过程

1) 频域响应求解

金属橡胶隔振器细观模型的研究表明其阻尼成分复杂,并且与微元之间的接触点数目有关。静力学试验表明,金属橡胶隔振器有明显的迟滞非线性特性和三次非线性刚度。已有多种模型基于静力学试验的结果描述了金属橡胶隔振器的非线性恢复力,如双折线模型,用微分方程描述迟滞系统的恢复力;此外还有基于一次加载试验的数据经过坐标变换获得迟滞回线的 Masing 模型。但是,双折线模型各参数的物理意义不明确,Masing 模型不是参数化的模型。这些模型不利于建立参数化的动力学模型,并且模型过于复杂,不利于对采用金属橡胶减振器的复杂系统进行分析。本节将金属橡胶隔振器的阻尼和刚度均采用幂级数逼近,并假设回复力中不包含速度与位移的耦合项。

设配重质量为 m,配重位移(隔振系统输出位移)为 $e(t)$,基础激励为

$$u(t) = u_0 \sin\omega t \qquad (6-29)$$

则系统运动微分方程为

$$m\ddot{e} + f_k(e-u) + f_c(\dot{e} - \dot{u}) = 0 \qquad (6-30)$$

令

$$x = e - u \qquad (6-31)$$

式(6-30)可变为

$$m\ddot{x} + f_k(x) + f_c(\dot{x}) = mu_0\omega^2 e^{i\omega t} \qquad (6-32)$$

当基础激励的加速度幅值为一常值 B 时,有

$$u_0\omega^2 = B \qquad (6-33)$$

式(6-32)可变为

$$m\ddot{x} + f_c(\dot{x}) + f_k(x) = mBe^{i\omega t} \qquad (6-34)$$

当受到简谐激励时,虽然金属橡胶隔振器是非线性的,但是响应通道的波形基本上是简谐的,频谱分析给出高次谐波位移与基频谐波位移之比小于5%。因此可设

$$x = A\cos(\omega t - \theta) \qquad (6-35)$$

在一个周期内,取非线性阻尼力和弹簧力的一次谐波,式(6-34)可变为

$$m\ddot{x} + c_{eq}\dot{x} + k_{eq}x = mB\cos\omega t \qquad (6-36)$$

其中

$$c_{eq} = \frac{1}{\pi\omega A}\int_0^{2\pi} d\varphi f_c(\omega A\cos\varphi)\cos\varphi \qquad (6-37)$$

$$k_{eq} = \frac{1}{\pi A}\int_0^{2\pi} d\varphi f_k(A\sin\varphi)\sin\varphi \qquad (6-38)$$

采用幂级数逼近隔振器的阻尼力和弹簧力,即令

$$f_c(\dot{x}) = \sum_{i=1}^{\sigma_c} c_i \dot{x} |\dot{x}|^{i-1} \qquad (6-39)$$

$$f_k(x) = \sum_{i=1}^{\sigma_k} k_i x |x|^{i-1} \qquad (6-40)$$

将式(6-39)和式(6-40)代入式(6-37)和式(6-38),可得

$$k_{eq} = \sum_{j=1}^{\sigma_k} k_j^* A^{j-1} \qquad (6-41)$$

$$c_{eq} = \omega \sum_{j=1}^{\sigma_c} c_j^* (\omega A)^{j-1} \tag{6-42}$$

其中

$$k_j^* = \frac{k_j}{\pi} \int_0^{2\pi} \mathrm{d}\varphi \sin^{j+1}\varphi \tag{6-43}$$

$$c_j^* = \frac{c_j}{\pi} \int_0^{2\pi} \mathrm{d}\varphi \cos^{j+1}\varphi \tag{6-44}$$

式(6-36)经傅里叶变换,整理可得传递率方程为

$$R(\omega) = \frac{\ddot{x}(t)}{\ddot{u}(t)} = \frac{m\omega^2}{\sum_{j=1}^{\sigma_k} k_j^* A^{j-1} - m\omega^2 + \mathrm{i}\omega \sum_{j=1}^{\sigma_c} c_j^* (\omega A)^{j-1}} \tag{6-45}$$

2) 响应稳定性分析

假设非线性系统(式(6-36))的一组周期解为

$$x = A\cos(\omega t - \theta) \tag{6-46}$$

$$\dot{x} = -A\omega\sin(\omega t - \theta) \tag{6-47}$$

式中:A 和 θ 为时间 t 的慢变函数。

令

$$\psi = \omega t - \theta \tag{6-48}$$

对式(6-46)求导数,并消去式(6-47),可得

$$\dot{A}\cos\psi + A\dot{\theta}\sin\psi = 0 \tag{6-49}$$

将式(6-47)对时间微分,然后代入式(6-34),可得

$$-\dot{A}m\omega\sin\psi + m\omega\dot{\theta}A\cos\psi - m\omega^2 A\cos\psi - f_c(-A\omega\sin\psi) + f_k(A\cos\psi) = mB\cos(\psi + \theta) \tag{6-50}$$

讨论 A 和 θ 的慢变规律时,将回复力以 ψ 的一个周期中的均值近似代替,即

$$-\dot{A}m\omega\sin\psi + m\omega\dot{\theta}A\cos\psi - m\omega^2 A\cos\psi - c_{eq}\omega A\sin\psi + k_{eq}A\cos\psi = mB\cos(\psi + \theta) \tag{6-51}$$

式中:c_{eq} 和 k_{eq} 的表达式分别由式(6-41)和式(6-42)给出。

由式(6-49)和式(6-51)可得到 A 和 θ 的一阶常微分方程,分别为

$$\dot{A} = -\frac{1}{m\omega}(c_{eq}\omega A - mB\sin\theta) \tag{6-52}$$

$$\dot{\theta} = -\frac{1}{m\omega A}(k_{eq}A - m\omega^2 A - mB\cos\theta) \tag{6-53}$$

动相平面内的奇点(A_s, θ_s)对应于系统的稳态响应,引入扰动变量,即

$$\xi = A - A_s \qquad (6-54)$$

$$\eta = \theta - \theta_s \qquad (6-55)$$

列出方程在奇点(A_s, θ_s)附近的一次近似式,分别为

$$\dot{\xi} = -\frac{1}{m\omega}\left(\frac{\partial(c_{eq}\omega A)}{\partial A}\bigg|_s \xi - \eta m B\cos\theta_s\right) \qquad (6-56)$$

$$\dot{\eta} = -\frac{1}{m\omega A_s}\left(\frac{\partial(k_{eq}A - m\omega^2 A)}{\partial A}\bigg|_s \xi + \eta m B\sin\theta_s\right) \qquad (6-57)$$

线性扰动方程的本征方程可表示为

$$\begin{vmatrix} \lambda + \dfrac{1}{m\omega}\left(\dfrac{\partial(c_{eq}\omega A)}{\partial A}\bigg|_s\right) & -\dfrac{k_{eq}A_s - m\omega^2 A_s}{m\omega} \\ \dfrac{1}{m\omega A_s}\left(\dfrac{\partial(k_{eq}A - m\omega^2 A)}{\partial A}\bigg|_s\right) & \lambda + \dfrac{c_{eq}}{m} \end{vmatrix} = 4\omega^2(\lambda^2 + a_1\lambda + a_2) = 0 \qquad (6-58)$$

式中:

$$a_1 = \frac{1}{m}\left(\frac{\partial(c_{eq}A)}{\partial A}\bigg|_s\right) + \frac{c_{eq}}{m} \qquad (6-59)$$

$$a_2 = \frac{1}{2m^2\omega^2 A_s}\left(\frac{\partial((c_{eq}\omega A)^2 + (k_{eq}A - m\omega^2 A)^2)}{\partial A}\bigg|_s\right) \qquad (6-60)$$

根据李雅普诺夫一次近似稳定性理论,由于$a_1 > 0$恒成立,系统稳定性由a_2确定。当$a_2 < 0$时,奇点(A_s, θ_s)为鞍点,必不稳定;当$a_2 > 0$时,奇点(A_s, θ_s)为稳定结点或稳定焦点;当$a_2 = 0$时,系统临界稳定。存在不稳定解的充分条件为

$$\frac{\partial((c_{eq}\omega A)^2 + (k_{eq}A - m\omega^2 A)^2)}{\partial A}\bigg|_s < 0 \qquad (6-61)$$

在给定的频率ω下,若存在一个不稳定解,还可能同时存在其他稳定解。在谐响应激励下,初始状态决定了最终会收敛于哪个稳定解。在正弦扫描试验中,扫描至斜率转折点时,频响曲线会出现跳跃现象。

计算频响曲线的目的是与实测曲线进行对照,按照接近准则识别模型参数。对于存在非稳定解的系统,其谐响应在一定的频率范围内存在多个解。为了选取与试验数据相对应的稳定解,首先应根据稳定性判据剔除非稳定解;其次应当以试验测得的响应作为初值进行迭代求解,避免计算得到的响应和试验测得的值对应不同的稳定解。

3) 参数识别

设试验中,激励频率为ω时,响应通道加速度幅值为$E(\omega)$,相角为$\varphi(\omega)$,

二者均可在试验中获得。由式(6-31)可得

$$\ddot{x} = \ddot{e} - \ddot{u} \quad (6-62)$$

则

$$\ddot{x} = E\sin(\omega t + \varphi) - B\sin(\omega t) \quad (6-63)$$

所以由试验得到的相对传递率为

$$\hat{R}(\omega) = \frac{E\sin(\omega t + \varphi)}{B\sin(\omega t)} - 1 \quad (6-64)$$

式(6-45)可变换为待识别参数的线性方程,即

$$\sum_{j=1}^{\sigma_k} k_j^* A^{j-1} + i\omega \sum_{j=1}^{\sigma_c} c_j^* (\omega A)^{j-1} = \frac{m\omega^2}{R(\omega)} + m\omega^2 \quad (6-65)$$

式中:$R(\omega)$和加速度幅值A可由试验数据得到。对式(6-65)的实部和虚部分别采用最小二乘法,则可识别得到k_j^*和c_j^*,进而可由式(6-43)和式(6-44)求得k_j和c_j。

6.2.1.5 建模结果及分析

金属橡胶隔振器的五参数模型可写为

$$m\ddot{x} + c_1\dot{x} + c_3\dot{x}^3 + k_1 x + k_2 x|x| + k_3 x^3 = mB\cos(\omega t) \quad (6-66)$$

等效刚度和等效阻尼可表示为

$$k_{eq} = k_1 + \frac{8}{3\pi}k_2 A + \frac{3}{4}k_3 A^2 \quad (6-67)$$

$$c_{eq} = c_1 + \frac{3}{4}c_3 \omega^2 A^2 \quad (6-68)$$

对4组金属橡胶隔振器试件进行了参数化建模,其中第4组为对装式金属橡胶隔振器,其余3组为纵环式金属橡胶隔振器。采用如式(6-66)所描述的模型对两种形式的隔振器进行建模,将识别结果代入式(6-66)中计算频域响应,并与试验结果对比。参数识别的结果如表6-2所列,试验结果和计算结果对比如图6-12所示。

表6-2 参数识别结果

系数	第一组	第二组	第三组	第四组
k_1	7.84×10^5	9.25×10^5	1.02×10^6	2.13×10^6
k_2	-6.48×10^9	-1.20×10^{10}	-1.44×10^{10}	-1.67×10^{11}
k_3	3.26×10^{13}	8.50×10^{13}	1.11×10^{14}	5.58×10^{15}
c_1	1.16×10^2	1.39×10^2	1.11×10^2	1.61×10^2
c_3	5.06×10^3	2.11×10^4	1.79×10^4	6.85×10^5

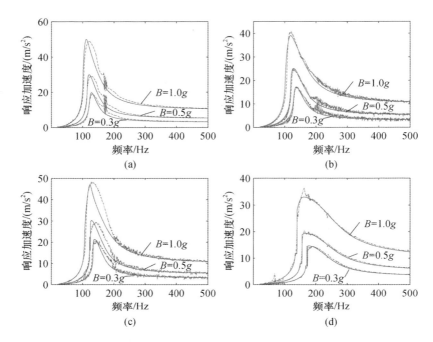

图 6-12 试验结果与计算结果对比（实线表示计算结果；虚线表示试验结果）

(a) 第 1 组；(b) 第 2 组；(c) 第 3 组；(d) 第 4 组。

定义试验结果与计算结果的相关系数为

$$c_{\text{coeff}} = \frac{|d_a^T d_t|}{\sqrt{(d_a^T d_a)(d_t^T d_t)}} \quad (6-69)$$

式中：d_a 为计算数据；d_t 为试验数据。

计算各组数据的相关系数，试验与计算结果如表 6-3 所列。

表 6-3 试验与计算结果相关系数

激励幅值/g	第 1 组	第 2 组	第 3 组	第 4 组
0.3	0.9927	0.9924	0.9917	0.9979
0.5	0.9851	0.9889	0.9791	0.9811
1.0	0.9420	0.9609	0.9410	0.9612

由表可见，在不同幅值激励下，计算结果与试验结果均匹配良好，相关系数在 94% 以上。因此，可以认为在测试频段和幅值范围内，五参数模型可以较好地描述金属橡胶隔振器的动力学特性。

同时,由 4 组试件参数对比可见,两种形式的隔振器的力学特性有明显差别,对装式隔振器非线性刚度更强,非线性阻尼也远高于纵环式隔振器,在大量级激励下耗能效果更佳。

以上分析表明,采用如式(6-66)所示的模型对两种形式的隔振器进行建模,均可使计算结果和试验结果匹配良好,更高阶的系数对识别结果的改进有限。因此,采用式(6-66)所示的五参数模型作为金属橡胶隔振器的动力学模型。

6.2.1.6 金属橡胶隔振器频域响应的幅值依赖性

由计算和试验得到的频响曲线可见,在不同的激励量级下,金属橡胶隔振器的传递率出现明显差别,峰值频率随激励幅值的变化而漂移,金属橡胶隔振器的频域响应表现出明显不同于线性隔振器的特征。

在式(6-36)中,令阻尼力和外激励为 0,可得到无外激励时该系统的自由振动频率随振幅变化的曲线,即骨架线,有

$$\sum_{j=1}^{\sigma_k} k_j^* A^{j-1} - m\omega_n^2 = 0 \qquad (6-70)$$

式中:ω_n 为自振频率,可表示为

$$\omega_n = \sqrt{\frac{1}{m}\sum_{j=1}^{\sigma_k} k_j^* A^{j-1}} \qquad (6-71)$$

将式(6-70)代入式(6-45),得到传递率峰值为

$$|R(\omega_n)| = \frac{m\omega_n}{c_1 + \sum_{j=2}^{\sigma_c} c_j^* (\omega_n A)^{j-1}} \qquad (6-72)$$

将金属橡胶隔振器五参数模型的无量纲参数代入式(6-72),可得

$$|R(\omega_n)| = \frac{1}{2\xi_1 + 2\xi_3 (\omega_n A)^2} \qquad (6-73)$$

式中:

$$\xi_1 = c/2\omega_n m \qquad (6-74)$$

$$\xi_3 = c_3/2\omega_n m \qquad (6-75)$$

当隔振器为线性时,骨架线即为垂直于频率轴的一条直线,传递率峰值频率不随响应幅值变化。当隔振器为非线性时,自振频率为响应幅值的函数,间接与激励幅值相关。当激励幅值发生变化时,自振频率发生漂移。若隔振器刚度为硬特性,则自振频率随幅值增大而上升;反之,自振频率随幅值增大而下

降。受隔振器阻尼非线性的影响,传递率峰值$|R(\omega_n)|$依赖于响应幅值。对于金属橡胶隔振器,振幅越大,传递率峰值越低。

将五参数金属橡胶模型代入式(6-70),并对振幅求导数可得

$$\frac{8}{3\pi}k_2 + \frac{3}{2}k_3 A = 2m\omega_n \frac{\partial \omega_n}{\partial A} \tag{6-76}$$

由于金属橡胶隔振器 k_2 为负,k_3 为正。因此,随响应幅值的升高,$\frac{\partial \omega_n}{\partial A}$ 先为负,后为正,即隔振频率先减小后增大。当隔振频率取极小值时,即

$$\frac{\partial \omega_n}{\partial A} = 0 \tag{6-77}$$

将式(6-77)代入式(6-76),可得

$$A = -\frac{16 k_2}{9\pi k_3} \tag{6-78}$$

将式(6-78)代入式(6-71),可得频率极小值为

$$\omega_n = \sqrt{\frac{1}{m}\left(k_1 - \frac{64}{27\pi^2}\frac{k_2^2}{k_3}\right)} \tag{6-79}$$

根据识别得到的参数,绘制试验中4组金属橡胶隔振器的骨架线,如图6-13所示。由图可见,金属橡胶隔振器的隔振频率随振幅的变化发生漂移,动刚度随振幅升高呈现先减小后增大的趋势,隔振频率先向低频漂移,再向高频漂移。

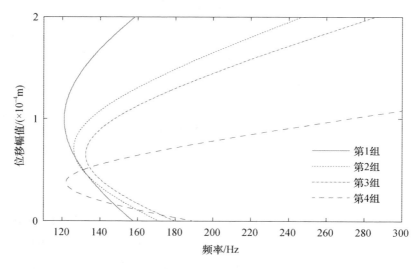

图6-13 金属橡胶隔振器骨架线

6.2.2 隔振装置设计实例与验证

6.2.2.1 全金属阻尼 CMG 隔振方案

全金属阻尼 CMG 隔振方案如图 6-14 所示，共使用 4 个隔振组件（包括两个前部隔振组件和两个后部隔振组件）与 CMG 安装。根据 CMG 广泛采用的安装角度，确认 CMG 与隔振器安装后的水平倾角为 55°，以在适应广泛采用的安装角度的同时，最大限度地降低转接板的重量。

图 6-14　斜装隔振器与 CMG 安装示意图

斜装隔振器主要隔振元件如图 6-15 所示，其中弹簧主要保证刚度，金属橡胶隔振垫提供阻尼与高刚度，同时起限位作用。

图 6-15　斜装隔振器主要隔振元件

6.2.2.2 弹簧参数设计准则

弹簧参数由隔振器的隔振频率决定。将隔振器的隔振频率作为设计目标，进行优化设计，最终确定弹簧 6 个方向上的刚度，然后根据刚度与弹簧结构尺寸之间的关系，确定弹簧的尺寸。

在弹簧刚度设计时，还需要考虑在轨工作状态限位缓冲装置会提供部分附加刚度。

6.2.2.3 模态计算方法

在有限元模型中,CMG 用位于其质心上的质量单元 MASS21 代替,并与隔振器上的安装面刚性连接,隔振器的底面固定。在这里仅计算弹簧本身提供的刚度,以为弹簧设计提供依据。当安装金属橡胶限位缓冲装置后,隔振器的频率将会提高。在计算中,对部分零件进行了简化以便于计算,最终用于有限元计算的模型如图 6 – 16 所示。

图 6 – 16 简化计算模型

前 7 阶频率的计算结果如表 6 – 4 所列,第 1 阶至第 3 阶振型如图 6 – 17 所示,第 4 阶至第 6 阶振型如图 6 – 18 所示。根据 CMG 隔振器研制经验,限位缓冲装置中的软金属橡胶元件在此模态频率区间内,可以将前 6 阶实测隔振频率调整到 30Hz 以上。

表 6 – 4 模态频率计算结果

模态阶次	计算结果/Hz
第 1 阶	10.89
第 2 阶	12.764
第 3 阶	19.324
第 4 阶	26.063
第 5 阶	36.054
第 6 阶	37.67
第 7 阶	537.63

第 6 章　微振动源非线性隔振设计

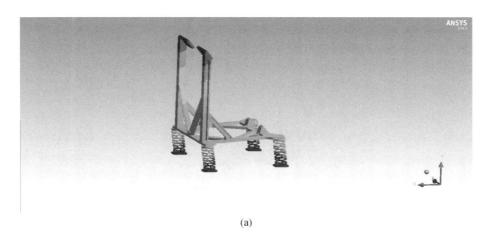

(a)

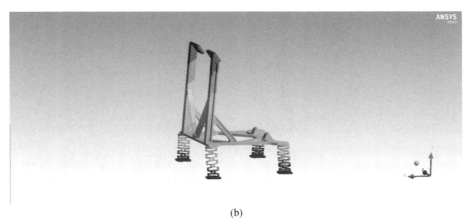

(b)

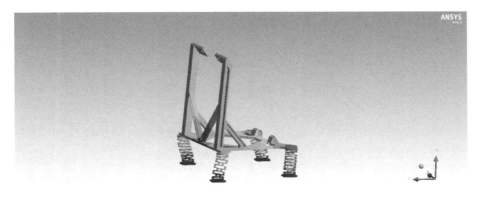

(c)

图 6-17　第 1 阶至第 3 阶振型
(a)第 1 阶;(b)第 2 阶;(c)第 3 阶。

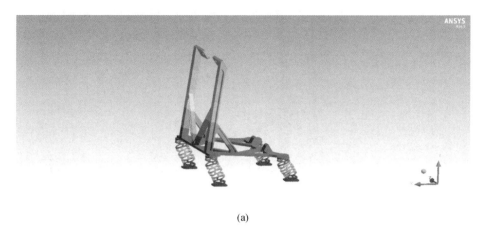

(a)

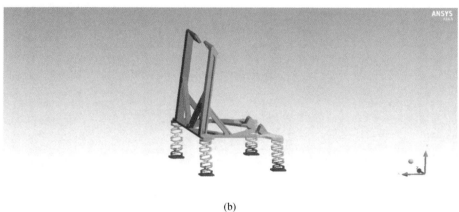

(b)

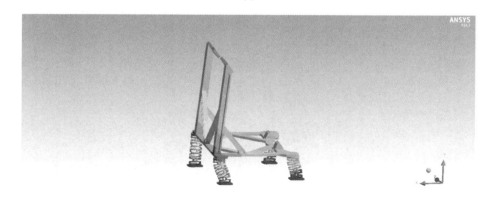

(c)

图 6-18　第 4 阶至第 6 阶振型（见彩图）

(a)第 4 阶；(b)第 5 阶；(c)第 6 阶。

6.2.2.4 发射段频响计算方法

采用大质量法在隔振器底部施加单位加速度载荷,计算加速度响应曲线,并按照 CMG 隔振装置在发射段的性能要求进行校核。由于在发射段高刚度高阻尼的金属橡胶起作用,刚度值较大,阻尼值比较大,阻尼比约为 0.15。在 Patran 中,对隔振器 Bush 单元简化模型的隔振器底部施加单位加速度载荷,可计算出隔振系统 CMG 质心处三个方向的加速度响应,计算模型如图 6-19 所示。

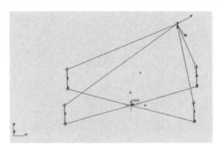

图 6-19 频响计算模型

频响计算结果如图 6-20 和图 6-21 所示,图 6-20 表示 CMG 质心处三向加速度响应曲线,图 6-21 表示加速度传递率曲线。由图可知,当振动扫频频率范围在 10~100Hz 内振动加速度放大倍数不大于 4,100Hz 以上加速度放大倍数不大于 1.5,隔振器性能符合发射段的使用需求。

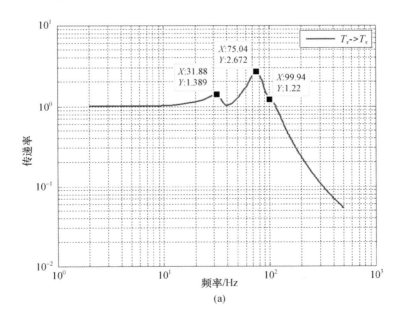

(a)

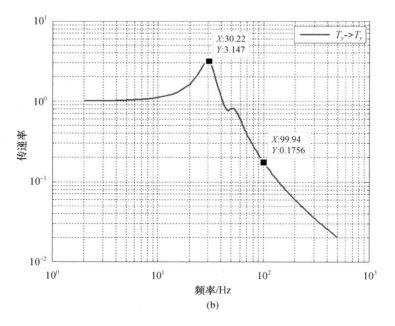

(b)

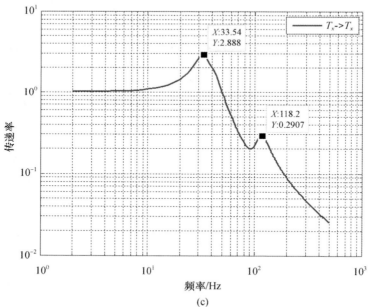

(c)

图 6-20 x、y、z 方向的加速度响应曲线

(a)x 向;(b)y 向;(c)z 向。

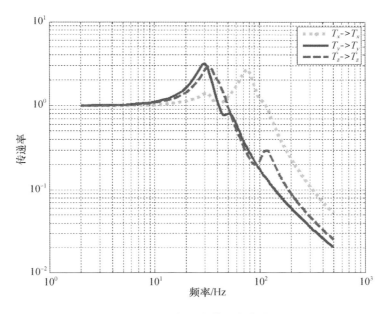

图 6-21 加速度传递率曲线

6.2.2.5 强度校核计算方法

全金属阻尼 CMG 隔振装置完成鉴定级试验的最大加速度输入 $12g$。在计算的过程中，CMG 质心处施加 X、Y、Z 3 个方向的静力载荷，各方向载荷分量的大小取为 $18g$（环境试验最大加速度值 $12g \times 1.5 = 18g$）。隔振装置使用的材料的力学参数如表 6-5 所列。

表 6-5 使用材料力学参数

参数	TC4	2A12
密度/(kg/m³)	4.4×10^3	2.78×10^3
弹性模量/MPa	1.1×10^5	7×10^4
屈服强度/MPa	≥1012	≥425

隔振器的强度计算模型如图 6-22 所示，约束 3 个底座的底面，集中载荷一部分作用于弹簧，并传递到底座；另一部分作用于金属橡胶元件。

有限元计算得到的各部分应力云图如图 6-23 ~ 图 6-27 所示，由应力云图可知钛合金的局部最大应力发生在弹簧内，最大应力为 202MPa，安全裕度为 5。铝合金材料的局部最大应力发生在外壳上，最大应力为 304MPa，安全裕度为 1.2。考虑到已经将载荷提高 1.5 倍进行计算，故隔振器满足强度要求。

图6-22 与集中载荷关联的作用面(图中红色区域)(见彩图)

图6-23 弹簧的应力云图

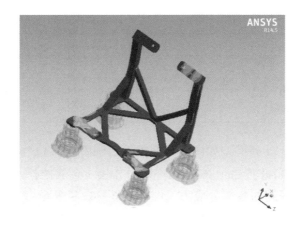

图6-24 支架的应力云图(见彩图)

第 6 章 微振动源非线性隔振设计

图 6-25 外壳的应力云图（见彩图）

图 6-26 套筒的应力云图（见彩图）

图 6-27 底板的应力云图（见彩图）

6.2.2.6 在轨段性能验证方法

在轨段力学性能验证的依据为在 50~500Hz 范围内,由隔振装置引起的插入损失不低于 80%;在 66Hz、158Hz 处的插入损失不低于 90%。单机插入损失计算过程中,隔振装置底部采用大质量法计算传递率。

计算插入损失时采用与隔振装置质量相当的支架连接 CMG 与星体结构,支架两端接口与隔振装置一致。在 CMG 质心处施加单位载荷计算隔振前后星体连接点处响应的传递率曲线,计算模型如图 6-28 所示,传递率曲线如图 6-29~图 6-34 所示。

图 6-28 计算模型

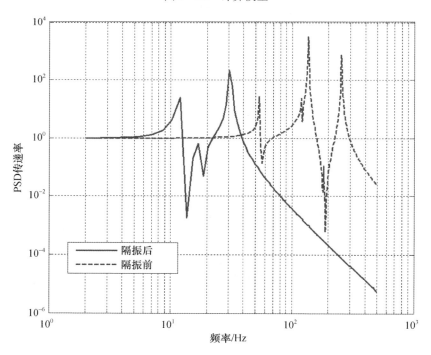

图 6-29 X 向平动传递率曲线

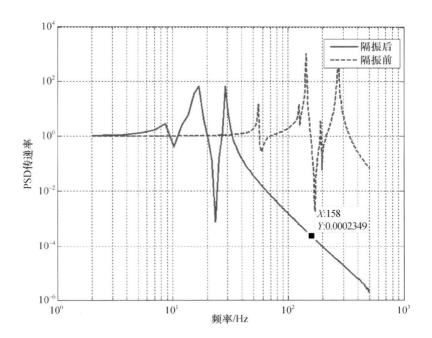

图 6-30　Y 向平动传递率曲线

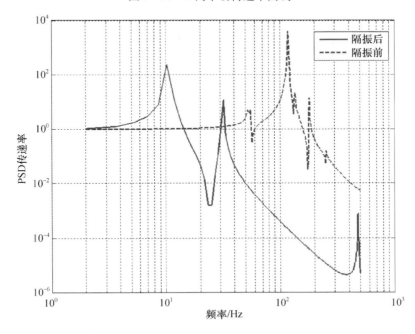

图 6-31　Z 向平动传递率曲线

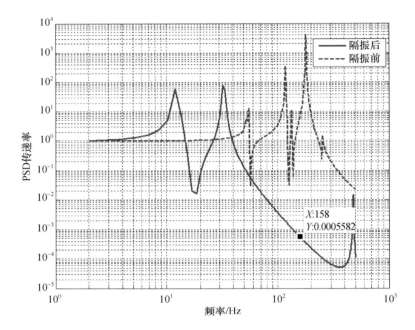

图 6-32　X 向转动传递率曲线

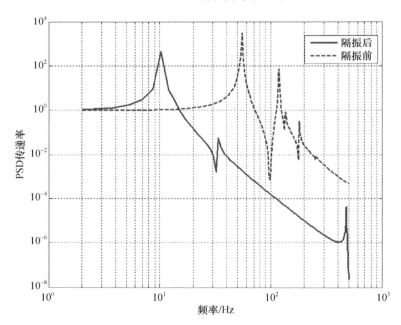

图 6-33　Y 向转动传递率曲线

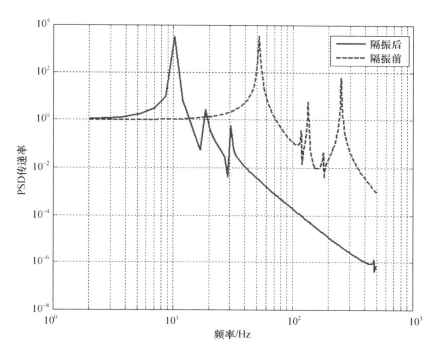

图 6-34 Z 向转动传递率曲线

根据插入损失定义,可得

$$插入损失 = 1 - \frac{有隔振时隔振装置与星体结构连接界面的加速度}{无隔振时替代结构与星体结构连接界面的加速度}$$

计算 66Hz 处和 158Hz 处插入损失,所得结果如表 6-6 所列。

表 6-6 CMG 隔振器在 66Hz 处和 158Hz 处插入损失

通道	66Hz			158Hz		
	隔振前	隔振后	插损/%	隔振前	隔振后	插损/%
T_x	0.94	0.02	97.9	1.18	0.0005	99.96
T_y	0.85	0.009	98.9	0.68	0.0002	99.97
T_z	1.6	0.002	99.9	1.037	0.00006	99.99
R_x	0.98	0.02	98	5.99	0.0005	99.9
R_y	2.56	0.0008	99.9	0.07	0.00002	99.9
R_z	2.14	0.001	99.9	0.01	0.00003	99.7

6.2.2.7 隔振效果验证试验

为了验证隔振装置的实际隔振效果,针对隔振装置进行隔振性能试验。为了模拟在轨状态,设计了一套重力卸载装置,在试验中消除 CMG 重力对隔振装置的影响,试验装置如图 6-35 所示。通过测量 CMG 在稳速工作模式,无隔振状态、隔振无卸载状态、隔振重力卸载状态下的六分量扰振力/力矩数据,验证隔振效果。

图 6-35 CMG 隔振装置重力卸载隔振性能测试

(1) 3 种安装状态下分别测得 CMG 各低速框架角对应的扰振力/力矩在 0~400Hz 内的均方根,然后分别取平均值。求出隔振无卸载状态、隔振重力卸载状态相对于无隔振状态下的 PSD 插入损失,作为评判斜装隔振器隔振效果的标准,所得结果如表 6-7 所列。

表 6-7 扰振力 0~400Hz 均方根平均值对比

工况	Fx/N	Fy/N	Fz/N	Mx/(N·m)	My/(N·m)	Mz/(N·m)
工况 1:无隔振状态	10.011	227.731	193.528	38.966	8.246	5.824
工况 2:隔振无卸载状态	0.962	64.660	48.574	4.684	1.220	1.144
工况 3:隔振重力卸载状态	1.021	55.630	51.783	4.948	1.238	1.200
工况 2/工况 1/%	9.61	28.39	25.10	12.02	14.80	19.64
工况 3/工况 1/%	10.20	24.43	26.76	12.70	15.01	20.60
卸载前后变化量/%	0.59	-3.97	1.66	0.68	0.22	0.96
工况 2/工况 1 的 PSD 插入损失/%	99.08	91.94	93.70	98.56	97.81	96.14
工况 3/工况 1 的 PSD 插入损失/%	98.96	94.03	92.84	98.39	97.75	95.75

第 6 章　微振动源非线性隔振设计

（2）3 种安装状态下分别测得 CMG 各低速框架角对应的扰振力/力矩在 158Hz 处的幅值，然后分别计算平均值。求出斜装隔振无卸载状态、斜装隔振重力卸载状态相对于无隔振状态下的 PSD 插入损失，作为评判斜装隔振器隔振效果的标准，如表 6 – 8 所列。

表 6 – 8　扰振力 158Hz 幅值对比

工况	Fx/N	Fy/N	Fz/N	$Mx/(N·m)$	$My/(N·m)$	$Mz/(N·m)$
工况 1：无隔振状态	3.51	125.222	119.832	14.951	5.01	2.491
工况 2：隔振无卸载状态	0.335	41.584	32.071	2.897	0.767	0.751
工况 3：隔振重力卸载状态	0.312	35.244	33.213	2.897	0.716	0.77
工况 2/工况 1/%	9.54	33.21	26.76	19.38	15.31	30.15
工况 3/工况 1/%	8.89	28.15	27.72	19.38	14.29	30.91
卸载前后变化量/%	– 0.66	– 5.06	0.95	0.00	– 1.02	0.76
工况 2/工况 1 的 PSD 插入损失/%	99.09	88.97	92.84	96.25	97.66	90.91
工况 3/工况 1 的 PSD 插入损失/%	99.21	92.08	92.32	96.25	97.96	90.44

试验结果表明，全金属阻尼 CMG 隔振器在无卸载状态和重力卸载状态下，六分量扰振力/力矩在 0～400Hz 内均方根的 PSD 插入损失均可达 90% 以上。

除无卸载状态下扰振力 Fy 方向 158Hz 幅值的 PSD 插入损失为 88.97% 外，其他无卸载状态和重力卸载状态下，扰振力六分量 158Hz 幅值的 PSD 插入损失均可达 90% 以上。因此，全金属阻尼 CMG 隔振器具备良好的隔振性能。

第 7 章
有效载荷涡流阻尼隔振设计

7.1 含有效载荷隔振器的整星动力学建模

7.1.1 相机隔振简化模型

为了分析安装相机隔振装置前后卫星动力学特性的变化,采用简化模型进行研究,如图 7-1 所示。该模型中,将卫星姿态的转动等效为质点的平动,相应地将惯量和力矩分别等效为质量和力。在图 7-1(a) 所示隔振前模型中,m_0 为整星质量,x_0 为整星位移,u 为控制力,d 为扰振力。在图 7-1(b) 所示隔振后模型中,卫星本体与相机之间增加了刚度系数为 k、阻尼系数为 c 的隔振装置。其中刚度系数、阻尼系数满足

$$k>0, c>0 \tag{7-1}$$

图 7-1(b) 中,m_1、m_2 分别为卫星本体及相机的质量,满足

$$m_0 = m_1 + m_2 \tag{7-2}$$

图 7-1(b) 中,x_1、x_2 分别为卫星本体、相机的位移,控制力 u、扰振力 d 均作用在卫星本体上。

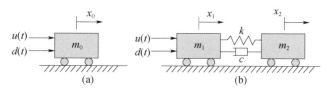

图 7-1 简化模型
(a)隔振前;(b)隔振后。

隔振前模型的动力学方程为

$$m_0 \ddot{x}_0 = u(t) + d(t) \tag{7-3}$$

隔振后模型的动力学方程为

$$\begin{bmatrix} m_1 & 0 \\ 0 & m_2 \end{bmatrix} \begin{bmatrix} \ddot{x}_1 \\ \ddot{x}_2 \end{bmatrix} + \begin{bmatrix} c & -c \\ -c & c \end{bmatrix} \begin{bmatrix} \dot{x}_1 \\ \dot{x}_2 \end{bmatrix} + \begin{bmatrix} k & -k \\ -k & k \end{bmatrix} \begin{bmatrix} x_1 \\ x_2 \end{bmatrix} = \begin{bmatrix} u+d \\ 0 \end{bmatrix} \tag{7-4}$$

将阻尼项、外载荷向量略去,求解广义特征值问题,得到分别表征隔振后系统刚体模态与弹性振动模态的特征值与特征向量,分别为

$$\lambda_1 = 0, \boldsymbol{\varphi}_1 = \begin{bmatrix} \dfrac{1}{\sqrt{m_0}} & \dfrac{1}{\sqrt{m_0}} \end{bmatrix}^{\mathrm{T}} \tag{7-5}$$

$$\lambda_2 = \dfrac{km_0}{m_1 m_2}, \boldsymbol{\varphi}_2 = \begin{bmatrix} \sqrt{\dfrac{m_2}{m_0 m_1}} & -\sqrt{\dfrac{m_1}{m_0 m_2}} \end{bmatrix}^{\mathrm{T}} \tag{7-6}$$

定义振型矩阵,可表示为

$$\boldsymbol{\Phi} = \begin{bmatrix} \boldsymbol{\varphi}_1 & \boldsymbol{\varphi}_2 \end{bmatrix} \tag{7-7}$$

并利用其定义物理坐标与模态坐标之间的坐标变换,可表示为

$$\begin{bmatrix} x_1 \\ x_2 \end{bmatrix} = \boldsymbol{\Phi} \begin{bmatrix} q_1 \\ q_2 \end{bmatrix} \tag{7-8}$$

式中:q_1、q_2 分别为刚体模态、弹性振动模态的模态坐标。

将式(7-4)变换至模态坐标下,有

$$\begin{bmatrix} \ddot{q}_1 \\ \ddot{q}_2 \end{bmatrix} + \begin{bmatrix} 0 & 0 \\ 0 & 2\zeta_s \omega_s \end{bmatrix} \begin{bmatrix} \dot{q}_1 \\ \dot{q}_2 \end{bmatrix} + \begin{bmatrix} 0 & 0 \\ 0 & \omega_s^2 \end{bmatrix} \begin{bmatrix} q_1 \\ q_2 \end{bmatrix} = \boldsymbol{\Phi}^{\mathrm{T}} \begin{bmatrix} u+d \\ 0 \end{bmatrix} \tag{7-9}$$

式中:下标"s"代表结构;ω_s 为固有频率;ζ_s 为阻尼比,可表示为

$$\zeta_s = \dfrac{c}{2} \sqrt{\dfrac{m_0}{km_1 m_2}} \tag{7-10}$$

7.1.2　相机隔振效果评价

在飞轮隔振装置中,隔振效果采用扰振载荷传递率来评价。而相机隔振具有一些不同的特点:①相对于飞轮而言,空间相机质量较大,卫星本体并不能简化为固定的安装基础来处理;②对相机而言,较为关心的物理量是位移,而非作用在其上的扰振载荷。为此,这里采用隔振前后在相同扰振载荷作用下相机位移的关系来评价隔振效果。

对隔振前的动力学方程进行拉普拉斯变换,得到扰振力 d 至位移 x_0 的传递函数,可表示为

$$\frac{x_0(s)}{d(s)} = \frac{1}{m_0 s^2} \quad (7-11)$$

对隔振后的动力学方程进行拉普拉斯变换,可以得到隔振后扰振力 d 至相机位移 x_2 的传递函数,可表示为

$$\frac{x_2(s)}{d(s)} = \frac{2\zeta_s \omega_s s + \omega_s^2}{m_0 s^2 (s^2 + 2\zeta_s \omega_s s + \omega_s^2)} \quad (7-12)$$

用式(7-12)除以式(7-11),可以得到隔振前后在相同的扰振力 d 作用下相机位移的关系,即

$$\frac{x_2(s)}{x_0(s)} = \frac{2\zeta_s \omega_s s + \omega_s^2}{s^2 + 2\zeta_s \omega_s s + \omega_s^2} \quad (7-13)$$

注意到式(7-13)与单自由度隔振装置的扰振载荷传递函数具有完全相同的形式,故单自由度隔振装置传递率曲线对于相机隔振模型同样适用。需要注意的是,由于同时考虑了相机与卫星质量,相机隔振装置固有频率及阻尼比定义式与单自由度隔振装置有所不同。

7.2 涡流阻尼器的理论模型

7.2.1 涡流阻尼机理

近年来,关于电磁耦合作用在动力装置振动问题中的应用得到了广泛、深入的研究。利用电磁阻尼进行减速齿轮的制动、抑制转子横向振动以及柔性结构的振动控制等研究,已取得显著的成果。通过文献调研可以看出,与传统的减振器或制动器相比,电磁阻尼器由于其自身的多种优势,有着很高的研究价值和广泛的应用领域。

根据电磁学理论,当通过闭合导体回路所限定的面积的磁通量发生变化时,回路中会出现感应电流,即法拉第电磁感应定律。感应电流在导体回路中产生自己的磁场,由楞次定律可知此磁场的方向总是阻碍引起感应电动势的磁通量的变化。

导体在磁场中运动分析实例如图7-2所示,当上面的金属环向下运动时,穿过金属环的磁通量增加,此时感生电流为逆时针方向,由感应电流诱导的磁

场方向向上,即与所施加的磁场方向相反。根据同极相斥的规律,金属环受到向上的力,阻碍金属环的向下运动。通过同样的分析方法可得出无论金属环靠近还是远离中心的磁场源,总会受到阻碍其运动的力。对于导体片或导体管,可看做无数个闭合回路,当其在磁场中连续运动时,会受到磁场对其持续的阻力作用,此阻力与导体的相对运动速度成正比,使得整个系统起到了阻尼器作用。

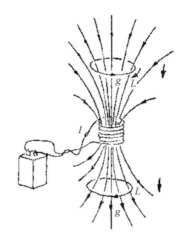

图7-2　导体在磁场中运动分析实例

当金属处于变化的磁场中或相对于磁场运动时,在它们的内部会产生感应电流。这种感应电流的流线一般呈闭合的旋涡状,因而称为涡电流,简称为涡流。

对于大块的金属,由于其电阻很小,涡流可达到非常大的强度。强大的涡流在金属内流动时,会释放出大量的热量。工业上利用这种热效应,制成高频感应电炉来冶炼金属。涡流除了热效应外,它所产生的机械效应在实际中也有很广泛的应用,可用作电磁阻尼和电磁驱动。

有关涡流阻尼器的研究已经有几十年的历史,利用涡流阻尼现象作为减振措施得到了多个领域的应用,主要有以下优势。

(1) 结构简单。与传统的黏性阻尼器相比,涡流阻尼器无需黏性阻尼器中的密封结构,本质上主要由导体与永磁体构成,组成结构上没有传统阻尼器复杂。

(2) 可靠性高。由于阻力产生于非接触的相对运动,各构件间无表面磨损,同时也将结构疲劳的影响降到最低。涡流阻尼器由于对工作条件,如温度、湿度的变化不敏感,即环境依赖性低,因此可长期工作在环境不稳定的条件下。

（3）灵敏度高。基于电磁学理论的涡流阻尼器有着较高的分辨率。因为其用于减振的阻尼来自导体与磁场的相对运动,对于低幅振动情况也可引起有效的阻尼效果,而对于传统减振器会因自身的惯性使其无法感知低幅振动,体现不出减振效果。

（4）可用于极端条件下的隔振。传统阻尼器已无法解决微尺度结构、极端温度环境以及高精度仪器的隔振问题,涡流阻尼器凭借其独特的工作原理,在此类问题中有着广泛的应用前景。

7.2.2 阻尼器结构

涡流阻尼器内部结构如图 7-3 所示,金属导体放在永磁体形成的磁场中,并可往复运动。永磁体均固定在外部基座上。导体与被隔振物体刚性连接,当被隔振物体与基座之间有相对运动时,铜导体内产生涡电流,涡流与磁场的作用产生阻碍铜盘运动的力,形成阻尼。

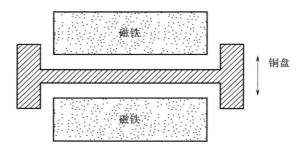

图 7-3 阻尼器内部结构

7.2.3 磁场的计算

试验中使用永磁体产生磁场,然而对于由永磁体产生的空间磁场的计算相对复杂,因此有必要提出简单适用的永磁体等效模型,为后续的阻尼分析提供理论基础。

沿轴向磁化的圆柱形磁体产生的空间磁场分布,可用其外表面的束缚电流经行等效处理,如图 7-4 所示。

载流线圈在空间中任一点处产生的磁场可由毕奥-萨伐尔定律沿环路积分得出,即

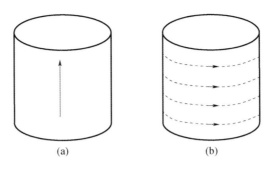

图 7-4 永磁体的电流等效

$$\boldsymbol{B} = \oint_l \frac{\mu_0}{4\pi} \frac{I\mathrm{d}\boldsymbol{l} \times \boldsymbol{e}_r}{r^2} \tag{7-14}$$

式中:$\boldsymbol{B}$ 为磁感应强度矢量;μ_0 为真空磁导率,$\mu_0 = 4\pi \times 10^{-7}\mathrm{N/A}^2$;$I\mathrm{d}\boldsymbol{l}$ 为电流元矢量;$\boldsymbol{r}$ 为电流元指向空间某点的径矢,大小为 r,方向为 $\boldsymbol{e}_r$。

以载流线圈圆心为坐标原点建立空间直角坐标系,如图 7-5 所示。载流线圈半径为 a,空间某点 P 在柱坐标系下坐标分量为 (r_P, θ_P, z_P),电流元 $I\mathrm{d}\boldsymbol{l}$ 在柱坐标系下坐标分量为 $(a, \theta, 0)$。

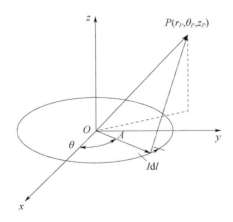

图 7-5 载流线圈模型

在空间笛卡儿坐标系下,有

$$\mathrm{d}\boldsymbol{l} = \begin{bmatrix} -a\mathrm{d}\theta\sin\theta & a\mathrm{d}\theta\cos\theta & 0 \end{bmatrix} \begin{bmatrix} \boldsymbol{i} \\ \boldsymbol{j} \\ \boldsymbol{k} \end{bmatrix} \tag{7-15}$$

$$r = \overrightarrow{AP} = \overrightarrow{OP} - \overrightarrow{OA} = [r_P\cos\theta_P - a\cos\theta \quad r_P\sin\theta_P - a\sin\theta \quad z_P]\begin{bmatrix}i\\j\\k\end{bmatrix} \quad (7-16)$$

将式(7-15)、式(7-16)分别代入(7-59),积分可得载流线圈在 P 点产生的磁感应强度为

$$B = \oint_l \frac{\mu_0}{4\pi}\frac{Id\boldsymbol{l}\times\boldsymbol{r}}{r^3} = B_x\boldsymbol{i} + B_y\boldsymbol{j} + B_z\boldsymbol{k} \quad (7-17)$$

式中:磁感应强度沿 3 个坐标轴的分量分别为

$$\begin{cases} B_x = \dfrac{\mu_0 I}{4\pi}\displaystyle\int_0^{2\pi}\dfrac{az_P\cos\theta}{[r_P^2 + a^2 - 2r_Pa\cos(\theta_P - \theta) + z_P^2]^{\frac{3}{2}}}d\theta \\[2mm] B_y = \dfrac{\mu_0 I}{4\pi}\displaystyle\int_0^{2\pi}\dfrac{az_P\sin\theta}{[r_P^2 + a^2 - 2r_Pa\cos(\theta_P - \theta) + z_P^2]^{\frac{3}{2}}}d\theta \\[2mm] B_z = \dfrac{\mu_0 I}{4\pi}\displaystyle\int_0^{2\pi}\dfrac{a[a - r_P\cos(\theta_P - \theta)]}{[r_P^2 + a^2 - 2r_Pa\cos(\theta_P - \theta) + z_P^2]^{\frac{3}{2}}}d\theta \end{cases} \quad (7-18)$$

将 P 点处的磁感应强度 B 表示为柱坐标系中各分量的形式,可得

$$B = [B_x \quad B_y \quad B_z]A(P)^{\mathrm{T}}\begin{bmatrix}e_r\\e_\theta\\e_z\end{bmatrix} \quad (7-19)$$

$$\begin{bmatrix}e_r\\e_\theta\\e_z\end{bmatrix}_P = \begin{bmatrix}\cos\theta & \sin\theta & 0\\-\sin\theta & \cos\theta & 0\\0 & 0 & 1\end{bmatrix}\begin{bmatrix}i\\j\\k\end{bmatrix}_P = A(P)\begin{bmatrix}i\\j\\k\end{bmatrix} \quad (7-20)$$

式中:$A(P)$ 为 P 点处空间笛卡儿坐标系基向量变为柱坐标系基向量的变换矩阵。

将 $A(P)$ 代入式(7-19),可得

$$\begin{cases} B_r = \dfrac{\mu_0 I}{4\pi}\displaystyle\int_0^{2\pi}\dfrac{az_P\cos(\theta_P - \theta)}{[r_P^2 + a^2 - 2r_Pa\cos(\theta_P - \theta) + z_P^2]^{\frac{3}{2}}}d\theta \\[2mm] B_z = \dfrac{\mu_0 I}{4\pi}\displaystyle\int_0^{2\pi}\dfrac{a[a - r_P\cos(\theta_P - \theta)]}{[r_P^2 + a^2 - 2r_Pa\cos(\theta_P - \theta) + z_P^2]^{\frac{3}{2}}}d\theta \\[2mm] B_\theta = 0 \end{cases} \quad (7-21)$$

由于磁感应强度分布关于 z 轴对称,即空间任一点 P 处的磁感应强度只与

径向坐标 r_P、轴向坐标 z_P 有关，与 θ_P 无关，故在计算磁感应强度的径向分量 B_r 和轴向分量 B_z 时，可任取一个 θ_P 值。为计算方便，不妨设 $\theta_P = 0°$，并对式(7 - 21)做归一化处理，使得

$$\lambda_P = \frac{r_P}{a} \quad \eta_P = \frac{z_P}{a} \tag{7-22}$$

则各分量可表示为

$$\begin{cases} B_r = \dfrac{\mu_0 I}{4\pi a} \displaystyle\int_0^{2\pi} \dfrac{\eta_P \cos\theta}{(\lambda_P^2 + \eta_P^2 + 1 - 2\lambda_P \cos\theta)^{\frac{3}{2}}} \mathrm{d}\theta \\ B_z = \dfrac{\mu_0 I}{4\pi a} \displaystyle\int_0^{2\pi} \dfrac{1 - \lambda_P \cos\theta}{(\lambda_P^2 + \eta_P^2 + 1 - 2\lambda_P \cos\theta)^{\frac{3}{2}}} \mathrm{d}\theta \end{cases} \tag{7-23}$$

以上积分式不能以初等函数的形式表示出来，可分解为椭圆积分的形式，即

$$\begin{cases} B_r = \dfrac{\mu_0 I \eta_P}{4\pi a \lambda_P n} \left[-2K(k) + \dfrac{2 - k^2}{1 - k^2} E(k) \right] \\ B_z = \dfrac{\mu_0 I}{4\pi a \lambda_P n} \left[2\lambda_P K(k) + \dfrac{(1 + \lambda_P) k^2 - 2\lambda_P}{1 - k^2} E(k) \right] \end{cases} \tag{7-24}$$

式中：$K(k)$、$E(k)$ 分别为第一、第二类完全椭圆积分。

$$\begin{cases} n = \sqrt{(\lambda_P + 1)^2 + \eta_P^2} \\ k = \dfrac{2}{n} \sqrt{\lambda_P} < 1 \\ K(k) = \displaystyle\int_0^{\frac{\pi}{2}} \dfrac{\mathrm{d}\psi}{\sqrt{1 - k^2 \sin^2\psi}} \\ E(k) = \displaystyle\int_0^{\frac{\pi}{2}} \sqrt{1 - k^2 \sin^2\psi} \, \mathrm{d}\psi \end{cases} \tag{7-25}$$

假设试验过程中所用的圆柱体永磁铁沿其轴向均匀磁化，即磁化强度为 $\boldsymbol{M} = M\boldsymbol{e}_z$，则圆柱表面处的面束缚电流密度为

$$\boldsymbol{j}' = \boldsymbol{M} \times \boldsymbol{e}_r = M\boldsymbol{e}_\theta \tag{7-26}$$

圆柱体永磁铁如图 7 - 6 所示，在轴向坐标 z 处，高度为 $\mathrm{d}z$ 的微元圆柱面（阴影部分）中的等效电流为

$$\mathrm{d}I = \boldsymbol{j}' \mathrm{d}z = M\mathrm{d}z \tag{7-27}$$

将式(7 - 27)代入式(7 - 21)，并沿磁铁的高度积分，可求得磁铁产生磁场的空间分布，即

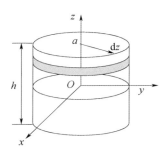

图 7-6 圆柱体永磁铁

$$\begin{cases} B_r = \dfrac{\mu_0 M}{4\pi} \int_{-h/2}^{h/2} \int_0^{2\pi} \dfrac{a(z_P - z)\cos\theta}{[r_P^2 + a^2 - 2r_P a\cos\theta + (z_P - z)^2]^{\frac{3}{2}}} \mathrm{d}\theta \mathrm{d}z \\ B_z = \dfrac{\mu_0 M}{4\pi} \int_{-h/2}^{h/2} \int_0^{2\pi} \dfrac{a[a - r_P \cos\theta]}{[r_P^2 + a^2 - 2r_P a\cos\theta + (z_P - z)^2]^{\frac{3}{2}}} \mathrm{d}\theta \mathrm{d}z \end{cases} \quad (7-28)$$

两块同极相对放置,间距为 δ 的磁铁在空间任意点处的磁感应强度可通过叠加原理求出,即

$$\boldsymbol{B}(r_P, z_P) = \boldsymbol{B}_{\mathrm{down}}(r_P, z_P) + \boldsymbol{B}_{\mathrm{up}}(r_P, z_P) \quad (7-29)$$

7.2.4 阻尼力的计算

由于导体块切割磁感线而在其内部诱导出的涡流密度可表示为

$$\boldsymbol{J} = \boldsymbol{\sigma}(\boldsymbol{v} \times \boldsymbol{B}) \quad (7-30)$$

式中:σ 为导体的电导率;v 为运动速度;$v \times B$ 为动生电动势。v 和 B 可分别表示为

$$\begin{cases} \boldsymbol{v} = v\boldsymbol{e}_z \\ \boldsymbol{B} = B_r \boldsymbol{e}_r + B_z \boldsymbol{e}_z \end{cases} \quad (7-31)$$

这里假定导体块只沿 z 轴方向运动。将式(7-31)代入式(7-30),可得

$$\boldsymbol{J} = \sigma v B_r \boldsymbol{e}_\theta \quad (7-32)$$

式(7-32)说明在导体块内部产生的涡电流密度大小只和相应位置处的径向磁感应强度有关。整块导体在磁场中所受到的作用力可表示为

$$\boldsymbol{F} = \int_V \boldsymbol{J} \times \boldsymbol{B} \mathrm{d}V$$

$$= \sigma v \int_V (-B_r^2 \boldsymbol{e}_z + B_r B_z \boldsymbol{e}_r) \mathrm{d}V \quad (7-33)$$

对于磁场分布和导体块几何形状均关于 z 轴对称的情况下,径向力分量的积分为 0,导体块所受到的合力只沿 z 轴方向,即

$$F = -\sigma v e_z \int_V B_r^2 \mathrm{d}V = -\sigma v \int_V B_r^2 \mathrm{d}V \qquad (7-34)$$

从式(7-34)可以看出作用于导体块上的力,大小与其速率成正比,方向与速度方向相反,对导体块起到黏性阻尼的效果。由黏性阻尼力的定义 $\boldsymbol{F}_d = -cv$ 可知,阻尼系数的计算公式可表示为

$$c = \sigma \int_V B_r^2 \mathrm{d}V \qquad (7-35)$$

7.3 涡流阻尼器特性测试与分析

7.3.1 试验参数

本试验研究影响阻尼系数的参数有:振动幅值 Z_0 和振动频率 f。通过控制变量法对各影响因素进行研究,磁铁尺寸如表 7-1 所列,铜块尺寸如表 7-2 所列,试验内容如表 7-3 所列。

表 7-1 磁铁尺寸/mm

编号	直径	厚度
1	36	10
2	30	12
3	25	14

表 7-2 铜块尺寸/mm

编号	内径	壁厚	外径	高度
1	40	2	44	26
2	40	8		
3	36	2		
4	40	5		
5	32	2		

表 7-3 试验内容

试验参数/mm		扫频范围/Hz
振幅	1	10~20
	2	
	3	

7.3.2 试验结果

针对表 7-3 中所列的试验内容共进行了 15 组阻尼试验和 8 组无阻尼试验,阻尼试验的试验编号、试件及试验条件如表 7-4 所列,无阻尼试验的试验编号、试件及试验条件如表 7-5 所列。试验过程中通过阻抗头的加速度通道控制激振器的振幅恒定并测量系统的加速度,由力通道测量系统受到的激振力。

表 7-4 阻尼试验

试验编号	试件		试验条件		扫频范围/Hz
	磁铁编号	铜块编号	振幅	磁铁间隙/mm	
1	1	1	1	6	10~20
2		1	1	8	
3		1	1	10	
4		1	1	12	
5		1	2	12	
6		1	3	12	
7		1	1	14	
8		2	1	12	
9		4	1	10	
10		4	1	12	
11	2	4	1	10	
12	3	1	1.5	12	
13		3	1.5	12	
14		5	1.5	12	
15		4	1	10	

表 7-5　无阻尼试验

试验编号	铜块编号	振幅/mm	扫频范围/Hz
16	1	1	10~20
17	1	1.5	10~20
18	1	2	10~20
19	1	3	10~20
20	2	1	10~20
21	3	1.5	10~20
22	4	1	10~20
23	5	1.5	10~20

试验〈1〉和〈16〉所得加速度测量结果如图 7-7 所示,力测量结果如图 7-8 所示。由于两组试验的振幅均恒定为 1mm,故加速度的两组测量结果相同。有阻尼试验中力的幅值比无阻尼时大,且具有负的相位,这与图 7-8 所示的测量结果相同。对于其余各组试验,均可得到类似图 7-7 和图 7-8 的测量结果。

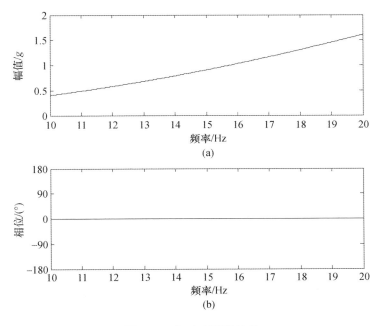

图 7-7　加速度测量结果

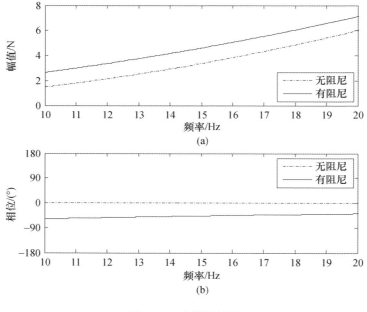

图 7-8 力测量结果

7.3.3 结果分析

将以上各组试验所测结果代入第 3 章所述的阻尼识别方法,可计算出不同试验条件下的阻尼系数。计算出的阻尼系数与时间有关,在正弦振动情况下,阻尼系数随时间的变化曲线如图 7-9 所示。

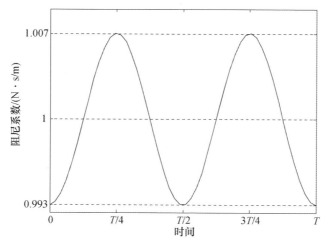

图 7-9 阻尼系数随时间的变化曲线

由图7-9可以看出,阻尼系数的大小在振动周期内约有±0.7%的波动,而基于试验得出的阻尼系数应为振动周期内的等效阻尼系数。考虑系统在一周期内克服阻尼力而耗散的能量为

$$W_d = \oint F_d \mathrm{d}z = \oint c(t)\dot{z}_c \mathrm{d}z_c = \oint c(t)\dot{z}_c^2 \mathrm{d}t = \omega^2 Z_0^2 \int_0^{2\pi/\omega} c(t)\cos^2(\omega t)\mathrm{d}t$$

(7-36)

若阻尼系数为常数,则式(7-36)可表示为

$$W'_d = \pi \bar{c} \omega Z_0^2 \qquad (7-37)$$

令式(7-36)和式(7-37)相等,可得等效阻尼系数为

$$\bar{c} = \frac{\omega}{\pi}\int_0^{2\pi/\omega} c(t)\cos^2\omega t \mathrm{d}t = \frac{1}{\pi}\int_0^{2\pi} c(\xi)\cos^2\xi \mathrm{d}\xi, \xi = \omega t \qquad (7-38)$$

由式(7-38)可知,等效阻尼系数与时间无关,同时也与频率无关。以下分析中阻尼系数均根据式(7-38)计算得出。

7.3.3.1 阻尼系数与振动频率的关系

前面已经给出阻尼系数与频率无关的结论,现在在试验的基础上验证结论的正确性。采用阻尼识别的一般法与阻抗法给出第〈3〉、〈7〉、〈12〉组试验的阻尼系数随振动频率变化关系,如图7-10和图7-11所示。

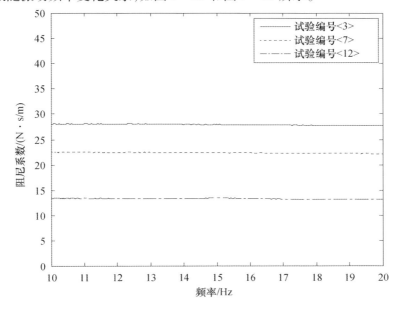

图7-10 阻尼系数随频率的变化(一般法)

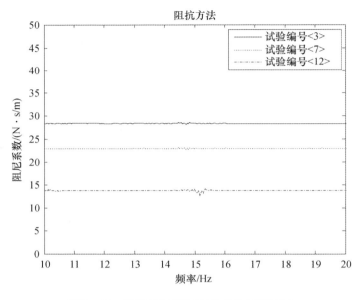

图 7 - 11　阻尼系数随频率的变化(阻抗法)

从图 7 - 10 和图 7 - 11 可以看出,在试验的频域范围内,保持铜导体振幅恒定,阻尼系数不随频率变化,即验证了结论的正确性。同时可以看出,两种方法对于阻尼系数的计算具有较高的一致性,这不仅反映出一般方法和阻抗方法在阻尼系数计算上的相互等效,还说明任意一种方法作为阻尼系数测量的正确性。

7.3.3.2　阻尼系数与振动幅值的关系

由于振动幅值影响导体块的运动范围,而导体块在不同位置的阻尼系数不同,所以阻尼系数会受到振幅的影响,阻尼系数随振动幅值变化的计算结果和试验结果分别如图 7 - 12 和图 7 - 13 所示,不同振幅时阻尼系数的相对增加量如图 7 - 14 所示。

阻尼系数随振幅变化的计算结果与试验结果均表明随着振幅的增加,阻尼系数略有增加,但变化很小,即阻尼系数受振幅的影响很小。从图 7 - 14 可知,当振幅从 1mm 增加到 3mm 时,阻尼系数只相对增加约 2%(一般法)和 3%(阻抗法),由于实测出的阻尼系数约为 24N·s/m,所以如此小的增量几乎可以忽略,从而认为阻尼系数不受振幅影响。从图 7 - 14 还可看出,一般方法与计算结果匹配很好,阻抗法约有 1% 的差别。以上结论基于试验⟨4⟩、⟨5⟩、⟨6⟩得出。

第 7 章　有效载荷涡流阻尼隔振设计

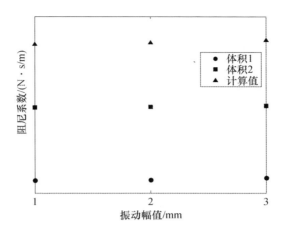

图 7-12　阻尼系数随振幅变化的计算结果

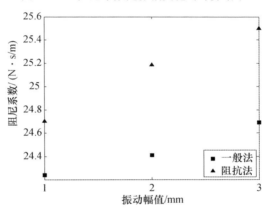

图 7-13　阻尼系数随振幅变化的试验结果

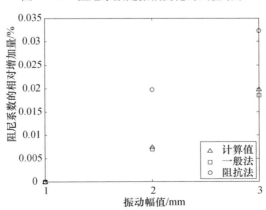

图 7-14　不同振幅时阻尼系数的相对增加量

7.4 涡流阻尼隔振器设计实例

7.4.1 设计方案

通过在相机与平台之间安装隔振装置,或者在敏感光学元件与支撑结构之间采用柔性安装,能够降低敏感元件微振动响应,进而降低视轴的抖动量,改善成像质量。卫星相机安装示意图如图 7-15 所示,相机安装采用 6+3 形式,其中:6 个刚性支撑为适应卫星发射阶段振动影响,卫星入轨后解锁;3 个柔性支撑一直保持与星体连接,并采用相机隔振器进行连接。

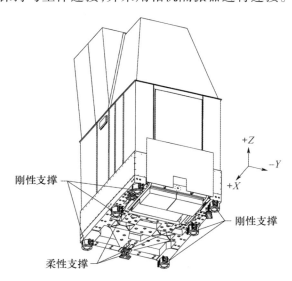

图 7-15 相机安装示意图

涡流阻尼隔振器由隔振弹簧与阻尼器构成,如图 7-16 所示。隔振弹簧用于隔离卫星结构传递至相机的振动,阻尼器用于降低相机的晃动幅值。隔振弹簧为多槽型圆柱弹簧,阻尼器采用磁阻尼方式实现,通过运动导体在永磁体产生的磁场中运动产生阻尼力。阻尼器主要由导体、永磁体及支撑结构构成。导体与相机连接,永磁体与星体结构固定。当相机与星体结构发生相对运动时,导体在永磁体产生的磁场中运动,在导体内形成电涡流从而产生阻尼力。另外,为了减小永磁体对其他设备及星体姿态的影响,采用软铁材料制成密封壳以实现磁密封。阻尼器内不含流体,不存在泄漏与污染的风险;作为运动部件的导体与固定部件永磁体、磁密封壳之间在各方向均留有 2.0mm 以上的间隙,不会发生接触,不存在冷焊与卡死的问题。

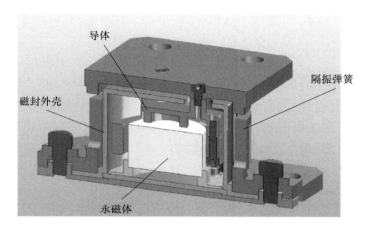

图 7-16　相机隔振器示意图

隔振弹簧为多槽型圆柱弹簧,该型弹簧刚度易控制,可通过调整开槽尺寸实现,其中开槽部分结构如图 7-17 所示。

图 7-17　隔振弹簧开槽部分结构

开槽弹簧的具体设计步骤如下:
(1) 根据隔振频率需求分配刚度要求。
(2) 选择材料及外形尺寸。
(3) 按照刚度要求设计开槽形式。
(4) 按照强度要求优化开槽尺寸。

根据材料阻尼性能试验结果显示,新型金属基复合材料本身结构阻尼难以达到要求,且缺乏成熟应用。相较之下,传统材料 TC4、60Si2MnA 均能满足隔振性能要求,其中选用 60Si2MnA 时设计裕度更大。经设计,开槽弹簧横向刚度为 $1.1\times10^4\mathrm{N/mm}$,侧向刚度为 $0.6\times10^4\mathrm{N/mm}$。

阻尼器是隔振装置的重要组成部分,虽然有很多产生阻尼的方法和手段,例如广泛采用的摩擦和流体阻尼等,但大部分阻尼产生的机理都以足够大的相对运动位移为前提条件。空间相机所受到的激励属于微振动范围,且受到成像质量要求的限制,不容许有较大的位移,故本方案中应用磁阻尼机理来构成阻尼器,满足抑制微振动的需要。磁阻尼的机理是金属导体在磁场中运动产生电涡流,从而实现振动能量到电能量的转换而最终消耗振动能量。

7.4.2 试验验证

为了验证涡流阻尼隔振器的隔振效果,开展微振动试验,试验工况包括 6 个 CMG 单机稳速工况和 2 个 CMG 模拟在轨工况。选取 CMG 安装面、CMG 隔振器与舱板安装面、相机隔振器与载荷适配结构连接点、相机主框、相机主镜、相机次镜的典型传递路径,分析 CMG 扰动在星体结构中的传递情况。

传递路径的加速度测点响应如图 7-18 所示,图中列出了加速度全频段的传递衰减和 158Hz 的传递衰减,可以看出 CMG 隔振器与相机隔振器起到了主要的传递衰减作用,主结构传递衰减较弱。

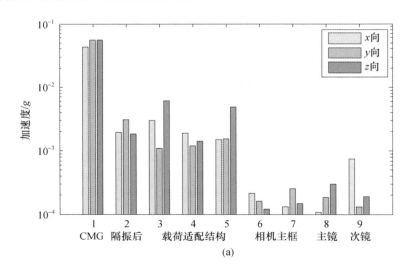

(a)

第 7 章　有效载荷涡流阻尼隔振设计

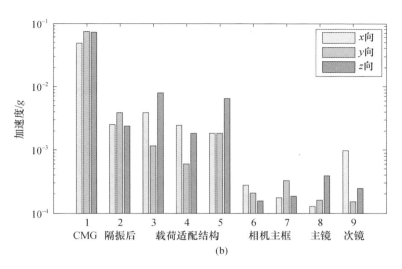

图 7-18　p-CMG 稳速转动星体传递情况
(a) 全频段传递衰减；(b) 158Hz 传递衰减。

各个工况下加速度传递衰减率如表 7-6 所列。试验结果表明，6 台 CMG 同时稳速工作时（CMG 模拟在轨工况）下，CMG 隔振器全频带衰减率在 92% 以上，特征频点衰减率在 92% 以上。相机隔振器全频带衰减率在 98% 以上，特征频点衰减率在 92% 以上。对于单台 CMG 开机工况，相机隔振器全频带衰减率在 90% 以上，特征频点衰减率在 100Hz 衰减率 93% 以上。CMG 隔振器全频带衰减率 94% 以上，100Hz 衰减率 83% 以上。

表 7-6　传递衰减率统计

工况	全频段衰减/%			100Hz 衰减/%		
	综合	CMG 隔振器	相机隔振器	综合	CMG 隔振器	相机隔振器
单机 CMGa	99.61	95.59	91.26	99.18	86.51	93.90
单机 CMGb	99.98	97.08	99.21	99.80	93.63	96.83
单机 CMGc	99.84	96.40	95.65	99.85	95.76	96.42
单机 CMGd	99.72	94.89	94.43	99.70	94.92	94.19
单机 CMGe	99.59	95.46	90.97	98.98	83.06	93.97
单机 CMGf	99.98	97.38	99.38	99.85	94.34	97.37
在轨模拟 1	99.93	94.05	98.84	99.94	94.11	99.06
在轨模拟 2	99.91	92.37	98.81	99.91	92.61	98.84

第 8 章
微振动对成像质量影响地面试验验证

8.1 试验方案设计

8.1.1 试验需求分析

通过整星地面试验,测量星体结构对微振动的传递作用,是预测有效载荷在轨微振动响应的必要措施。通过对试验过程中的误差因素梳理统计发现,为保证试验数据的有效性,主要应当解决以下 3 个问题:

(1) 地面试验过程中,应模拟在轨自由-自由边界条件,尽量降低支撑或悬吊装置对整星力学特性的影响。

(2) 采取适当的测量方法,建立振动量与光学抖动之间的关系。

(3) 对试验星与飞行星状态差异的影响进行分析和补偿。

针对上述问题,结合实践经验,在本章实例中采用如下技术方案。

1) 自由边界模拟方法

为模拟整星自由边界,采用低频弹簧平衡整星自重,以实现较低的支撑频率,采用支撑式自由边界模拟方案示意图如图 8-1 所示。

分析边界模拟装置对相机主镜微振动响应影响,如图 8-2 所示,可知对于相机主镜的微振动响应,支撑装置仅对 20Hz 以下的频段有影响,在 20Hz 以上与理想自由边界基本一致,较好地模拟了整星在轨边界条件。

2) 角振动测量方法

目前具备实用条件的微振动测量方法中,力学量的测量(如加速度、界面力等)成熟度较高,而针对有效载荷视线抖动的高精度测量手段较少。采用传统的加速度测量无法直接建立与成像质量的关系,中间解算环节会引入较大的误差,无法为成像质量评估和校正提供可靠的依据。开展角振动测量,获取关键部件的角振动信息,是建立机械振动与成像质量直接联系的必要手段,是开展成像质量评估与图像修正的基础。测量角位移的方法有多种,其中差分式加速度计组无法满足测量精度要求,高精度光纤陀螺体积庞大。激光陀螺和磁流体传感器是目前工程可行的高精度角振动传感器,其中激光陀螺的成熟度更高。

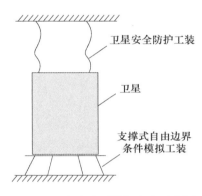

图 8-1 自由边界模拟方案示意图

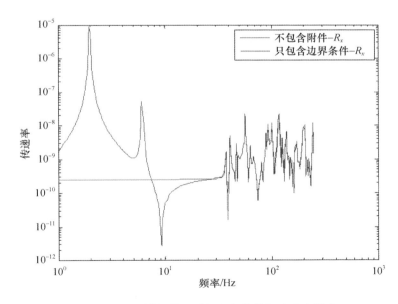

图 8-2 边界模拟装置对相机主镜微振动响应影响

3）柔性附件影响分析

地面试验过程中,由于重力的影响,太阳翼、天线等柔性展开部件难以采用真实产品安装至试验星。同时,重力的影响使柔性附件的受力状态与在轨状态有较大差异,其力学特性也会发生一定的变化。针对这一问题,基于子结构方法对柔性附件的影响进行定量分析,分析结果如图 8-3 所示,可知柔性附件主要影响 30 Hz 以下的频段,而星上主要扰动源频率在 60 Hz 以上,因此柔性附件对微振动传递特性影响较小,地面试验中不包含柔性附件不会引起微振动响应明显误差。

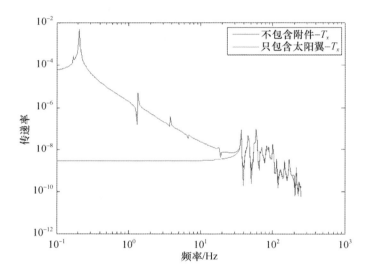

图 8-3 柔性附件对相机主镜微振动响应影响

8.1.2 试验误差源分析

为了尽量模拟卫星在轨状态,预测在轨时微振动对成像质量影响,地面试验中应尽量消除以下因素对试验的影响,误差源主要包含重力效应、支持边界约束、空气阻尼与声振耦合等环境干扰 3 个方面。

1）重力效应

地面重力会引起结构的预应力,预应力主要影响大跨度可展开结构和充液结构的频率特性。受预应力影响的环节主要包括以下几种。

（1）相机低刚度支撑:为了降低平台微振动和热变形对相机成像的影响,一般在平台与相机之间采用低刚度支撑结构,在地面重力作用下,这些结构特性可能与在轨不一致。

（2）星体结构：星体结构中若存在大跨度结构或大挠性结构，则有可能在预应力作用下发生频率漂移。一些连接环节的接触状态也会受到重力影响而发生变化。

（3）振源隔振器：振源隔振器可能采用低刚度或非线性刚度设计，在重力作用下其力学特性可能与在轨不一致。

2）支撑边界引起的误差

为减小支撑边界对整星微振动响应的影响，支撑边界在设计过程中要求低于整星结构最低频率的 1/10 和测量频带下限的 1/10，本章实例中支撑边界的支撑频率满足低于 2Hz 的要求。这样支撑边界对整星微振动响应的影响较小，可对支撑边界引起的误差进行定量计算。

3）空气阻尼与声振耦合等环境因素

由于整星没有大范围运动的部件，如摆镜等，整星主要表现为结构的微幅振动，因此空气阻尼力较小，可忽略。在保持试验现场安静的条件下，声振耦合量级较小，可合并计入测量误差。

8.1.3 试验项目设计

根据试验目标和方法，整星微振动试验可分为 3 类测试内容：模态试验、微振动传递函数试验、微振动响应试验。

（1）模态试验分支撑频率测试、整星模态、局部模态 3 项，试验结果将用于有限元模型修正并用于在轨状态预测。

（2）微振动传递函数试验目的是对整星微振动传递特性进行摸底，同时获取敏感部位的频响函数，为建模方法和模型修正提供数据。

（3）微振动响应试验结果将用于分析扰动源与安装结构的动力学耦合，为图像质量评估提供参考。

根据以上分析和设计，整星微振动试验具体项目如表 8-1 所列。

表 8-1 试验项目汇总

序号	试验项目	测试内容	测试目的
1	支撑频率测试	获取整星自由边界模拟装置的支撑频率	● 边界条件保障 ● 为有限元模型修正提供数据
2	整星模态测试	获取星体结构在模拟自由边界条件下的前三阶模态	● 为有限元模型修正提供数据

续表

序号	试验项目	测试内容	测试目的
3	局部模态测试	获取关键部位的局部模态。	• 测试扰动源在柔性边界下的扰动特征 • 修正扰动源安装部位有限元模型 • 检查扰动源及敏感设备安装部位是否存在局部共振 • 测试隔振器隔振频率
4	整星微振动传递函数测试	获取在激振器激励下,各测量通道的频域响应数据,并考察激振力幅值变化时传递特性的变化情况。	• 对整星微振动传递特性进行摸底 • 获取敏感部位的频响函数,为建模方法和模型修正提供数据
5	整星微振动响应测试	测量扰动源开机时,相机光学元件及星体结构的微振动响应。	• 为图像质量评估提供参考 • 分析扰动源与安装结构的动力学耦合

8.2 自由边界模拟方法

8.2.1 自由边界模拟需求分析

为了模拟在轨自由－自由边界条件,尽量降低支撑或悬吊装置对整星力学特性的影响,边界模拟装置确定的方法如下。

(1) 边界刚度应尽可能低,边界模拟装置引起的模态频率应至少低于测量频带下限的 1/10。

(2) 边界模拟装置中,随被试对象运动的质量应尽可能低,至少应低于被试对象总质量的 5% 以下。

(3) 边界模拟装置与卫星的连接方式应尽可能避免对卫星结构振动形成附加约束,一般要求在试验前进行校核分析,试验对象在自由边界条件下的模态频率相对在边界模拟装置上的模态频率偏差不超过 2%。

8.2.2 线性弹簧边界

线性弹簧支撑式自由边界条件模拟装置结构如图 8-4 所示,由上端板、底座、弹簧、弹簧高度调节装置、限位保护及锁紧装置组成。试验工装的上端面与卫星对接段的下端对接,试验工装下支撑与试验厂房地轨对接,试验工装的上端面与下支撑之间通过 8 个螺旋弹簧连接,连接方式为两端固接。弹簧高度调节装置针对卫星偏心调节系统平衡。限位保护及锁紧装置通过螺纹杆与上下端面锁紧或分离。

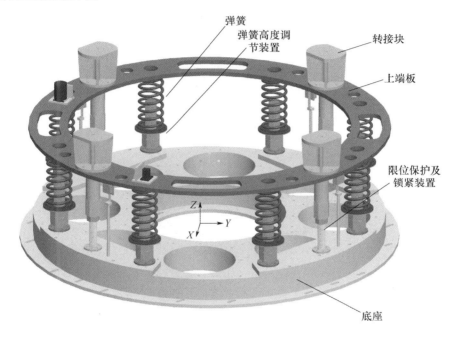

图 8-4 支撑式自由边界条件模拟装置示意图(见彩图)

整星平台支持工装各组成部分主要功能和设计准则如下。

1) 上端板

上端板提供与转接块的接口,提供与弹簧固接接口,提供限位保护及锁紧装置接口,三维模型如图 8-5 所示。上端板具有较大的刚度,为卫星及弹簧等提供刚性接口,在试验中具有较小的弯曲变形,以减小对卫星的反作用力。

2) 底座

底座提供与地轨接口,提供与弹簧固接接口,提供限位保护及锁紧装置接口、提供工装搬运吊点,三维模型如图 8-6 所示。底座设计具有较大的刚度,为整个工装提供刚性支撑,为弹簧及限位保护和锁死装置提供刚性接口。底座整体设计为圆环状结构,设计有 8 个减重孔,可以通过螺钉和压板将底座与地轨固支或者通过地脚螺栓固定。

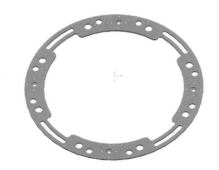

图 8-5　上端板三维模型

图 8-6　底座三维模型

3）弹簧结构

弹簧结构用于支撑卫星的质量，实现系统低模态频率的要求，三维模型如图 8-7 所示。弹簧两端为弹簧座，弹簧座与弹簧的支撑圈连接，稳定弹簧受力状态。弹簧座不与弹簧有效圈接触，不引入摩擦力。弹簧上端座与试验工装上端板通过螺钉固定连接，弹簧下端座与弹簧高度调节装置平面接触。

图 8-7　弹簧结构三维模型

4) 弹簧高度调节装置

弹簧高度调节装置用以调整系统平衡状态,三维模型如图 8-8 所示。在弹簧下端座的下部,包括螺纹支撑杆、高度调节螺母和锁死螺母。螺纹支撑杆固支连接在试验工装底座上,高度调节螺母与弹簧下端座外表面平面接触,试验时二者之间使用螺钉固定。锁死螺母在高度调节螺母和螺纹支撑杆中间。螺纹支撑杆直径小于弹簧内径,与弹簧重合部分不接触,不引入摩擦力。

图 8-8 弹簧高度调节装置三维模型

将弹簧底部向上调节时,先将高度调节螺母与弹簧下端座之间的紧固螺钉卸下,然后直接向上旋高度调节螺母,调节到位后将锁死螺母也向上旋,与高度调节螺母接触,提供更大的螺纹摩擦力以自锁,防止弹簧底部下移。

将弹簧底部向下调节时,将锁死螺母向下旋,然后将高度调节螺母向下旋,与锁死螺母接触,通过锁死螺母提供更大的螺纹摩擦力以自锁,防止弹簧底部下移。

5) 限位保护及锁紧装置

试验状态下对卫星进行限位保护,非试验状态下将上端板锁紧,使工装成为刚性较大的支撑结构。限位保护结构三维模型如图 8-9 所示,包括螺纹支撑杆,限位调节螺杆,锁死螺母以及限位导向杆。螺纹支撑杆固接在试验工装的底座结构上,螺纹支撑杆从下向上依次为锁死螺母和限位调节螺杆,限位导向杆固接在试验工装的上端板上,导向杆向下指向螺纹支撑杆,与螺纹支撑杆之间预留空间。限位调节螺杆具有较大的长度,在锁紧状态下仍与螺纹支撑杆有足够长度的螺纹接触,限位调节螺杆上端板与试验工装上端板的下表面平面接触,用螺钉锁紧,限位调节螺杆上端板径向上设置环形槽,保证限位调节螺杆调节到不同高度位置处能与工装上端板螺钉孔位匹配,进而使螺钉紧固。

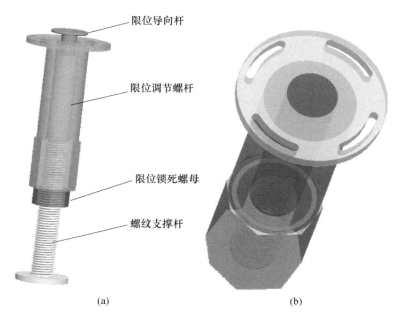

图 8-9　限位保护结构三维模型

(a)结构组成;(b)限位调节螺杆上端面示意图。

设置为锁紧状态时,将限位调节螺杆向上旋,与试验工装上端板压紧,并用螺钉紧固,锁死螺母也向上旋,与限位调节螺杆接触,提供更大的螺纹摩擦力以自锁。

设置为限位保护状态时,限位锁死螺母和调节螺杆向下旋,与试验工装上端板脱离接触,但不超过限位导向杆下端,对卫星进行限位保护。

6) 转接块

根据卫星实际接口和干涉避让要求,实现上端板与卫星的连接。

卫星与支持工装的对接流程图如图 8-10 所示,具体步骤如下:

(1) 调节上端面水平度。

(2) 使用螺钉将转接块固定于上端面并加力。

(3) 4 个转接块上面接口分别装导向杆。

(4) 通过导向杆导向,卫星逐渐下落至接近转接块上端平面。

(5) 取出导向杆,卫星接口的上平面加垫片,将螺钉穿过,将螺钉旋入转接块的螺纹孔,不加力,4个接口逐一操作,不得同时操作。

(6) 卫星缓慢下落,同时拧螺钉,不加力。

(7) 卫星完全下落后拧紧螺钉并加力,力矩75N·m,若有螺钉不到位有阻滞等问题,将全部螺钉垫片取下,卫星起吊至安全位置后,调整转接块位置并按照步骤(1)重新对接。

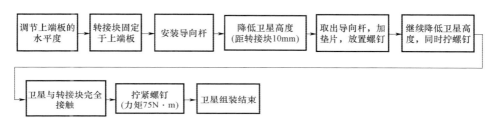

图 8-10 支撑式自由边界条件模拟装置与卫星的组装流程图

自由边界模拟装置在正式使用前,需要经过调试检验,确认该装置可以提供满足要求的自由边界条件。调试试验流程图如图 8-11 所示,具体的步骤及内容如下。

(1) 组装自由边界模拟装置的各部件,检测各部件间的可装配性。首先,将底座固定在地基上;然后,在底座上安装弹簧及弹簧高度调节装置以及限位保护及锁紧装置,调节高度调节装置和限位装置顶部的高度,使其顶部高度一致;最后安装上端板及转接块。

(2) 放置模拟负载,检测调节装置的调节能力。首先将模拟负载悬吊放置于转接块上;然后调节限位装置高度,至弹簧完全承担负载重量,锁紧限位装置;最后调节弹簧高度调节装置,保证模拟负载处于水平状态。

(3) 进行模态试验,检测边界模拟装置固有频率是否满足设计要求。测量在两种状态下进行:①支架与地轨锁紧状态;②支架与地轨弹性相连状态(试验状态)。

(4) 完成调试试验。卸下模拟负载,整理试验现场。

支撑式自由边界条件模拟装置的设计结果:①按最高载荷 2900kg 计算,静载强度分析结果如图 8-12 所示,最大应力为 68.4MPa,最大变形为 0.54mm;②经模态试验,边界支撑频率测试结果如表 8-2 所列,前 6 阶模态频率满足低于测量频带下限 1/10 的设计要求。

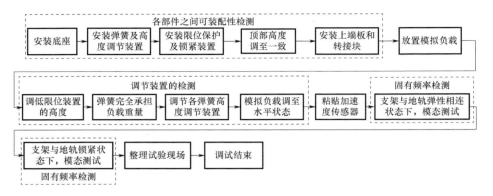

图 8-11 调试试验流程图

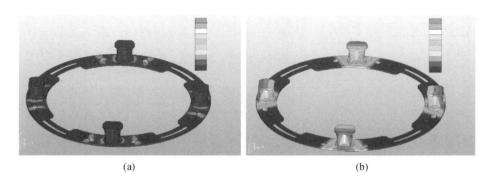

(a)　　　　　　　　　　　　　　(b)

图 8-12 静载强度分析结果(见彩图)

(a)试验工况最大应力;(b)试验工况最大变形。

表 8-2 边界支撑频率测试结果

阶次	模态频率/Hz	描述
1	0.40	R_X 方向
2	0.41	R_Y 方向
3	1.2	R_Z 方向
4	1.7	T_Z 方向
5	2.0	T_Y 方向
6	2.1	T_X 方向
注:X、Y 向对应端板面内径向;Z 向对应端板面的法向		

8.2.3　近零刚度边界

近零刚度边界系统原理示意图如图 8-13 所示,支撑结构固定在地轨上,支撑结构与安装台面之间通过 4 个零刚度弹簧连接。整星通过承力筒下端框与安装台面连接,如图 8-14 所示。超低频弹簧两端分别与上下台面连接,通过调整弹簧轴向刚度、侧向刚度和弯曲刚度,可使整星在支撑状态下的各向刚体频率达到要求。

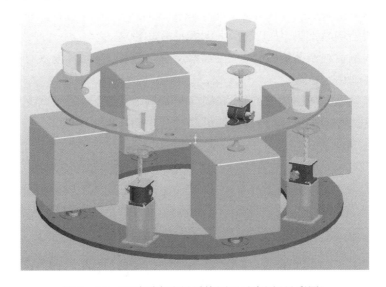

图 8-13　近零刚度边界系统原理示意图(见彩图)

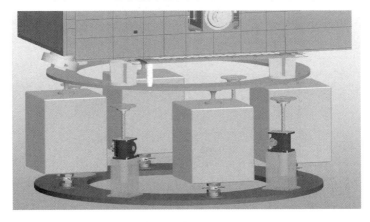

图 8-14　模拟平台与卫星连接状态示意图(见彩图)

零刚度弹簧具备两种功能状态:试验状态和非试验状态。试验状态时提供较低的刚度,满足试验需求的自由边界条件模拟需求;非试验状态时提供可靠的静载能力,满足卫星的停放支撑。

零刚度弹簧外观如图 8-15 所示,整体为长方体形式,主要由上端接头、柔性铰、弹簧机构、平衡调节装置、下端接头等部分组成,通过 3 个调高支脚与底盘固定,顶部提供活动端安装面。其使用步骤如下:

(1) 将调高支脚固定在底盘上,将上盘与顶面连接。

(2) 将负载旋钮向下降方向调整,使 z 向指针位于最下方。

(3) 调整调高支脚,使上盘水平度满足指标要求。

(4) 调整负载调节旋钮,同时在观察窗观察浮标,当标尺进入可行区时,负载旋钮调整到位。

(5) 调整纵向频率调节旋钮,和横向频率调节旋钮,同时测试支撑频率,直至频率满足试验需求,支撑频率最低可调整至 0.5Hz 以下。

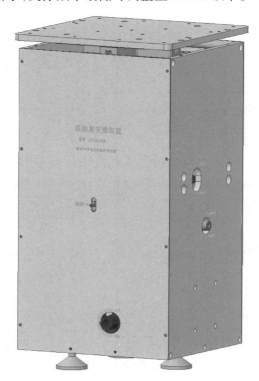

图 8-15　零刚度弹簧外观(见彩图)

第 8 章　微振动对成像质量影响地面试验验证

零刚度弹簧采用正负刚度并联原理,采用正刚度弹簧支撑负载,同时并联负刚度弹簧,抵消正刚度弹簧的刚度,实现低频承载。其内部结构如图 8-16 所示,采用三级串联形式,第一级提供纵向低刚度,第二级提供侧向低刚度,第三级提供弯曲低刚度,并匹配第一级和第二级的扭转刚度,将系统的扭转刚度调整至指标要求范围内。第一级和第二级均采用负刚度机理设计,第三级采用挠性铰设计。以下分别介绍其设计和工艺实现过程。

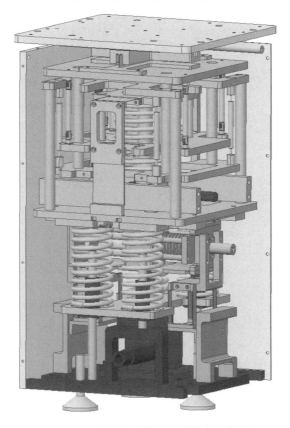

图 8-16　零刚度弹簧内部结构(见彩图)

8.2.3.1　设计原理

利用正负刚度相消的零刚度弹簧原理如图 8-17 所示。隔振器由 1 个正向弹簧和 n 个侧向弹簧组合支撑,当没有静载时,其位置如图 8-17 所示;当安装上设备后,在额定载荷作用下,设备和支撑装置的连接部位下降至零位,如图 8-18 所示。

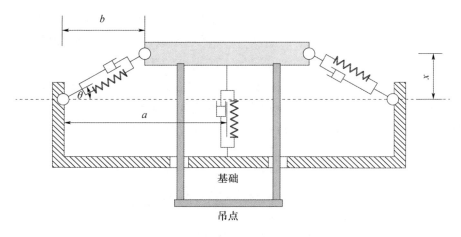

图 8-17 零刚度弹簧原理示意图

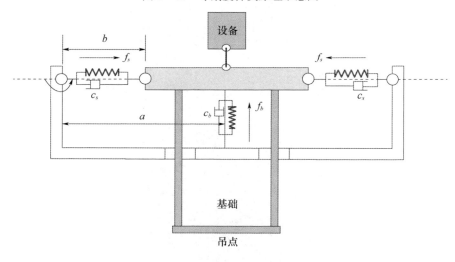

图 8-18 零刚度弹簧零位

正向弹簧刚度为 k_1，阻尼为 c_1；侧向弹簧刚度为 k_2，阻尼为 c_2。在 $x=0$ 处，侧向弹簧的压力为 f_s，正向弹簧的压力为 f_b。侧向有 n 个弹簧。在任意位置处，恢复力为

$$F_k = k_1 x - f_b + n(f_s - k_2(\sqrt{x^2+b^2} - b)) \cdot \frac{x}{\sqrt{x^2+b^2}} \tag{8-1}$$

等效刚度为

$$k_{\text{eq}} = \frac{\mathrm{d}F_k}{\mathrm{d}x} = k_1 + nk_2\left(1 - \frac{b^3}{(x^2+b^2)^{\frac{3}{2}}}\right) - nf_s \frac{b^2}{(x^2+b^2)^{\frac{3}{2}}} \tag{8-2}$$

由此可得零位置的等效刚度,即

$$\left.\frac{dF_k}{dx}\right|_{x=0} = k_1 - \frac{nf_s}{b} \quad (8-3)$$

由此可见,当 f_s 接近 $2k_1b$ 时,零位置刚度较小,可达到零刚度。典型的刚度曲线如图 8-19 所示。在实际应用中,可在 3 个弹簧处添加调节机构,调整其预压力。由式(8-2)可知,调整纵向弹簧预压力,适应所受静载荷的变化,可使其仍保持在零位。同时调整横向弹簧预压力,可使支撑装置在零位时仍保持近零刚度。

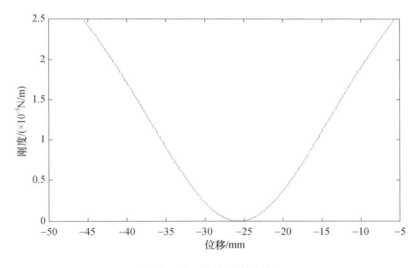

图 8-19　设计刚度曲线

8.2.3.2　负刚度机构设计方法

每级零刚度弹簧分别由 4 件正刚度弹簧、4 件负刚度弹簧、1 套负刚度调节机构、1 套正刚度调节机构等部分组成。一级零刚度弹簧的组装及配套工装如图 8-20 所示,负刚度弹簧的组装过程示意图如图 8-21 所示。

负刚度调节机构可调节负刚度弹簧的初始位置,从而调节负刚度弹簧的侧向力,进而实现负刚度值的调整。正刚度调节机构可调节正刚度弹簧的初始位置,从而补偿由于静载荷变化引起的正刚度弹簧变形量的差异,使零刚度弹簧保持在零位状态。

由于采用正负刚度相消的原理,对正刚度弹簧和负刚度弹簧的精度都有较高的要求。

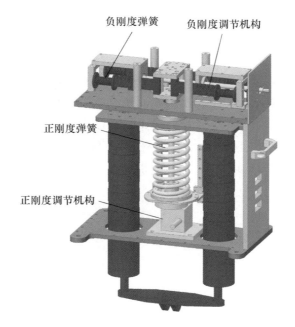

图 8-20　零刚度弹簧组装及配套工装

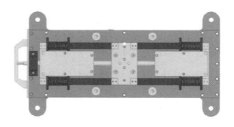

图 8-21　负刚度弹簧组装过程示意图

8.2.3.3　正刚度弹簧设计方法

正刚度弹簧采用圆柱形螺旋压簧,针对 3 种类型的零刚度弹簧,设计了 3 种正刚度弹簧,其设计流程如下:

(1) 根据承载要求,确定弹簧的工作行程。

(2) 根据工作极限载荷,选取材料直径,弹簧中径。

(3) 根据刚度计算公式,确定弹簧的有效圈数。

(4) 确定弹簧的总圈数。

(5) 根据弹簧变形量确定弹簧的节距。

(6) 根据圈数和节距计算弹簧的自由高度。

（7）根据弹簧的高径比，进行稳定性验算。

8.2.3.4 负刚度弹簧设计方法

负刚度弹簧采用开槽弹簧设计方法，包括根据隔振频率要求的优化计算方法。每台零刚度弹簧均采用4根开槽弹簧（图8-22）作为负刚度元件，弹簧刚度可以通过控制槽宽、槽深、径向尺寸等诸多参数进行设计。同时，为方便设计与其他部件的安装接口，一端与固定端连接，另一端通过柔性转接杆与活动端连接。

图8-22 开槽弹簧

以下给出样机负刚度弹簧的设计过程。

1）刚度设计

由于负刚度弹簧对刚度的精度要求较高，材料弹性模量的差异会引起刚度值的显著变化。因此，在进行弹簧设计之前，需要采用同批次材料，按照同一个工艺流程制作坯料，测试其弹性模型。

负刚度弹簧选用钛合金材料加工，钛合金材料综合性能优异，具有密度小、比强度和断裂性能高、疲劳强度和抗裂纹扩展能力好、低温韧性良好、抗蚀性能优异等特点。针对零刚度弹簧设计的弹簧使用TC4材料，对材料的力学性能进行试验测量，采用电测法和光测法两种测量方法，拉伸试验如图8-23所示，测量结果如表8-3所列。

表8-3 TC4材料力学性能测量结果

参数	光测法	电测法
弹性模量/GPa	119.26	120.12
泊松比	0.335	0.328

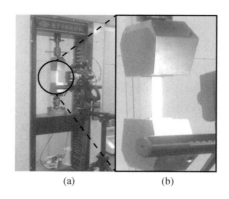

图 8-23　钛合金试件拉伸试验(见彩图)

同时,对弹簧的轴向压缩刚度进行了测量,刚度测量曲线如图 8-24 所示,共进行了两次加载过程,每次压缩位移为 1mm。图 8-24 中 0~0.25mm 的刚度值(斜率)较低,主要原因是施压面接触不均匀,存在过渡间隙。后续加载过程刚度值基本保持不变,两次测量结果的平均值为 380N/mm。

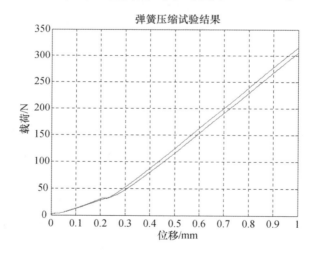

图 8-24　弹簧轴向压缩刚度测量曲线

弹簧刚度计算结果如表 8-4 所列。

表 8-4　正装隔振器弹簧刚度计算结果

方向	刚度/(N/mm)
横向	34.36
轴向	395.26

2) 强度校核

使用过程中,弹簧最大变形量小于 5mm,在此变形量的基础上计算弹簧的强度,应力分布如图 8-25 和图 8-26 所示。轴向施加位移约束的最大应力为 453MPa,横向施加位移约束的最大应力为 379MPa,满足 TC4 材料的强度要求。

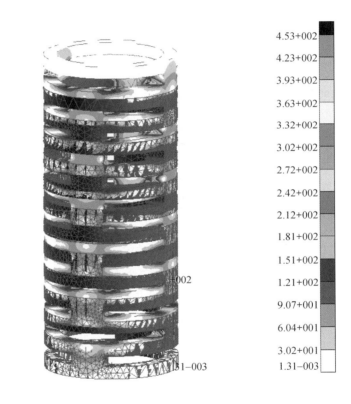

图 8-25　轴向施加 5mm 位移约束的应力分布(见彩图)

3) 选材与工艺设计

在零刚度弹簧中,负刚度弹簧是保证设计刚度、实现悬吊性能的重要构件,为保证技术性能,弹簧的选材与加工工艺十分关键。

(1) 弹簧材料选择。零刚度弹簧工程样机的负刚度弹簧采用的是 TC4 钛合金。目前可选用的其他负刚度弹簧制造材料包括 65Mn、60Si2MnA 等,其主要性能如表 8-5 所列。

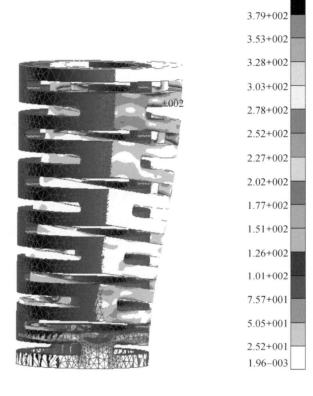

图 8-26 横向施加 5mm 位移约束的应力分布（见彩图）

表 8-5 负刚度弹簧备选材料性能

材料牌号	弹性模量 /GPa	力学性能					特性与用途
		σ_s	σ_b	δ_5	δ_{10}	Ψ	
		/MPa		/%			
65Mn	206	785	980	8		30	强度高，淬透性好，易产生淬火裂纹，有回火脆性，适于做较大尺寸的弹簧

续表

材料牌号	弹性模量/GPa	力学性能					特性与用途
		σ_s	σ_b	δ_5	δ_{10}	Ψ	
		/MPa		/%			
60Si2Mn	206	1175	1275	5		25	高温回火后有良好的综合力学性能,可用作高应力下工作的重要弹簧
60Si2MnA	206	1375	1570	5		20	同上
TC4	113	830	895	10~12		—	有良好的综合力学性能,组织稳定性高,广泛用作火箭发动机外壳、航空发动机压气机盘等

(2)弹簧机械加工工艺。需要研究确定减少划痕、提高表面质量、提高一致性的加工工艺规程。经过前期摸索,目前较好的弹簧加工方法是使用慢走丝线切割加表面抛光工艺。

(3)热处理工艺。重要弹簧需要经过一系热处理工艺以提高其材料韧性与疲劳强度,弹簧钢与钛合金需要进行的热处理工艺分别如表8-6和表8-7所列。其中,退火加热温度、冷却速度、淬火介质回火温度是非常关键的工艺参数,需要试制样件并通过试验确定工艺规程。在现阶段,主要考虑钛合金氢脆的问题,为此,在热处理工艺中要求温度在200℃,仅为去残余应力,而不是进行材料硬化处理。

表8-6 弹簧钢的热处理工艺

工艺名称	目的	重要技术指标
退火	细化晶粒,消除内应力,提高切削加工性能	加热温度、冷却速度
淬火+回火	获得良好的综合力学性能	冷却介质、回火温度

表 8-7 钛合金的热处理工艺

工艺名称	目的	重要技术指标
退火	消除内应力,使组织力学性能均匀	加热温度、冷却速度
淬火时效	获得很高的强度并保证足够的韧性	加热温度、冷却介质

8.2.3.5 挠性铰设计方法

挠性铰是利用材料的变形产生位移的一种特殊运动副,用于提供绕轴做复杂运动的有限角位移,具有无机械摩擦、无间隙、易维护、分辨率高和可一体化加工等优点。挠性铰有很多种结构,最普通的形式是绕一个轴弹性弯曲,而且这种弹性变形是可逆的,结构简图如图 8-27 所示。

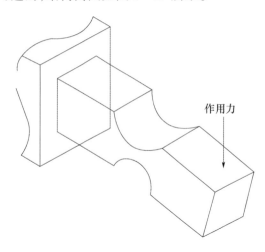

图 8-27 挠性铰结构简图

按目前国内外的发展研究状况,挠性铰按其切口形状可分为单边的和双边的,按其截面曲线分为单一的和混合的;按运动副分可分为转动副、移动副和球副,按其传递运动和能量的方向分单轴挠性铰、双轴挠性铰、万向挠性铰和柔性联杆;按照横截面的不同形状,可以分为矩形截面挠性铰和圆形截面挠性铰;按研究出现的先后顺序,可分为传统的挠性铰和典型的大变形挠性铰。还有其他特殊类型,如弓形挠性铰、三角形挠性铰、叶状形的挠性铰、簧片式的挠性铰等。根据以上的分析可将挠性铰分成以下四大类,分别如表 8-8~表 8-11 所列。

表 8-8　基本曲线规则截面单轴挠性铰

铰链名称		铰链模型	分类编号
单轴对称	直梁型	直梁型	S-R
	椭圆型 浅切口椭圆		S-E$_1$
	椭圆型 深切口椭圆		S-E$_2$
	弓型		S-A
单轴不对称	椭圆型		s-E$_1$
	抛物线型		s-P
	双曲线型		s-Hc
	导角型		s-CB

表 8-9 由基本挠性铰混合而成的单轴铰链模型

组合方式	产生对象	铰链模型	分类编号
直梁-直梁混合型	交错铰链 类型一	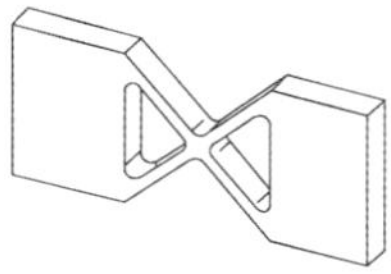	$S-BB_1$
	交错铰链 类型二	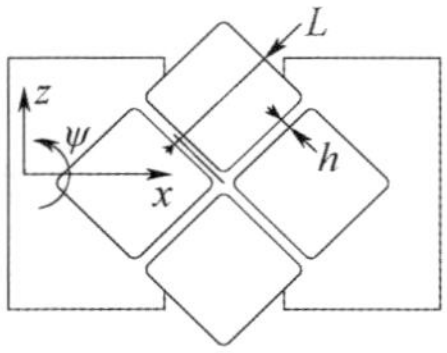	$S-BB_2$
	车轮铰链	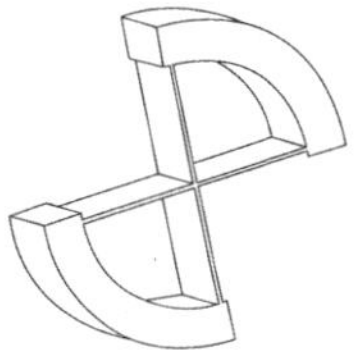	$S-BB_3$
直梁-直圆混合型	导角型	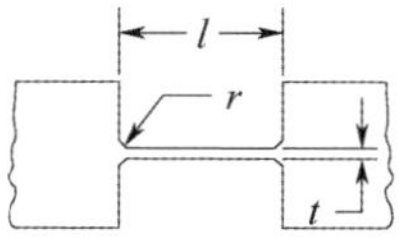	$S-CB$

表 8-10 双轴挠性铰

铰链名称		铰链模型	分类编号
双轴挠性铰	串联-非同位配置 两轴垂直	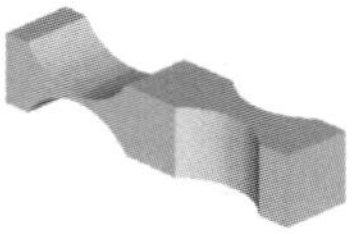	$T-CE_1-NC-V$
	并联-同位配置 两轴垂直	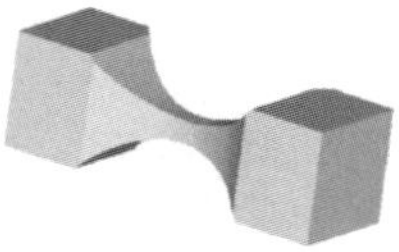	$T-CC-C-V$
	并联-同位配置 两轴平行	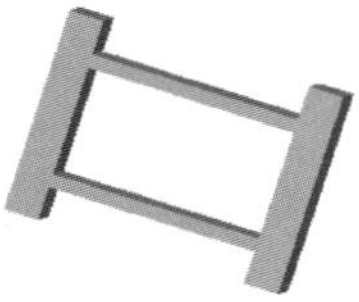	$T-BB-C-P$

第 8 章　微振动对成像质量影响地面试验验证

表 8-11　多轴挠性铰

铰链名称	铰链模型	分类编号
圆柱型		M-Cyl
直圆型	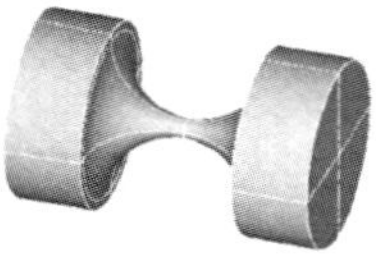	M-C
椭圆型	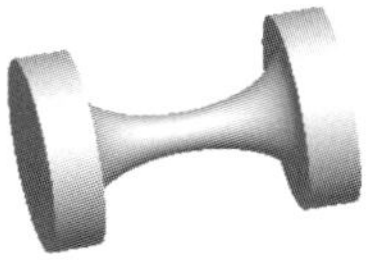	M-E
抛物线型	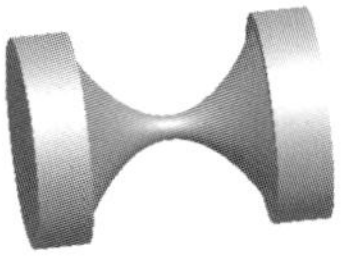	M-P
双曲线型	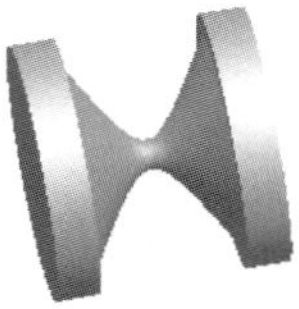	M-H

根据零刚度弹簧的设计要求,挠性铰需要提供两个方向较低的弯曲刚度,并且还具有可调节的扭转刚度。因此,下面重点介绍交错叶片混合($S-BB_5$)串联构形,单铰选用直梁-直圆混合型($S-CB$)。

挠性铰结构设计如图 8-28 所示。采用两组正交的 S-CB 型铰片串联设计,在交汇处开通孔打断两端面通联铰片。通过调节铰片的高度和宽度可以调节弯曲刚度,通过调节中央通孔的孔径可以调节挠性铰的扭转刚度。挠性铰上下端面各采用 4 个光孔作为安装孔,为便于安装操作,两端面的安装孔采用错位方式。上端面的中央十字翼板可起到弯曲限位作用。

下面以 3t 级零刚度弹簧为例,进行挠性铰强度和刚度校核,另两种挠性铰有相似的结果。挠性铰有限元模型及坐标系定义如图 8-29 所示,挠性铰在 3 个方向上的扭转刚度如表 8-12 所列,在两个方向上的强度校核结果如表 8-13 所列。

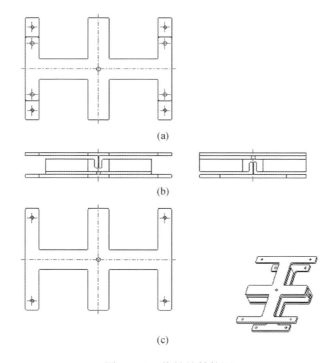

图 8-28 挠性铰结构图

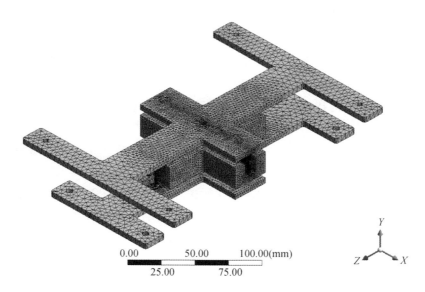

图 8-29 挠性铰有限元模型(见彩图)

表 8－12　扭转刚度计算结果

方向	扭转刚度
Z	$J_Z = 299.0$ N·m/rad
X	$J_X = 296.7$ N·m/rad
Y	$J_Y = 3048.8$ N·m/rad

表 8－13　强度计算结果

方向	应力最大值/MPa	强度裕度	出现位置
Z	731.8	0.88	铰片内侧外表面
X	697.5	0.97	铰片内侧外表面

8.3　微振动测量方法

8.3.1　面向成像质量的微振动测量需求分析

进行微振动测量的目的主要包括 3 个方面。

（1）测量微振动源的扰动量和频谱特征，为定位主要扰动源、确定关注频段提供依据。

（2）测量卫星结构对微振动的传递特性，为改进结构设计、提高结构对微振动的衰减幅度提供依据。

（3）测量有效载荷微振动响应的幅值和频谱特征，为成像质量评估和修复提供依据。

目前，具备实用条件的微振动测量方法如表 8－14 所列，针对扰动源和结构传递的测量手段已基本具备，而针对有效载荷的测量技术仍不成熟。采用传统的加速度测量无法直接建立与成像质量的关系，中间解算环节会引入较大的误差，无法为成像质量评估和校正提供可靠的依据。开展角振动测量，获取关键部件的角振动信息，是建立机械振动与成像质量直接联系的必要手段，是开展成像质量评估与图像修正的基础。测量角位移的方法有多种，其中差分式加速度计组无法满足测量精度要求，高精度光纤陀螺体积庞大。激光陀螺和磁流体传感器是目前工程可行的高精度角振动传感器，其中激光陀螺的成熟度更高。

表 8 – 14　微振动测量方法

序号	测量方法	测量物理量	敏感原理	应用范围
1	加速度计	加速度	压电式、电容式	星体结构传递特性测量
2	六分量测力平台	力	压电式、应变式	扰动源单机测量
3	膜片式力传感器	力	压电式	扰动源实际安装状态扰动力测量
4	差分加速度计组	角加速度	压电式/电容式	有效载荷角振动测量
5	直线式激光位移计	位移	频率裂变	结构微振动响应测量
6	干涉式激光位移计	位移	多普勒效应	结构微振动响应测量
7	激光陀螺	角速率	Sagnac 效应	有效载荷角振动测量
8	永磁敏感器	角位移	磁场向量	有效载荷角振动测量
9	光纤陀螺	角速率	Sagnac 效应	卫星姿态测量
10	ARS 传感器	角速率	磁流体	有效载荷角振动测量

不同频率的微振动对卫星成像质量影响机理也不同，因此考虑微振动问题首先需对其频率进行划分。对于低轨遥感卫星，在较为常用的 48 级 TDI 积分成像条件下，成像采样频率通常在 200～330Hz 范围内。考虑到高于成像采样频率的高频微振动对成像质量影响更为显著，为实现有效的成像质量评估和补偿，须兼顾高频与低频振动的测量，因此卫星微振动测量频率范围一般应覆盖 1～1000Hz。

微振动测量精度的要求主要由测量数据的应用需求决定。低频微振动主要影响图像几何成像质量，高频微振动主要影响图像辐射成像质量。微振动测量数据有望应用在地面成像质量修复、提升领域。如考虑将微振动测量数据应用在地面图像几何校正方面，则要求测量精度至少达到 1/2 像元；如考虑将微振动测量数据应用在地面图像辐射质量修复方面则对测量精度提出更高的需求，通常认为需要达到 1/10 像元。根据国外主流光学遥感卫星分辨率统计，为满足 1/10 像元角分辨率的测量需求，角位移传感器测量精度应至少优于 0.01″。

8.3.2　基于模拟光路的像移测量

像移测量的基本原理是利用相机的光机结构，构造与成像光路具有相同光学灵敏度矩阵的模拟光路，通过模拟光路抖动像移的测量评估成像系统受微振动影响的程度。

模拟光路的构造方法为模拟相机成像的光学过程,通过在光学元件上布置反射面和参考激光,使激光经过与成像过程相同的光程后,在敏感器上形成激光光斑。通过测量在扰动环境下激光光斑的位置轨迹,获取微振动引起的像移,作为评价成像质量退化的基础数据。参考光源和光斑位置敏感器的介绍如下。

1) 参考光源

参考光源的品质对光斑位置测量精度有直接影响,其影响因素包括光源波长、光斑质量、散射光强度、背景光等,测量系统对激光光源的参数有严格要求。

2) 光斑位置敏感器

光斑位置敏感器(PSD)是一种对入射到光敏面的光点位置敏感的 PIN 型光电二极管,通过平面扩散制造工艺,由 P、I、N 三层构成。它只有一个完整的光敏面,一维 PSD 器件在光敏面两端有两个接触点,二维 PSD 器件则有 4 个接触点,二维 PSD 器件实物图如图 8 - 30 所示。

图 8 - 30　光斑位置敏感器器件实物图(见彩图)

PSD 断面结构示意图如图 8 - 31 所示,当入射光斑照射在光敏面上时,在入射位置表面下就产生与光强成比例的电荷,此电荷通过 P 层向电极流动形成光电流。由于 P 层的电阻是均匀的,所以由两极输出的电流分别与光点到两极的距离成反比。设两电极的距离为 $2L$,经电极①和电极②输出的光电流分别为 I_1 和 I_2,则电极③上输出的总电流为 $I_0 = I_1 + I_2$。

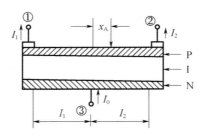

图 8-31　PSD 断面结构示意图

若以 PSD 的中心点为原点建立坐标系或坐标轴，设光点离中心点的距离为 x_A，可得

$$I_1 = I_0 \frac{L - x_A}{2L} \quad (8-4)$$

$$I_2 = I_0 \frac{L + x_A}{2L} \quad (8-5)$$

$$x_A = \frac{I_2 - I_1}{I_2 + I_1} L \quad (8-6)$$

由此可以计算出光点离中心点的距离为 x_A。同时可知光点离中心点的距离为 x_A 只与两电极输出光电流 I_1 和 I_2 的和差比有关，与总电流 I_0 的大小无关。

二维 PSD 一般是在正方形 PIN 结构的晶娃基片上设置两对电极，改进的表面分割型二维 PSD 的结构原理图如图 8-32 所示，4 个电极分别从正方形 PSD 光敏面的 4 个对角端引出，光敏面的形状好似正方形产生了枕形畸变，这种结构的优点是当光斑照射到光敏面的边缘时，光斑位置的测量误差会大大减少。

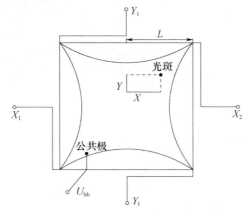

图 8-32　二维 PSD 结构原理图

8.3.3 激光反射式角振动测量

微振动扰动测试与减隔振效果测试原理相同,系统主要包括微振动测试用传感器、信号适调器/控制器、数据采集处理系统。测试系统组成如图 8-33 所示,包含了所有的测试传感器,传感器获取微角位移信号,通过信号适调器/控制器对信号的解调、放大、滤波处理,通过数据采集处理系统进行信号采集、处理、分析。通过对比动量轮采取隔振措施前后的测试数据,获得隔振装置的减隔振效果。

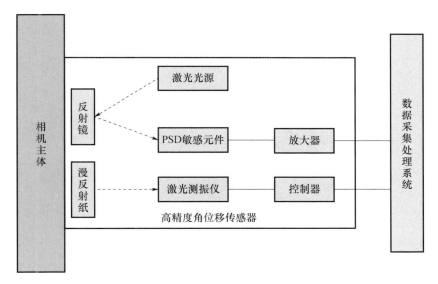

图 8-33 微振动测试系统组成

图 8-33 中,高精度角位移测量系统由 2 台激光测振仪、2 组漫反射纸、2 支高聚焦激光光源、2 组反射镜、2 组 PSD 敏感元件等组成,分别用来测量相机视轴绕整星 X 轴和 Y 轴的角位移。

在相机主框下表面分别粘贴 45°转接块 1 和 2,转接块上各靠近布置一组反射镜和漫反射纸,使一组反射镜和漫反射纸的法向在 XOZ 平面内,另一组反射镜和漫反射纸的法向在 YOZ 平面内,且与水平面成 45°,如图 8-34 所示。激光光源、PSD 敏感元件、激光测振仪均通过星旁支架安装。激光光源发出的光经反射镜反射,最终到 PSD 敏感元件上,激光光源到镜面的光路长度应大于 3m,如图 8-35 所示。

图 8-34 反射镜和漫反射纸粘贴示意图(见彩图)

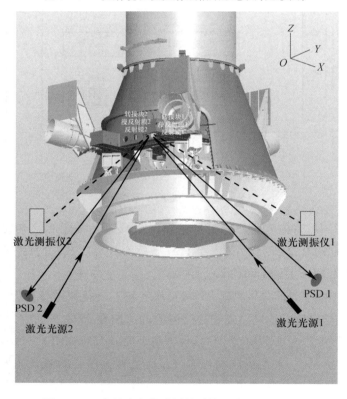

图 8-35 高精度角位移测量系统示意图(见彩图)

8.3.4 基于分布式角振动传感器的像移测量

某型号卫星设计安装了加速度计和角位移测量单元两种微振动测量设备。在轨测量系统采用集总式设计方案,可同时获取相机安装面 3 个方向的角振动数据。通过角振动测量,计算得到曝光时间内像点在焦面上的运动轨迹,为图像校正和修复提供必要的数据支持。

在地面测试中,采用了激光陀螺和永磁敏感两种形式的角位移传感器,并采取了分布式测量的方式。在相机主镜、次镜、三镜、平面镜和焦面上均布置了测点,获取了光学系统中各元件在外部扰动下的角位移数据。将这些数据代入光学分析模型中,直接分析得到了微振动对成像质量的影响,从而验证了星上微振动环境是否满足成像质量的需求,为振动抑制设计提供定量化的依据。

8.4 地面微振动试验实例

某遥感卫星在研制过程中,通过地面试验对微振动对成像质量的影响进行了预测,试验状态如图 8 - 36 所示。

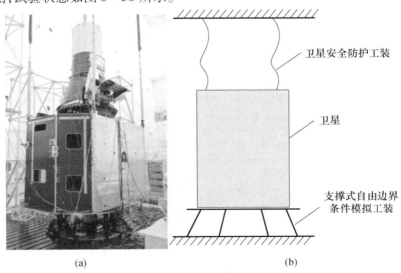

图 8 - 36 地面微振动试验状态
(a)实物图;(b)简化图。

对于 CMG 单机稳速、CMG 模拟在轨工况，选取 CMG 安装面－CMG 隔振器与舱板安装面－相机隔振器与载荷适配结构连接点－相机主框－相机主镜－相机次镜的典型传递路径，分析 CMG 扰动在星体结构中的传递情况。

由传递路径的加速度测点响应分析可知，CMG 隔振器与相机隔振器起到了主要的传递衰减作用，各个工况下的隔振器产生的传递衰减率如表 8 - 15 所列。6 台 CMG 同时稳速工况下，CMG 隔振器全频带衰减率在 92% 以上，特征频点衰减率在 92% 以上。相机隔振器全频带衰减率在 98% 以上，特征频点衰减率在 92% 以上。对于单台 CMG 开机工况，相机隔振器全频带衰减率在 90% 以上，特征频点衰减率在 66Hz 衰减率 88% 以上（主要原因是测量传感器信噪比较低），158Hz 衰减率 93% 以上。CMG 隔振器全频带衰减率 94% 以上，66Hz 衰减率在 86% 以上，158Hz 衰减率 83% 以上。

表 8 - 15 传递衰减率统计

工况	全频段衰减/%		66Hz 衰减/%		158Hz 衰减/%	
	CMG 隔振器	相机隔振器	CMG 隔振器	相机隔振器	CMG 隔振器	相机隔振器
CMGa	95.59	91.26	86.74	88.50	86.51	93.90
CMGb	97.08	99.21	97.66	94.87	93.63	96.83
CMGc	96.40	95.65	95.28	95.64	95.76	96.42
CMGd	94.89	94.43	95.03	93.92	94.92	94.19
CMGe	95.46	90.97	86.70	88.49	83.06	93.97
CMGf	97.38	99.38	97.69	94.87	94.34	97.37
C37	94.05	98.84	95.48	93.84	94.11	99.06
C38	92.37	98.81	95.73	92.91	92.61	98.84

在试验中，在相机主镜上布置了 2 个高精度角位移传感器及一个激光光源，次镜、三镜、双反镜、调焦镜上布置了反光面，在焦面上布置了高精度位置敏感传感器，测量了星上活动部件开机时引起的像移轨迹，像移轨迹如图 8 - 37 所示。

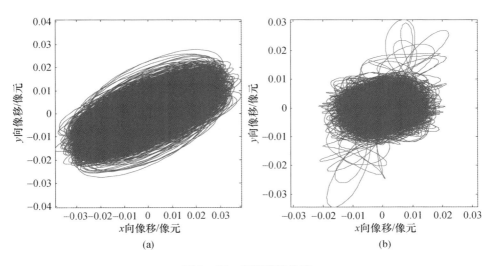

图 8-37 实测像移轨迹

测量 6 台 CMG 同时开机时引起的像移抖动,得到的像移轨迹如图 8-38 所示。全光路像移的频谱如图 8-39 所示,可知主要有 158Hz 和 66Hz 两个频率成分,其中 158Hz 的幅值比 66Hz 高一个量级以上。因此,焦平面上的像移轨迹主要表现为椭圆形,其周期约为 6.33ms,像移量最大不超过 0.07 像元。

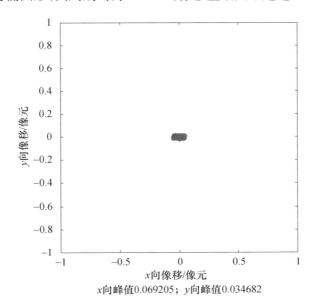

x 向峰值 0.069205;y 向峰值 0.034682

图 8-38 像移轨迹

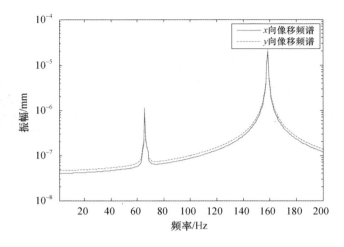

图 8-39 像移频谱

第9章
微振动在轨测量与图像补偿

9.1 微振动在轨测量系统及应用

随着遥感卫星分辨率日益提高，星上活动部件引起的微振动对成像质量的影响也越来越显著。对卫星在轨微振动量级和特征的了解是开展微振动抑制，提高遥感卫星成像质量的基础。

采用力学分析和地面试验进行整星在轨微振动预测遇到了诸多困难。有限元方法在微振动分析中有较大的局限性，如中高频段计算误差较大、微变形引起的结构不确定性难以描述、微变形条件下结构参数的选取缺少依据等，导致分析结果与实际结果偏差较大。而地面试验又存在天地状态差异引起的试验误差，主要包括边界条件不一致引起的误差、柔性附件安装状态不一致引起的误差、重力效应和空气阻尼引起的结构特性偏差等，无法准确预测在轨微振动响应。

采用星载测量设备对卫星在轨运行阶段的微振动进行测量，是最直接、最准确的手段。NASA 从 20 世纪 80 年代起，即开展了多次在轨测量工作，先后研制成功空间加速度测量系统（SAMS-II）、先进微重力加速度测量系统（AMAMS）等多种测量系统。欧空局研制的 PAX 测量系统也搭载于多颗卫星进行了在轨微振动测量，并且开展了 SPOT-4 微振动天地对比测试。在国内，从 2011 年起，HY-2、ZY-1(02C)、ZY-3 等一系列遥感卫星陆续搭载力学环境测量系统入轨，进行了多次在轨微振动测量。

9.1.1 系统组成

微振动监测系统主要用于采集、处理和传输卫星在轨运行期间的微振动情况,获取卫星各位置的振动特性、获取光学载荷的角增量变化,以此来对卫星结构特性进行分析,为卫星成像期间定姿提供数据参考,辅助相机图像的地面几何处理。微振动监测系统组成框图如图 9 - 1 所示,其主要组成包括振动测量单元、角位移传感器组件、微振动加速度计和电缆网。

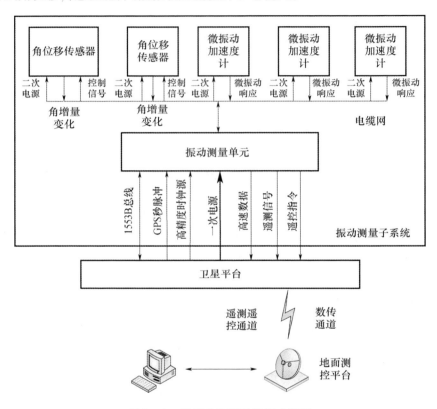

图 9 - 1　微振动监测系统组成框图

遥感卫星扰动源主要包括动量轮、CMG、太阳翼驱动机构(SADA)、天线驱动机构等。对微振动较为敏感的载荷为两台光学相机,记为光学相机 A 和光学相机 B。在轨测量系统在上述振源和敏感载荷安装点附近均布置了三向高灵敏度加速度计。在轨微振动监测主要针对两种工况进行,如表 9 - 1 所列。

表 9 - 1　在轨微振动测试工况

工况编号	工况描述
Ⅰ	CMG、动量轮、SADA、双轴天线稳定运行,光学相机 B 成像
Ⅱ	光学相机 A 成像,活动部件仅双轴天线、动量轮和 SADA 运行

9.1.2 加速度测点布置方法

遥感卫星扰动源主要包括动量轮、CMG、SADA、天线驱动机构等。对微振动较为敏感的载荷包括相机 A、相机 B 等。在轨测量系统一般在上述振源和敏感载荷安装点附近布置三向高灵敏度加速度计。测点位置如表 9-2 所列。

表 9-2 微振动传感器测点位置

测点编号	测点位置
a	$+Y$ 太阳翼 SADA 支架安装点附近
b	服务舱顶板 $-Y-Z$ 控制力矩陀螺安装点附近
c	服务舱顶板 $-Y+Z$ 动量轮安装点附近
d	相机 B 底面 $+Z$ 安装点附近
e	相机 A $-Y+Z$ 侧安装点附近
f	天线组件展开臂星体安装点附近

9.1.3 角振动传感器配置方法

某型号卫星在轨测量系统和地面试验系统均采用了角振动测量设备。在轨测量系统采用集总式设计方案,可同时获取相机安装面 3 个方向的角振动数据。通过角振动测量,计算得到曝光时间内像点在焦面上的运动轨迹,为图像校正和修复提供必要的数据支持。

在地面测试中,采用了激光陀螺和永磁敏感两种形式的角振动测量设备,并采取了分布式测量的方式。在相机主镜、次镜、三镜、平面镜和焦面上均布置了测点,获取了光学系统中各元件在外部扰动下的角位移数据。将这些数据代入光学分析模型中,直接分析得到了微振动对成像质量的影响,从而验证了星上微振动环境是否满足成像质量的需求,为振动抑制设计提供定量化的依据。

9.1.4 测量项目

力学环境测量系统在发射前 30min 启动,记录发射全过程星体结构的振动数据,至太阳翼展开后 10min 关机。此后,在在轨运行期间,力学环境测量系统根据地面指令进行了多次微振动测量。目前,获取的在轨微振动数据共有 4 项内容,如表 9-3 所列。本节主要针对有效载荷成像状态展开介绍和分析,即对

表9-1中工况Ⅰ和工况Ⅱ的数据进行分析。

表9-3　在轨微振动测试工况

工况编号	工况描述
Ⅰ	CMG、动量轮、SADA、天线稳定运行,相机B成像
Ⅱ	相机A成像,活动部件仅天线、动量轮和SADA运行
Ⅲ	CMG升速过程
Ⅳ	天线展开过程

9.2　基于遥测数据的动力学分析与设计

9.2.1　多扰动源信号分离与反演

为了精确预估各个微振动源的扰振特性,首次采用基于频率辨识的单源微振动特性精确测量技术,对多源扰振频率叠加进行系统复原,根据测力技术和系统复原仿真分析数据,实现对卫星系统综合微振动特性的间接式预估。

1) CMG扰动特征

在CMG稳定运行时,还同时存在天线、SADA、动量轮的扰动。对比CMG启动前后CMG安装点的加速度数据可知,CMG启动后,时程响应峰峰值由36.8mg增加到114.3mg,均方根由4.3mg增加到16mg。

CMG安装点加速度频谱如图9-2所示,通过对频谱成分对比发现,CMG启动时,扰动信号频谱中会增加60Hz、100Hz、180Hz、200Hz共4个峰,新增的扰动频谱成分占据了扰动能量的主要成分。

通过CMG单机扰动模型分析和单机测试发现,其工作转速为6000r/min,对应的工频为100Hz,由于轴承缺陷,还会产生工频0.6倍的谐波频率,因此CMG主要的扰动成分即60Hz与100Hz及其倍频。在轨获取的主要扰动频率与地面测试和分析结果一致。

由在轨测得的CMG扰动频谱可见,工频对应的倍频成分大于谐波频率的倍频成分,工频100Hz的峰值大于倍频峰值。CMG自身结构的基频在110Hz左右,这说明CMG内部结构的固有特性会引起特定频段扰动的放大。高频段的扰动可能因为结构柔性引起的隔振效应而衰减,也可能与CMG自身的高阶模态耦合而导致放大。由于测量系统频率范围的限制,从目前的测量数据中,无法完整获取250Hz以上的扰动特性,而有效载荷对高频扰动更为敏感,因此有必要进一步开展更高频段扰动的测量。

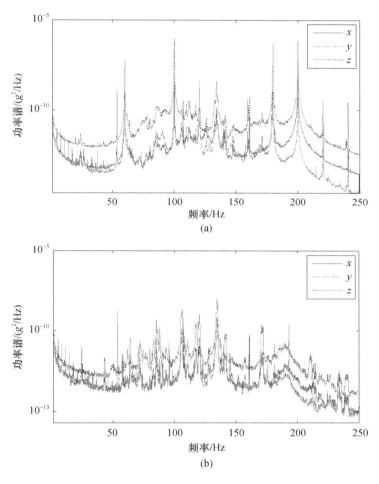

图9-2 CMG安装点加速度频谱
(a)工况Ⅰ;(b)工况Ⅱ。

2)动量轮扰动特征

动量轮安装点加速度时程响应如图9-3所示,响应峰峰值为$28mg$,均方根为$3.7mg$。动量轮安装点加速度信号的功率谱如图9-4所示。

动量轮额定转速对应的工频为24.8Hz,由加速度功率谱可见,工频扰动的能量较小,高频扰动能量较大。主要扰动峰值为131.6Hz、137.7Hz、145Hz,原因在于轴承缺陷与保持架随动引起的谐波成分,分别为5.3倍频、5.55倍频和

5.8倍频。这说明经历过发射段力学环境后,转轴系统支撑结构的缺陷度变高,使倍频扰动增大。

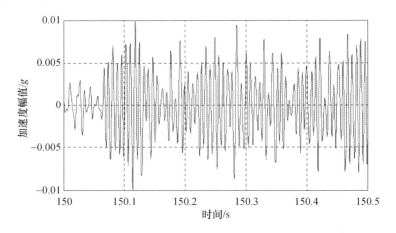

图9-3 动量轮安装点加速度时程响应

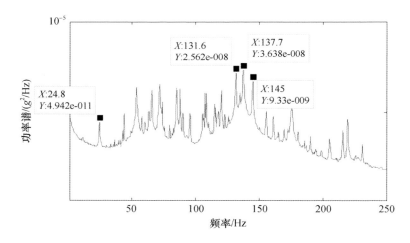

图9-4 动量轮安装点加速度信号的功率谱

3)角振动响应

对于遥感卫星而言,与有效载荷成像质量直接相关的是传递至光学系统的微振动。某遥感卫星配备的角位移传感器测量到的光学相机主承力框架指向抖动信号如图9-5和图9-6所示。由角振动频谱可见,其主要成分为100Hz、120Hz及其倍频,与CMG扰动频率一致,说明对光学相机指向抖动影响最大的为CMG。其扰动幅值不超过0.01″,说明微振动得到了有效抑制。

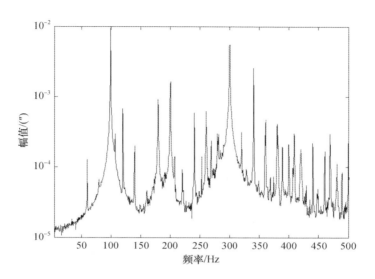

图 9-5　光学相机 A 安装点角振动频谱

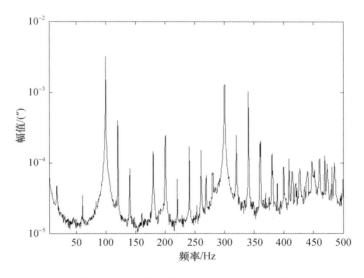

图 9-6　光学相机 B 安装点角振动频谱

9.2.2　空间环境下复杂结构动力学特性识别

影响动力学传递特性的 3 个主要参数为刚度、质量、阻尼,以在轨微振动测量数据为基础,由各部位微振动响应分析,可获取星体复杂结构的传递特性。微振动抑制设计本质上是对结构传递路径中的刚度、质量和阻尼进行调节,通过刚度匹配改变传递率的频率特性,通过阻尼匹配改变传递率的幅值特性,通过质量匹配改变传递率的能量分配。通过合理分配传递路径中的刚度、阻尼和质量,利用舱体结构和传递路径进行微振动抑制设计,实现对高频微振动源的抑制和隔离,确保成像载荷在其成像频带内,将微振动引起的像移控制在0.1个像元以内。

对于遥感卫星而言,与有效载荷成像质量直接相关的是传递至光学系统的微振动。而有效载荷的受扰情况不仅与扰动源相关,还与振源部件和敏感载荷的布置位置以及星体结构的力学特性密切相关。有效载荷安装点加速度响应峰峰值和均方根如表9-4所列,由表中数据可见,传递至相机B的扰动幅值显著低于相机A。

表9-4 有效载荷安装点响应统计

测点位置	测量方向	工况Ⅰ		工况Ⅱ	
		峰峰值/mg	均方根/mg	峰峰值/mg	均方根/mg
相机A安装点	X向	16.1	1.2	6.2	0.6
	Y向	18.6	1.9	7.5	1.2
	Z向	26.4	2.3	9.8	1.1
相机B安装点	X向	9.0	0.7	3.6	0.48
	Y向	4.6	0.5	1.9	0.23
	Z向	11.2	1.1	3.0	0.40

工况Ⅰ和工况Ⅱ下相机A和相机B安装点的加速度信号功率谱,分别如图9-7和图9-8所示。

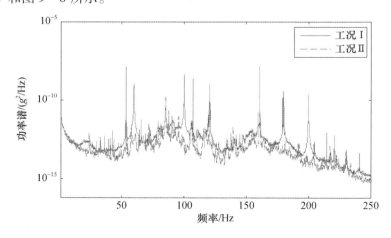

图9-7 相机A安装点z向加速度功率谱

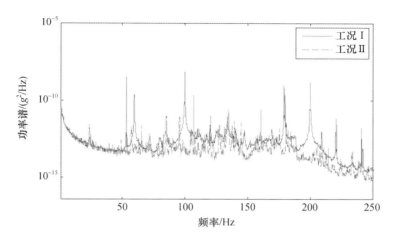

图 9-8 相机 B 安装点 z 向加速度功率谱

可见在 CMG 开启前，传递至两台相机安装面的扰动主要峰值频率为 53.6Hz、107.2Hz、160.8Hz，即天线驱动结构引起的扰动。CMG 开启后，天线引起的扰动不变，功率谱中在 60Hz、100Hz、120Hz、180Hz、200Hz 处增加了 5 个峰。其中相机 A 安装点在 120Hz 处的峰值较为明显，而相机 B 在 120Hz 处的峰值较小。由频域分析结果可见，传递至有效载荷的扰动主要由天线驱动机构和 CMG 引起，动量轮和 SADA 传递至有效载荷处的扰动较低，其信号特征被淹没。

通过对整星构形和有效载荷安装方式进行分析可知，相机 A 与天线和 CMG 之间的连接主要为刚架和舱板的组合结构，连接刚度更高，阻尼较低。而相机 B 与两个主要扰动载荷之间主要通过铝蒙皮蜂窝板和碳纤维蒙皮蜂窝板连接，连接刚度较低，阻尼较高。由测量数据对比可见，蜂窝夹层板结构对微振动有良好的衰减作用。通过合理布置设备，优化结构设计，最大限度地发挥星体结构对微振动的衰减作用，是降低微振动对成像质量影响的有效手段之一。

两种工况下各测点的 x 向加速度功率谱进行了对照，分别如图 9-9 和图 9-10 所示。工况 II 中，主要的扰动源为天线驱动机构，各测点功率谱基本遵循离振源越远，幅值越小的规律。但离天线较近的相机 A 安装点处，在二倍频处出现小幅放大。在工况 I 中，扰动最大的设备为 CMG，各测点功率谱的衰减程度也基本与其到振源的距离正相关，高频段的衰减速明显大于低频段。但在离 CMG 较近的动量轮安装点，在 100Hz 处出现了小幅放大。可见，微振动的传递特性与传统结构动力学的认识有所不同。在微振动传递特性数据中，难以提取星体结构的模态信息，微振动的衰减情况与星体结构的固有频率并无明显的关联。微振动传递的总体趋势呈现出类似于波传播的衰减规律,仅在距离振源较近的局部范围内,表现出与局部模态相关的特性。因此,对于微振动传递规律的仿真方法有必要基于实测数据进行修正,结构的模拟方法需要根据实测数据进行验证。

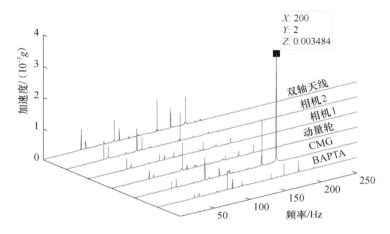

图 9-9　工况 I 下各测点 x 向加速度对照

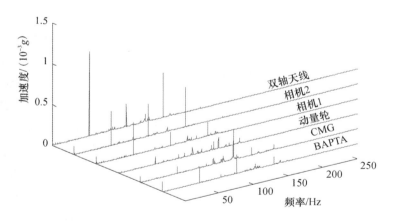

图 9-10　工况 II 下各测点 x 向加速度对照

9.3　基于在轨测量的图像补偿

微振动对成像质量的影响效果与有效载荷特性直接相关。对成像质量在微振动作用下的退化模式和退化程度进行分析,是确定微振动抑制需求的基础,也是评价微振动对成像质量影响的主要途径。实时测量成像过程中有效载荷的微振动,并根据振动数据进行图像的修复和后处理,是改善图像质量的手段之一。

9.3.1 在图像质量评估的应用

某型号进行了自由边界条件下的微振动测试。根据实测微振动数据,迭代修正试验状态下的整星有限元模型,获得主、次、焦面 3 个位置的角位移量。预测得到的角位移峰峰值如表 9-5 所列。

表 9-5 积分时间内最大像移量计算结果

通道	B1	B2	B3	B4	B5
	主镜 X 方向	主镜 Y 方向	次镜 X 方向	次镜 Y 方向	焦面 Y 方向
峰峰值/像元	0.0096	0.0126	0.0112	0.0140	0.0389

根据用 CODE V 计算出的视轴在焦面上的像移变化曲线,计算在积分时间窗口内的像移幅值峰值,横坐标为 30000 个采样点,得到积分时间内最大像移量,典型曲线如图 9-11 所示。

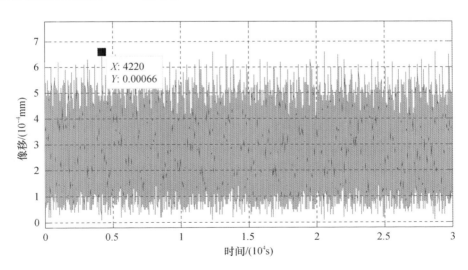

图 9-11 光轴在焦面的位移曲线

微振动引起的相机像移量如表 9-6 所列。

表 9-6 微振动引起的相机最大像移量和 MTF 计算结果

积分条件	X 向最大位移量/mm	Y 向最大位移量/mm	X 向像移量/像元	Y 向像移量/像元	X 向 MTF 影响因子	Y 向 MTF 影响因子	总 MTF 影响因子
全色 24 级	0.00066	0.00051	0.066	0.051	0.9893	0.9936	0.9914
全色 48 级	0.00098	0.00083	0.098	0.083	0.9764	0.9831	0.9797
多光谱 48 级积分	0.00112	0.00101	0.028	0.025	0.9981	0.9985	0.9966

由图 9-11 和表 9-6 可知:当 6 台 CMG 开机时,在全色 48 级积分下 MTF 影响因子大于 0.9797,24 级积分下 MTF 影响因子大于 0.9914,在多光谱 48 级积分下 MTF 影响因子大于 0.99669,满足星体高频运动在积分时间内产生的像移不超过 0.1 像元(对应的 MTF 下降因子为 0.95)要求。

9.3.2 在图像辐射质量校正中的应用

基于陀螺的运动轨迹测量方法如图 9-12 所示,若陀螺安装在像面上,以绕 x 轴方向的颤振为例,则可得到角速度 $\omega_x(t)$。假设相机在某次成像过程中,曝光起始时刻为 t_1,曝光时间为 T,则曝光过程中某时刻 $t(t_1 \leqslant t \leqslant t_1 + T)$ 光轴摆动角位置可表示为

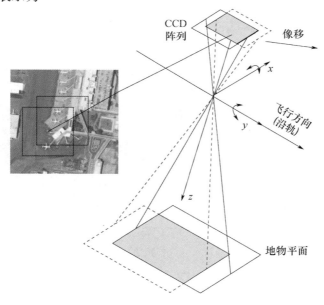

图 9-12 陀螺运动轨迹测量原理示意图

$$\theta_x(t) = \int_{t_1}^{t} \omega_x(t') \, dt' \qquad (9-1)$$

像面上像的运动轨迹可表示为

$$X(t) = \theta_x(t) \cdot l'/P \qquad (9-2)$$

式中:l' 为像距;P 为像元尺寸。

同理,可得沿 y 方向的运动轨迹,因此在 CCD 平面上,以曝光起始时刻的位置为原点,则可得陀螺每个采样时刻像的坐标位置$[X(t), Y(t)]$。

陀螺组合测量原理如图 9 – 13 所示,陀螺与空间相机主体刚性连接,首先通过时间同步获取同一时间段内的颤振影响的遥感图像和陀螺探测数据;然后对这些探测数据进行分析,获取运动轨迹、PSF 及复原图像。

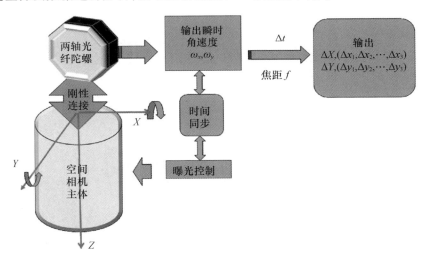

图 9 – 13　陀螺组合测量原理

此处假设陀螺安装在像面位置,实际应用时,光学卫星搭载的角位移传感器无法安装在相机内部,而仅能在相机镜筒底部的框架通过螺钉固连,二者之间有一定距离,相机与角位移传感器安装位置示意图如图 9 – 14 所示。

设相机像面与角位移传感器的距离为 d,与地面距离为 H,当卫星有振动时,角位移传感器角度为 α,相机的运动角度为 β,则

$$\frac{\sin\beta}{\sin\alpha} = \frac{H-d}{\sqrt{(H-d)^2 + d^2 - 2(H-d)d\cos(\pi-\alpha)}} \qquad (9-3)$$

由于 $H \gg d$(H 为百千米量级,d 为米级),故 $\sin\beta/\sin\alpha \approx 1$,因此角位移传感器测得的数据可近似认为就是像面的振动数据。

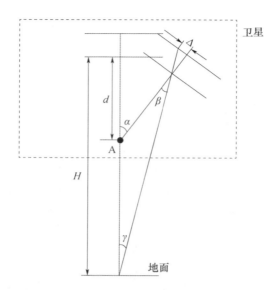

图 9-14 相机与角位移传感器安装位置示意图

TDI 模糊图像复原方案如图 9-15 所示。

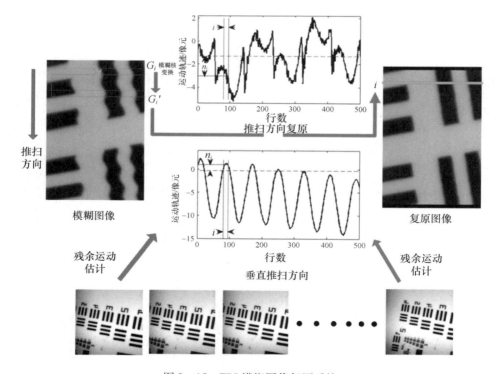

图 9-15 TDI 模糊图像复原系统

标靶图像的实际试验结果如图 9-16 所示,TDI 相机工作的线速率为 1600l/s,积分级数为 64 级。

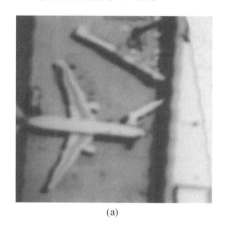

图 9-16 实际试验结果图(遥感图类)
(a)获取的降质图像;(b)复原的清晰图像。

计算所得两个方向的颤振轨迹如图 9-17 所示。

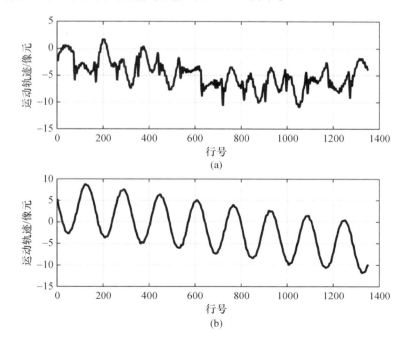

图 9-17 根据高速图像序列探测并匹配的颤振轨迹(遥感图类)
(a)方向 x;(b)方向 y。

两组试验的图像评价值如表 9-7 所列。因为实际成像中并不存在原清晰图，所以不能用结构相似性 SSIM 评价，表中给出了两种无参考的图像评价值（平均梯度 GMG 和拉普拉斯算子），基本都符合人眼直观判断的结果。

表 9-7 实际复原结果的图像评价值

遥感图类	平均梯度 GMG	拉普拉斯算子
模糊图	0.0065	0.0327
复原图	0.0224	0.1257

9.3.3 在图像几何质量校正中的应用

角振动敏感测量姿态具有实时性好、分辨率高等优点，尤其是激光陀螺，其测量频率能达到 1000Hz 以上，分辨率能优于 $0.006''$，非常适合于卫星上的高频振动及姿态测量。但是由于激光陀螺存在着漂移误差，只利用激光陀螺进行卫星姿态测量，其长时间测量结果会随着时间的变化而缓慢发散。

系统联合定姿的基本方案图如图 9-18 所示，系统主要分为姿态测量单元和信息处理单元两个部分。姿态测量单元由激光陀螺组件和星敏感器组件构成，用于提供基本的姿态测量信息。信息处理单元则通过处理激光陀螺和星敏感器的信息，最终提供高精度的实时姿态信息，其姿态算法的处理流程是首先对激光陀螺的输出数据进行安装误差校正和漂移误差校正，得到当前采样间隔内的转动角度，再利用姿态更新算法更新当前卫星的姿态矩阵，然后当星敏感器输出有姿态值后，通过与激光陀螺解算出来的姿态进行比较，得到误差观测值，利用建立的系统卡尔曼滤波误差模型，对系统的姿态误差和漂移误差进行估算，然后将估算得到的姿态角对卫星的姿态矩阵进行校正，将估算得到的激光陀螺漂移值对激光陀螺的漂移值进行修正更新，最后根据卫星姿态矩阵可以实时给出卫星的连续精确姿态。

星敏感器测量的角位移数据如图 9-19 所示，从数据可知星敏感器的测试误差随时间累积很小，但是输出频率较低、短时精度相对较差，陀螺测量的角位移数据如图 9-20 所示，从数据可知陀螺的角位移分辨率较高，但是其随着时间存在长时间漂移。基于星敏感器/激光陀螺的组合定姿技术则能够克服二者各自的缺点，数据融合后的角振动敏感仿真数据如图 9-21 所示，通过两种传感器的数据融合可以同时获取星敏感器的测试误差随时间累积很小的特性和陀螺分辨率高的特性，为卫星提供高频、高分辨率的姿态信息。

第 9 章　微振动在轨测量与图像补偿

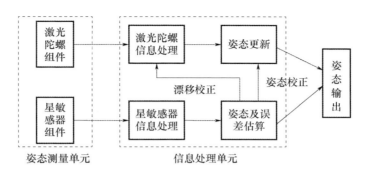

图 9-18　基于激光陀螺/星敏感器的卫星定姿方案

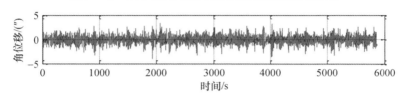

图 9-19　星敏感器测量的姿态数据

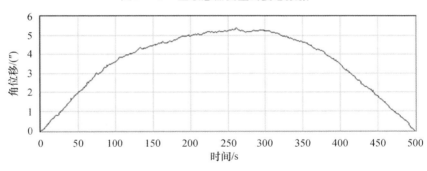

图 9-20　陀螺测量的角位移数据

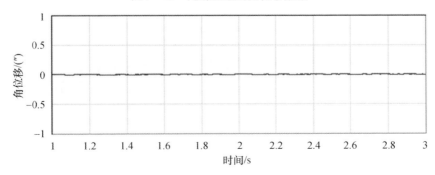

图 9-21　数据融合后的角振动敏感仿真数据

269

下面介绍利用激光陀螺和星敏感器的实测数据进行半实物仿真。仿真的方法是采集静态下角位移系统实测的激光陀螺数据,从中提取出激光陀螺的漂移误差,同时采集某星敏感器静态下的输出姿态数据,扣除其所在位置的地球自转分量,然后将二者的数据融合起来,利用上面讨论的组合定姿方案进行比较分析。

作为数据对比,首先得到原始星敏感器姿态输出曲线,采用某一星敏感器输出的相对于惯性空间的实测姿态矩阵,扣除地球自转的影响,将其换算到地理坐标系中的载体姿态矩阵;然后解算出星敏感器安装载体的航向角、俯仰角和倾斜角;最后得到的载体3个姿态角如图9-22所示。

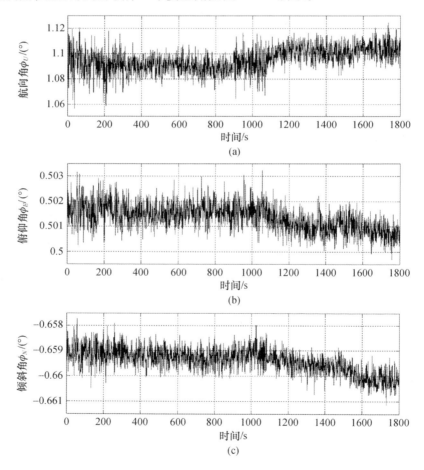

图9-22　由星敏感器数据得到的载体航向角、俯仰角和倾斜角

从图 9-22 中可以看出,星敏感器的实时输出噪声较大,峰峰值大于 10″。此数据是在星敏感器相对于地球静止下得到的,并且试验时星敏感器的光轴竖直向上。图中的航向角方向精度较差,百秒方差 21″,峰峰值 250″,是因为航向角的测量方向与星敏感器的光轴方向一致,因此星敏感器的灵敏度下降,误差较大。而俯仰角、倾斜角精度很高,百秒方差 1.3″,峰峰值 13″,这是因为这两个姿态角测量方向垂直与星敏感器光轴方向,它们反映了星敏感器的真实精度。

激光陀螺数据采用静态下的 3 个激光陀螺输出数据,从中提取出陀螺的漂移,再附加地球自转角速度,从而模拟出星敏感器所在位置的陀螺数据情况。然后利用此数据进行姿态解算,模拟得到星敏感器安装载体的航向角、俯仰角和倾斜角。最后得到的载体 3 个姿态角如图 9-23 所示。

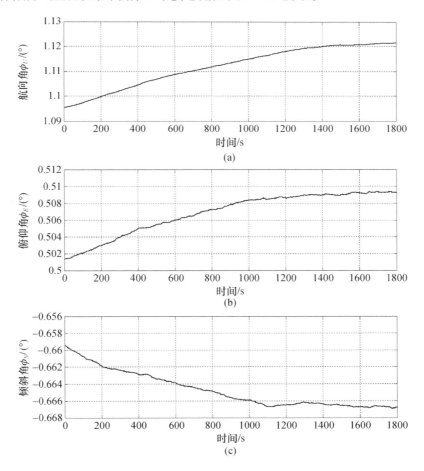

图 9-23　由激光陀螺数据得到的载体航向角、俯仰角和倾斜角

从图 9-23 中可以看出，由激光陀螺得到的载体姿态虽然噪声很小，高频噪声不超过 0.1″，但是由于激光陀螺存在着低频漂移。因此，得到的 3 个姿态角随着时间而缓慢的发散，其中航向角 1800s 时漂移了 94″，俯仰角 1800s 时漂移了 29″，倾斜角 1800s 时漂移了 27″。由此估算，3 个激光陀螺存在着 0.01 ~ 0.05°/h 的漂移误差。

将上述星敏感器的输出姿态作为观测值，采用卡尔曼滤波方法，实时估算并矫正激光陀螺的输出姿态和漂移误差，最后得到激光陀螺/星敏感器组合定姿后的载体 3 个姿态角如图 9-24 所示。

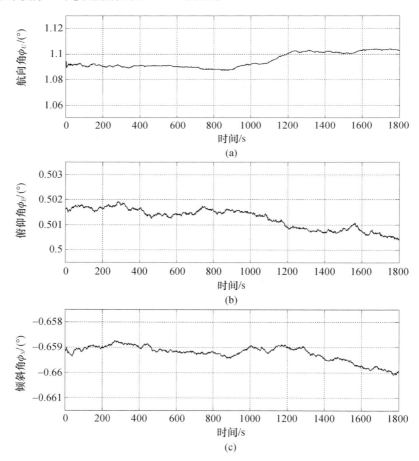

图 9-24　激光陀螺/星敏感器组合的得到的载体航向角、俯仰角和倾斜角

从图 9-24 可以看出，采用激光陀螺/星敏感器组合定姿后，星敏感器输出的高频姿态噪声基本消除，并且激光陀螺直接计算所得到姿态的漂移误差也被

完全消除,最后输出的系统姿态数据白噪声比单纯星敏感器方案减小 1/20 以上,姿态精度则达到了此星敏感器的扣除白噪声后的理想精度。

以上采用的星敏感器数据输出频率为 5Hz,由于星敏感器的原理所限,要在保证精度的情况下输出大于 10Hz 的数据比较困难,而采用组合方案后,姿态输出频率由陀螺的采样频率决定,可以做到 1000Hz,这对于卫星的实时姿态控制是非常有利的。

此外,当载体的运动角速度较大时,星敏感器的输出精度将下降,例如上述试验所用到的星敏感器,在角速度大于 1°/s 时精度会降低。而采用激光陀螺/星敏感器组合定姿后,利用算法自动控制在角速度较大时减小星敏感器在组合定姿中所占的比重,从而可以在短时间的大角速度情况下,组合系统仍然能够输出较高精度的载体姿态信息。

参考文献

[1] Dougherty H, Tompetrini K, Levinthal J, et al. Space telescope pointing control system[J]. Journal of Guidance, Control, and Dynamics, 1982, 5(4):403-409.

[2] Dougherty H, Rodoni C, Tompetrini K, et al. Space telescope pointing control[J]. Ifac Proceedings Volumes, 1983, 16(11):15-24.

[3] Nurre G S, Dougherty H J. The pointing system for space telescope[J]. proc spie, 1984, 493(6):22-31.

[4] Beals G A, Crum R C, Dougherty H J, et al. Hubble space telescope precision pointing control system[J]. Journal of Guidance, Control, and Dynamics, 1988,11(2):119-123.

[5] Hasha M D. High-performance reaction wheel optimization for fine-pointing space platforms: minimizing induced vibration effects on jitter performanee plus lessons learned from hubble space telescope for current and future spacecraft applications. [C]// Proceedings of the -43rd derospace Mechanisms Symnposium. NASA Ames Researeh Center, 2016.

[6] Nurre G S,Sharkey J P,Waites H B. Initial performance improvements due to design modifications for the pointing control system on the Hubble Space Telescope[C]//The 14th Annual Rocky Mountain Conference on Guidance and Control,1991,74:493-511.

[7] Vadlamudi N,Blair M A,Clapp B R. Hubble space telescope on-orbit transfer function test [C]// Guidance, Navigation & Control Conference. 2013.

[8] Sharkey J P,Nurre G S,Beals G A, et al. A chronology of the on-orbit pointing control system changes on the hubble space telescope and associated pointing improvements[J]. Brazilian Archives of Biology & Technology, 2013, 48(4):559-566.

[9] Nurre G S. Design and performance of the currently flying HST pointing control system[C]// Proceedings of the Ioth Annual A4. S Guidence and Control Conference. February 1993.

[10] Foster C L, Tinker M L, Nurre G S, et al. Solar-array-induced disturbance of the hubble space telescope pointing system[J]. Journal of Spacecraft and Rockets, 1995, 32(4):634-644.

[11] Jedrich N, Zimbelman D, Turczyn M, et al. Cryo cooler induced micro-vibration disturbances to the Hubble Space Telescope[R]. Nasa Sti/Recon Technical Report N, 2002, 2.

[12] Clapp B R, Sills J W, Voorhees C. Hubble space telescope pointing performance due to micro-dynamic disturbances from the NICMOS cyrogenic cooler[C]//Stritclhural Dynarmics and Materials Conference. April 2002.

[13] Schauwecker C J, et al. lmaging pointing control and aspect determination system for the NASA advanced X-ray astrophysics Facility[C]//Proceedings of the Annual 4AS Rochy Mountain Gridance and Control Conference. AAS 97-04,1997:233-249.

[14] Pendergast K J, Schauwecker C J. Use of a passive reaction wheel jitter isolation System to meet the advanced X-Ray astrophysics facility imaging performance requirements[C]. Astronomica Telescope and lestrumentation Conference, Enternational Society for Optical Engineering, Kona, Hawaii, United States. 1998:20-28.

[15] Starin S R. Autitude control system design for the Solar Dynamics Observatory[C]//NASA/GSFC/Code 595 Flight Mechanics, Smposium, Greenbelt, Mar yland, United States. 18-20 October 2005.

[16] Liu Kuo-Chia, Andrews S. SDO jitter analysis approach[C]//NASA/GSFC/Code 595 Briefing. 21 August,2003.

[17] Liu Kuo-Chia. Dynamic jitter modeling and analysis of solar dynamic observatory[C]//Flighe Mechanics Smposium, NASA Goddard Space Flight Center, CGreenbelt, Maryland, United States. Oetober 2005.

[18] Bourkland K L, Liu Kuo-Chia, Blaurock C. A jitter-mitigating high gain antenna pointing algorithm for the Solar Dynamics Observatory[C]// Proceedings of the 20th international Snposium on Space Flight Dwamics,Greenbelt, Maryland, United States. September 2007.

[19] Liu Kuo-Chia. Jitter test program and on-orbit mitigation strategies for Solar Dynamic Observatory[C]//Proceedings of the 20rh lnternational Smposium on Space Flight Dynamics, Greenbelt, Maryland, United States. September 2007.

[20] Laurens P , Decoux E , Janvier M . SOHO microvibrations: analyses, tests and flight results [C]//Spacecraft Guidance, Navigation & Control Systems. Spacecraft Guidance, Navigation and Control Systems. 1997.

[21] Meza L , Tung F , Anandakrishnan S , et al. Line of sight stabilization of James Webb Space Telescope[J]. AAS Guidance and Control Conference, Breckenridge, Colorado, United States. 5-9 February,2005.

[22] Chapel J, Stancliffe D, Bevacqua T,et al. Guidance, navigation, and control performance for the GOES-R Spacecraft[C]// Proceedings of the 90 Internationl ESA Conference on Guidanee, Navigation & Control Systems, Porto, Portugal. June 2014.

[23] Davis L P, Carter D R, Hyde T T. Second-generation hybrid D-strut[C]. Smart Structures & Materials. International Society for Optics and Photonics, 1995.

[24] Freesland D, Carter D, Chapel J, et al. GOES – R dual isolation[C]. The 38h Annual AdS Rocky Mountain Secrion Guidance and Control Conference, January 2015.

[25] Carter D. GOES – 16 on – orbit dual isolation performance characterization results[C]// Proceedings of the ik International ES. A Conference on Guidance, Navigation & Control Sustems, Salzburg, Austria. 29 May – 2 June, 2017.

[26] 王俊. 航天光学成像遥感器动态成像质量评价与优化[D]. 长春:中国科学院长春光学精密机械与物理研究所, 2000.

[27] Laskin R A, Sirlin S W. Future payload isolation and pointing system technology[J]. Journal of Guidance Control and Dynamics, 1986, 9(4):136 – 146.

[28] Davis L P, Wilson J F, Jewell R E, et al. Hubble space telescope reaction wheel assembly vibration isolation system[C]//Proceedings of Damping. 1986：BA1 – BA22.

[29] Neeck S P, Venator T J, Bolek J T. Jitter and stability calculation for the ASTER instrument [C]//Platforms and Systems. International Society for Optics and Photonics, 1995.

[30] Sparks D W, Horta L G, Elliott K B, et al. On the isolation of science payloads from spacecraft vibrations[C]//Proceedings of the 36th AIAA/ASME/ASCE/ AHS/ASC Structures, Structural Dynamics, and Materials Conference. New Orleans：AIAA, 1995：698 – 708.

[31] Bronowicki A. Forensic investigation of reaction wheel nutation on isolator[C]//49th AIAA/ ASME/ASCE/AHS/ASC Structures, Structural Dynamics, and Materials Conference. 2008.

[32] Mcmickell M B, Kreider T, Hansen E, et al. Optical payload isolation using the Miniature Vibration Isolation System (MVIS – II)[C]//Industrial and Commercial Applications of Smart Structures Technologies 2007. International Society for Optics and Photonics, 2007.

[33] Kantsiper B, Ray J, Hunt J, et al. Autonomous avoidance of structural resonances on the STEREO mission[C]//AIAA Guidance, Navigation and Control Conference and Exhibit. 2007.

[34] Miller S, Kirchman P, Sudey J. Reaction wheel operational impacts on the GOES – N jitter environment[C]//AIAA Guidance, Navigation and Control Conference and Exhibit. 2007.

[35] Worldview – 1 data sheet[EB/OL]. [2012]. http://www.digitalglobe.com/downloads/ WorldView1 – DS – WV1 – Web. pdf.

[36] Worldview – 2 data sheet[EB/OL]. [2012]. http://www.digitalglobe.com/downloads/ WorldView2 – DS – WV2 – Web. pdf.

[37] Worldview – 2[EB/OL]. [2011]. http://www.ballaerospace.com/ page.jsp? page = 82.

[38] GeoEye – 1 fact sheet[EB/OL]. [2012]. http://www.geoeye.com/Corp Site /assets/ docs/brochures/GeoEye – 1_Fact_Sheet. pdf.

[39] Matthews G, Havey J K, Egerman R. A paradigm shift to enable more cost effective space science telescope missions in the upcoming decades[C]// Proceedings of Modeling, Systems Engineering, and Project Management for Astronomy IV. San Diego：SPIE, 2010.

[40] Doyle K B. Structural line-of-sight jitter analysis for MLCD[C]// Proceedings of New Developments in Optomechanics. San Diego：SPIE, 2007.

[41] Doyle K B, Hatheway A E. Design optimization of a dual mode multi-axis passive isolation configuration for MLCD[C]//Optical Engineering + Applications. 2007：66650G.

[42] Sannibale V, Ortiz G G, Farr W H. A Sub-Hertz vibration isolation platform for a deep space optical communication transceiver[J]. Proceedings of Spie the International Society for Optical Engineering, 2009, 7199：719901-1-9.

[43] Lillie C, Bronowicki A. Adaptation in space telescopes[C]//45th AIAA/ASME/ASCE/AHS/ASC Structures, Structural Dynamics & Materials Conference. 2004.

[44] SIM[EB/OL].[2011]. http://science.nasa.gov/missions/sim/.

[45] Liu A, Blaurock C, Bourkland K, et al. Solar dynamics observatory on-orbit jitter testing, analysis, and mitigation plans[C]//AIAA Guidance, Navigation, and Control Conference. 2011.

[46] Hyde T T, Ha K Q, Johnston J D, et al. Integrated modeling activities for the James Webb Space Telescope：optical jitter analysis[J]. Proceedings of SPIE-The International Society for Optical Engineering, 2004, 5487.

[47] Dewell L, Macewen H A, Pedreiro N, et al. Precision telescope pointing and spacecraft vibration isolation for the Terrestrial Planet Finder Coronagraph[J]. Proceedings of UV/Optical/IR Space Telescopes：Innovative Technologies and Concepts II, Bellingham, 2005.

[48] Pedreiro N, Gonzales M, Foster B, et al. Agile disturbance free payload[C]// Proceedings of AIAA Guidance, Navigation, & Control Conference & Exhibit. San Francisco, 2005.

[49] Matsos H. Rage against the dying of the light[EB/OL].[2012]. http://www.astrobio.net/exclusive/4005/rage-against-the-dying-of-the-light.

[50] Brugarolas P, Alexander J, Trauger J, et al. ACCESS pointing control system[C]. Proceedings of SPIE-The International Society for Optical Engineering, 2010, 7731(1)：77314V-1-22.

[51] Marneffe B D, Avraam M, Deraemaeker A, et al. Vibration isolation of precision pay loads：A six-axis electromagnetic relaxation isolator[J]. Journal of Guidance, Control, and Dynamics, 2009, 32(2)：395-401.

[52] Oh H U, Izawa K, Taniwaki S. Development of variable-damping isolator using bio-metal fiber for reaction wheel vibration isolation[J]. Smart Materials and Structures, 2005, 14(5)：928-933.

[53] Oh H, Taniwaki S, Kinjyo N, et al. Flywheel vibration isolation test using a variable-damping isolator[J]. Smart Materials and Structures, 2006, 15(2)：365-370.

[54] Zhang Z, Aglietti G S, Zhou W. Microvibrations induced by a cantilevered wheel assembly with a soft-suspension system[J]. AIAA Journal, 2011, 49(5)：1067-1079.

[55] 赵煜, 张鹏飞, 程伟. 反作用轮扰动特性测量及研究[J]. 试验力学, 2009, 24(6)：

532-538.

[56] 赵发刚,周徐斌,申军烽. 高精度遥感卫星飞轮扰动分析与仿真[C]:高分辨率遥感卫星结构振动及控制技术研讨会论文集. 长沙:中国宇航学会,2011:342-347.

[57] 蔺宇辉,李玲,王春辉,等. 某空间光学遥感器的振动抑制及装星应力卸载技术应用[J]. 航天返回与遥感,2012,33(1):23-31.

[58] 郑钢铁,梁鲁,王光远,等. 遥感卫星动力学问题系统解决方法和装置[C]:高分辨率遥感卫星结构振动及控制技术研讨会论文集. 长沙:中国宇航学会,2011:349-356.

[59] 冯华君,郑珍珍,徐之海,等. 基于卫星颤震光学成像的仿真模型分析[C]:高分辨率遥感卫星结构振动及控制技术研讨会论文集. 长沙:中国宇航学会,2011:24-29.

[60] 庞世伟,杨雷,曲广吉. 基于集成建模的航天器微振动扰动性能评估技术[C]//2007年全国结构动力学学术研讨会论文集. 南昌:中国振动工程学会,2007:245-253.

[61] 牟夏,宗红,雷拥军. 高分辨率遥感卫星控制技术综述[C]:高分辨率遥感卫星结构振动及控制技术研讨会论文集. 长沙:中国宇航学会,2011:149-153.

[62] Masterson R, Miller D, Grogan R. Development of empirical and analytical reaction wheel disturbance models[C]:40th Structures, Structural Dynamics, and Materials Conference and Exhibit. St. Louis:AIAA,1999:1-12.

[63] Masterson R A, Miller D W, Grogan R L. Development and validation of reaction wheel disturbance models:empirical model[J]. Journal of Sound & Vibration,2002,249(3):575-598.

[64] Bampton M C, Craig J R. Coupling of substructures for dynamic analyses.[J]. AIAA Journal,1968,6(7):1313-1319.

[65] Jr J B S. Reaction wheel low-speed compensation using a dither signal[J]. Journal of Guidance, Control, and Dynamics,1993,16(4):617-622.

[66] 马兴瑞,于登云,韩增尧,等. 星箭力学环境分析与试验技术研究进展[J]. 宇航学报,2006,(3).

[67] 王全武,虎刚. 飞轮振动频谱特征的初步理论分析和验证[J]. 空间控制技术与应用,2008,34(4):42-46.

[68] 钟一谔,何衍宗,王正. 转子动力学[M]. 北京:清华大学出版社,1987.

[69] 庞世伟,潘腾,毛一岚,等. 某型号卫星微振动试验研究及验证[J]. 航天器环境工程,2016,33(3):305-311.

[70] 雷军刚,赵伟,程玉峰. 一次卫星微振动情况的地面测量试验[J]. 真空与低温,2008,14(2):95-98.

[71] 王泽宇,邹元杰,焦安超,等. 某遥感卫星平台的微振动试验研究[J]. 航天器环境工程,2015,32(3):278-285.

[72] 邓长城. 飞轮微振动对星载一体化卫星成像质量影响研究[D]. 长春:中国科学院长

春光学精密机械与物理研究,2017.

[73] 王光远,田景峰,赵煜,等. 整星微振动试验方法及关键技术研究[C]. 高分辨率对地观测学术年会,2014.

[74] 王光远,赵煜,庞世伟. 活动部件扰动测量的频域校正方法[C]. 中国宇航学会年会,2012.

[75] 周东强,曹瑞,赵煜. 遥感系列卫星在轨微振动测量与分析[J]. 航天器环境工程,2013,30(6):627-630.

[76] 杨新峰,白照广,杨栋,等. 动量轮诱导的卫星地面微振动特性研究以及在轨仿真分析[J]. 装备环境工程,2015,(3):15-21.

[77] 蒋国伟,周徐斌,申军烽,等. 某卫星微振动建模与仿真[J]. 航天器环境工程,2011,(1):36-40.

[78] 胡玉禧,安连生. 应用光学[M]. 安徽:中国科学技术大学出版社,1996:42-43.

[79] Burge J H. An easy way to relate optical element motion to system pointing stability[J]. Proc Spie,2006,6288:62880I-62880I-12.

[80] 陈世平,杨秉新,王怀义,等. 空间相机设计与试验[M]. 北京:中国宇航出版社,2003:257-258.

[81] Bialke B. A compilation of reaction wheel induced spacecraft disturbances[C]// AAS Guidance and Control Conference. San Diego,CA:AAS,1997.

[82] Dekens F G. Microprecision interferometer:pointing system solutions for on-orbit disturbance environment[C]//Proceedings of SPIE-The International Society for Optical Engineering,2000:386-393.

[83] Liu K C,Maghami P,Blaurock C. Reaction wheel disturbance modeling,jitter analysis,and validation tests for solar dynamics observatory[C]//AIAA Guidance,Navigation & Control Conference & Exhibit. 2008.

[84] 张志娟,邹元杰. 基于柔性多体理论的遥感卫星颤振分析方法研究[C]:高分辨率遥感卫星结构振动及控制技术研讨会论文集. 长沙:中国宇航学会,2011.

[85] Thorby D. Structural dynamics and vibration in practice[M]. Butterworth-Hein-emann:Jordan Hill,2008:21-22.

[86] Marneffe B. Active and passive vibration isolation and damping via shuntedtransducers[D]. Brussels:Universite Libre de Bruxelles,2007:67-69,112-116.

[87] Holtz M W,Niekerk J L V. Modelling and design of a novel air-spring for a suspension seat[J]. Journal of Sound and Vibration,2010,329(21):4354-4366.

[88] Sun Q,Wolkow R A,Salomons M. Low frequency vibration isolation throughan active-on-active approach:coupling effects[J]. ASME J. Vibr. Acoust.,2009,131(6):741-747.

[89] Johnson C D. Design of passive damping systems[J]. Journal of Vibration & Acoustics,

1995, 117(B):171-176.

[90] Yao G, Yap F, Chen G, et al. MR damper and its application for semi-active control of vehicle suspension system[J]. Mechatronics, 2002, 12(7):963-973.

[91] Jalali M M, Nader V. Application of tuned vibration absorbers in fluid mounts[J]. Shock and Vibration, 2009, 16(6):565-580.

[92] Maciejewski I, Meyer L, Krzyzynski T. The vibration damping effectiveness of an active seat suspension system and its robustness to varying mass loading[J]. Journal of Sound & Vibration, 2010, 329(19):3898-3914.

[93] Teng H D, Chen Q. Study on vibration isolation properties of solid and liquid mixture[J]. Journal of Sound and Vibration, 2009, 326(1):137-149.

[94] Asami T, Nishihara O. H2 optimization of three-element type dynamic vibration absorbers[J]. ASME J. Vibr. Acoust., 2002, 124(4):583-592.

[95] Debra D B. Vibration isolation of precision machine tools and instruments[J]. CIRP Annals-Manufacturing Technology, 1992, 41(2):711-718.

[96] 刘天雄,林益明,王明宇,等. 航天器振动控制技术进展[J]. 宇航学报, 2008, 29(1):1-12.

[97] Zuo L. Element and system design for active and passive vibration isolation[D]. Cambridge: Massachusetts Institute of Technology, 2005.

[98] Moreira R A, Cortereal J D, Rodrigues J D. A generalized frequency-temperature viscoelastic model[J]. Shock & Vibration, 2010, 17(4):407-418.

[99] Piersol A G, Paez T L. Harris' Shock and Vibration Handbook[M]. 6th ed. New York: McGraw-Hill, 2010:2.30-2.31, 38.30-38.31.

[100] Ruebsamen T, Boyd J, Davis T, et al. Vibration isolation apperatus and methods of manufacture: US, 20080164644A1[P]. 2008-07-10.

[101] Liu Y, Matsuhisa H, Utsuno H. Semi-active vibration isolation system with variable stiffness and damping control[J]. Journal of Sound and Vibration, 2008, 313(1-2):16-28.

[102] Williams K, Chiu G, Bernhard R. Adaptive-passive absorbers using shape memory alloys[J]. Journal of Sound & Vibration, 2002, 249(5):835-848.

[103] Grant D, Hayward V. Design of shape memory alloy actuator with high strain and variable structure control[C]//IEEE International Conference on Robotics & Automation. IEEE, 1995:2305-2312.

[104] Siler D J, Demoret K B J. Variable stiffness mechanisms with SMA actuators[J]. Proceedings of SPIE-The International Society for Optical Engineering, 1996, 2721:427-435.

[105] Stanway R, Sproston J L, El-Wahed A K. Applications of electro-rheological fluids in vibration control: a survey[J]. Smart Materials & Structures, 1996, 5(4):464-482.

[106] Sims N D, Stanway R, Peel D J, et al. Controllable viscous damping: an experi mental study of an electrorheological long – stroke damper under proportional feedback control[J]. Smart Materials and Structures, 1999, 8(5):601 – 615.

[107] Mroz A, Orlowska A, Holnicki – Szulc J. Semi – active damping of vibrations prestress accumulation – release strategy development[J]. Shock & Vibration, 2010, 17(2):123 – 136.

[108] Shah B M, Nudell J J, Kao K R, et al. Semi – active particle – based damping systems controlled by magnetic fields[J]. Journal of Sound and Vibration, 2011, 330(2):182 – 193.

[109] Liu Y, Waters T P, Brennan M J. A comparison of semi – active damping control strategies for vibration isolation of harmonic disturbances[J]. Journal of Sound and Vibration, 2005, 280(1 – 2):21 – 39.

[110] Gawronski W K. Advanced structural dynamics and active control of structures[J]. IEEE Transactions on Automatic Control, 2005, 50(3):419 – 419.

[111] Kerber F, Hurlebaus S, Beadle B, et al. Control Concepts for an Active Vibration Isolation System[J]. Mechanical Systems and Signal Processing, 2007, 21:3042 – 3059.

[112] Cheong J, Lee S. Linear pid composite controller and its tuning for flexiblelink robots [J]. Journal of Vibration and Control, 2008, 14(3):291 – 318.

[113] Fenik S, Starek L. Optimal PI controller with position feedback for vibration suppression[J]. Journal of Vibration and Control, 2010, 16(13):2023 – 2034.

[114] Jun L. Positive position feedback control for high – amplitude vibration of a flexible beam to a principal resonance excitation[J]. Shock and vibration, 2010,17(2):187 – 204.

[115] 纪晗, 熊世树, 袁涌, 等. 基于负刚度原理的结构减震效果理论分析[J]. 振动与冲击, 2010, 29(3):91 – 94.

[116] Coppola G, Liu K. Control of a unique active vibration isolator with a phase compensation technique and automatic on/off switching[J]. Journal of Soundand Vibration, 2010, 329(25):5233 – 5248.

[117] Abakumov A M, Miatov G N. Control algorithms for active vibration isolation systems subject to random disturbances[J]. Journal of Sound and Vibration, 2006,289(4):889 – 907.

[118] Yen J, Lan K, Kramar J. Active vibration isolation of a large stroke scanning probe microscope by using discrete sliding mode control [J]. Sensors and Actuators A: Physical, 2005, 121(1):243 – 250.

[119] Zuo L, Nayfeh S. Structured H2 optimization of vehicle suspensions basedon multi – wheel models[J]. Vehicle System Dynamics, 2003, 40(5):351 – 371.

[120] Shaw J. Active vibration isolation by adaptive control[C]//IEEE International Conference on Control Applications. IEEE, 2001, 7(1):1509 – 1514.

[121] Mehendale C S, Fialho I J, Grigoriadis K M. A linear parameter – varying frame – work for

adaptive active microgravity isolation[J]. Journal of Vibration and Control, 2009, 15(5): 773-800.

[122] Chen K T, Chou C H, Chang S H, et al. Intelligent active vibration control inan isolation platform[J]. Applied Acoustics, 2007, 69:1063-1084.

[123] Xie Z, Shepard J S, Woodbury W. Design optimization for vibration reduction of viscoelastic damped structures using genetic algorithms[J]. Shock and Vibration, 2009, 16(5): 455-466.

[124] Shahruz S M. Active vibration suppression in multi-degree-of-freedom systemsby disturbance observers[J]. Journal of Vibration and Control, 2009, 15(8):1207-1228.

[125] Boerlage M, Jager B, Steinbuch M. Control relevant blind identification of disturbances with application to a multivariable active vibration isolation platform[J]. IEEE Trans. Control Syst. Technol., 2010, 18(2):393-404.

[126] Kim S, Wang S, Brennan M. Dynamic analysis and optimal design of apassive and an active piezo-electrical dynamic vibration absorber[J]. Journal of Sound and Vibration, 2010, 330(4):603-614.

[127] 刘耀宗,王宁,孟浩,等. 基于动力吸振器的潜艇推进轴系轴向减振研究[J]. 振动与冲击, 2009, 28(5):184-187.

[128] Kamesh D, Pandiyan R, Ghosal A. Modeling, design and analysis of low frequency platform for attenuating micro-vibration in spacecraft[J]. Journal of Sound and Vibration, 2010, 319(17):3431-3450.

[129] 关广丰,熊伟,王海涛,等. 六自由度电液振动台控制策略研究[J]. 振动与冲击, 2010, 29(4):200-203.

[130] Watanabe T, Watanabe D, Naruke M, et al. Feedforward control of a mimo system for a large-size and lightweight isolation table[J]. Journal of Vibrationand Control, 2010, 16(4):513-526.

[131] Kim Y, Kim S, Park K. Magnetic force driven six degree-of-freedom active vibration isolation system using a phase compensated velocity sensor[J]. Review of Scientific Instruments, 2009, 80(4):1-5.

[132] Yang F, Sedaghati R, Esmailzadeh E. Vibration suppression of non-uniform curved beams under random loading using optimal tuned mass damper[J]. Journal of Vibration and Control, 2009, 15(2):233-261.

[133] Halevi Y, Peled I. Absolute vibration suppression (AVS) control-modeling, implementation and robustness[J]. Shock and Vibration, 2010, 17(4):349-358.

[134] Zhao Y. Vibration suppression of a quadrilateral plate using hybrid piezoelectric circuits[J]. Journal of Vibration and Control, 2010, 16(5):701-720.

[135] Vahdati N, Ahmadian M. Hybrid secondary suspension systems[J]. Shock and Vibration, 2009, 16(5):467-480.

[136] Hoque M E, Mizuno T, Kishita D, et al. Development of an active vibration isolation system using linearized zero-power control with weight supportsprings[J]. ASME J. Vibr. Acoust., 2010, 132(4):1-9.

[137] Anderson E H, Fumo J P, Erwin R S. Satellite ultraquiet isolation technology experiment[C]//IEEE Aerospace Conference. 2000, 4:299-313.

[138] Chen H, Bishop R M. Payload pointing and active vibration isolation using hexapod platforms[C]//44th AIAA/ASME/ASCE/AHS Structures, Structural Dynamics, and Materials Conference. Norfolk, Virginia, 2003.

[139] Choil B, Hong S R. Active vibration control of a flexible structure using an inertial type piezoelectric mount[J]. Smart Mater. Struct., 2007, 16:25-35.

[140] Pollard E, Jenkins C. Shape memory alloy deployment of membrane mirrors for spaceborne telescopes[C]//6th AIAA Gossamer Spacecraft Forum. Austin, AIAA, 2005.

[141] Sohn J W, Han Y M, Choi S B, et al. Vibration and position tracking control of a flexible beam using SMA wire actuators[J]. Journal of Vibration and Control, 2009, 15(2):263-281.

[142] 张磊,刘永光,付永领,等. 基于磁致伸缩作动器的主动隔振系统分析[J]. 航空动力学报, 2004, 19(6):782-785.

[143] Geng Z, Haynes L. Six degree-of-freedom active vibration control using the stewart platforms[J]. IEEE Transactions on Control Systems Technology, 1994, 2(1):45-53.

[144] Hindle T, Mcmickell B, Davis T. Vibration Isolations and Isolation Systems:US,20090020381A1[P]. 2009-01-22.

[145] Porumamilla H, Kelkar A G, Vogel J M. Modeling and verification of an innovative active pneumatic vibration isolation system[J]. ASME J. Dyn. Syst., Meas., Control, 2008, 130(3):1-12.

[146] 谭平,楼炳森,陈振藩. 以压电陶瓷为作动器的主动隔振技术研究[J]. 振动测试与诊断, 1994, 14(1):44-48.

[147] 夏永强,余淼,刘胜龙. 磁流变弹性体隔振缓冲器设计及试验研究[J]. 振动与冲击, 2010, 29(9):196-200.

[148] Pendleton S, Basile J, Academia G. Payload isolation systemfor ground based stability testing:design and test validation[C]//50thAIAA/ASME/ASCE/AHS/ASC Structures, Structural Dynamics, and Materials Conference. California:AIAA, 2009:2694.

[149] Spier C, Bruch J C, Sloss J M. Analytic and finite element solutions foractive displacement feedback control using PZT patches[J]. Journal of Vibrationand Control, 2010, 16(3):323-342.

[150] Yan B, Brennan M J, Elliott S J, et al. Active vibration isolation of a system with a distributed parameter isolator using absolute velocity feedback control[J]. Journal of Sound and Vibration, 2010, 329(10):1601-1614.

[151] Hauge S, Campbell E. Sensors and control of a space-based six-axis vibration isolation system[J]. Journal of Sound and Vibration, 2004, 269(4):913-931.

[152] 邓剑波. 新型结构阻尼材料金属橡胶性能的理论与运用研究[D]. 北京：北京航空航天大学动力工程系, 1997.

[153] 陈艳秋, 郭宝亭, 朱梓根. 金属橡胶减振垫刚度特性及本构关系研究[J]. 航空动力学报, 2002, 17(4):416-420.

[154] 彭威, 白鸿柏, 郑坚, 等. 金属橡胶材料基于微弹簧组合变形的细观本构模型[J]. 试验力学, 2005, 20(3):455-462.

[155] 郭宝亭, 朱梓根, 崔荣繁, 等. 金属橡胶材料的理论模型研究[J]. 航空动力学报, 2004, 19(3):314-319.

[156] 李宇明, 彭威, 白鸿柏, 等. 金属橡胶材料宏观和细观力学模型[J]. 机械工程学报, 2005, 41(9):38-41

[157] 敖宏瑞, 姜洪源, 夏宇宏, 等. 金属橡胶弹性迟滞回线的一种新的建模方法[J]. 中国矿业大学学报, 2004, 33(4):454-457.

[158] 李宇燕, 黄协清, 毛文雄. 位移和速度三次非线性因素对金属橡胶干摩擦系统幅频特性的影响[J]. 机械强度, 2005, 27(4):436-439.

[159] 李冬伟, 白鸿柏, 杨建春, 等. 金属橡胶弹性元件试验建模研究[J]. 兵器材料科学与工程, 2005, 28(3):7-10.

[160] 敖宏瑞, 姜洪源, 阎辉, 等. 单自由度金属橡胶隔振系统干摩擦阻尼的识别[J]. 机械设计, 2004, 21(4):28-30.

[161] 敖宏瑞, 姜洪源, 闫辉, 等. 基于小波变换的金属橡胶干摩擦系统阻尼识别[J]. 机械设计, 2004, 21(7):27-30.

[162] 姜洪源, 敖宏瑞, 夏宇宏, 等. 金属橡胶单自由度干摩擦隔振系统的理论分析[J]. 机械工程师, 2003(1):32-35.

[163] 敖宏瑞, 姜洪源, 夏宇宏, 等. 金属橡胶干摩擦阻尼系统动态性能分析方法的研究[J]. 中国机械工程, 2003, 14(23):2053-2056.

[164] 姜洪源, 敖宏瑞, 夏宇宏, 等. 金属橡胶隔振器干摩擦阻尼特性的研究[J]. 机械设计, 2002, 19(11):11-14.

[165] 姜洪源, 敖宏瑞, 夏宇宏, 等. 试验建模方法在金属橡胶隔振系统分析中的应用[J]. 试验力学, 2002, 17(3):363-368.

[166] 姜洪源, 敖宏瑞, 李瑰贤, 等. 金属橡胶隔振器动力学模型与分析[J]. 湖南科技大学学报：自然科学版, 2004, 19(3):23-27.

[167] 李中郢,卢正人. 金属橡胶减振器组合刚度特性研究[J]. 哈尔滨工业大学学报,2005,37(10):1327-1329,1362.

[168] 李冬伟,白鸿柏,杨建春,等. 金属橡胶动力学建模及参数识别[J]. 振动与冲击,2005,24(6):57-60.

[169] 李岳峰,胡海岩. 非线性系统参数识别的能量法[J]. 振动工程学报,1991,4(3):34-39.

[170] 陈乃立,童忠钫. 非线性持质系统的参数分离识别[J]. 振动与冲击,1994,13(4):7-14.

[171] 李岳峰,胡海岩. 非线性系统参数识别的频域法[J]. 南京航空航天大学学报,1991,23(4):45-50.

[172] Peng Jiehua. Frequency method of parameter identification of nonlinear systems[J]. Journal of Shaoyang University: Natural Sciences,2004,1(3):4-10.

[173] Caughey T K. Sinusoidal excitation of a system with bilinear hysteresis[J]. Journal of Applied Mechanics,1960,12:640-643.

[174] Jennings P C. Periodic response of a general yielding structure[J]. J Eng Mech Div: ASCE,1964,90(EM2):581-589.

[175] Danilo C, Fabrizio V. Steady-state dynamic analysis of hysteretic systems[J]. ASCE Journal of Engineering Mechanics,1985,111(12):1515-1531.

[176] Tso W K, Asmis K G. Parametric excitation of a pendulum with bilinear hystere-sis[J]. Journal of Applied Mechanics,1970,37:1061-1068.

[177] 胡海岩. 振动控制中的非线性组合结构动力学研究[D]. 南京:南京航空学院,1988.

[178] 李宇燕,黄协清,毛文雄. 金属橡胶三次非线性干摩擦系统振动响应计算方法研究[J]. 航空材料学报,2004,24(6):56-60.

[179] 白鸿柏,张培林,黄协清. 黏性阻尼滞迟振子简谐激励响应的等效线性化计算方法研究[J]. 振动与冲击,2000,19(4):44-47.

[180] 白鸿柏,黄协清. 三次非线性粘性阻尼双线性滞迟振动系统IHB分析方法[J]. 西安交通大学学报,1998,32(10):35-38,46.

[181] 白鸿柏,郑坚,张培林,等. 粘性阻尼双线性滞迟振子简谐激励响应的Krylov-Bogoliubov计算方法[J]. 机械强度,2005,27(4):436-439.

[182] Henry A Sodano. Development of novel eddy current damper for the suppression of structural vibration[D]. Virginia Polytechnic Institute and State University,2005.

[183] Ebrahimi B, Khamesee B, Golnaraghi F. Eddy current damper feasibility in automobile suspension: modeling, simulation and testing[J]. Smart Materials and Structures,2008,18:015017.

[184] Bae J S, Hwang J H, Park J S, et al. Modeling and experiments on eddy current damping caused by a permanent magnet in a conductive tube[J]. Journal of Mechanical Science and

Technology, 2009, (23): 3024 – 3035.

[185] Cheng T H, Oh I K. Coil – based electromagnetic damper and actuator for vibration suppression of cantilever beams[J]. Journal of Intelligent Material Systemsand Structures, 2009, 20(18): 2237 – 2247.

[186] Cheah S K, Sadano H A. Novel eddy current damping mechanism for passive magnetic bearings[J]. Journal of Vibration and Control, 2008, 14(11): 1749 – 1766.

[187] Lee K, Kim C, Park K. Development of an eddy – current – type magnetic floor hinge[J]. Transactions on Industrial Electronics, 2006, 53(2): 561 – 568.

[188] 张三慧. 电磁学[M]. 北京: 清华大学出版社, 1999.

[189] Hilkert J M, Bowen M L, Wang J. Specifications for image stabilization systems[C]//Proceedings of SPIE – The International Society for Optical Engineering. 1991: 24 – 38.

[190] Raiter S, Hadar O, Kopeika N S. Influence of motion sensor error on image restoration from vibrations and motion[C]//Sensors and Camera Systems for Scientific, Industrial, and Digital Photography Applications II. International Society for Optics and Photonics, 2001.

[191] Genberg V L, Michels G J, Doyle K B. Integrated modeling of jitter MTF due to random loads[J]. Proc Spie, 2011, 8127(3): 777 – 785.

[192] 庞世伟, 潘腾, 范立佳, 等. 一种微振动隔振设计与验证[J]. 强度与环境, 2016, 43(5): 17 – 23.

[193] 许斌, 雷斌, 范城城, 等. 基于高频角位移的高分光学卫星影像内部误差补偿方法[J]. 光学学报, 2016, 36(9): 293 – 300.

[194] 关新, 王光远, 梁鲁, 等. 空间相机低频隔振系统及试验验证[J]. 航天返回与遥感, 2011, 32(6): 53 – 61.

[195] 王光远, 赵煜, 庞世伟. 活动部件扰动测量的频域校正方法[C]//中国宇航学会年会. 2012.

[196] 王光远, 田景峰, 赵煜, 等. 光学遥感卫星微振动预示及抑制技术初探[C]// 光学遥感载荷与信息处理技术 2013 年全国学术会议. 2013.

[197] Wang G Y, Zheng G T. Vibration of two beams connected by nonlinear isolators: analytical and experimental study[J]. Nonlinear Dynamics, 2010, 62(3): 507 – 519.

[198] Wang G Y, Zheng G T. Parameter design and experimental study of a bi – functional isolator for optical payload protection and stabilization[C]: International Conference on Space Optics. 2010.

[199] Wang G Y, Zhao Y, Pang S W. Frequency domain compensation method For moving part disturbance measurement[C]//13th European Conference on Spacecraft Structures, Materials & Environmental Testing. 2014.

[200] 张庆君, 王光远, 郑钢铁. 光学遥感卫星微振动抑制方法及关键技术[J]. 宇航学报,

2015,36(2):125-132.

[201] 杨金禄,孙永进,赵振昊,等.航天器在轨微振动测量单元设计及地面标定技术[J].航天器环境工程,2016,(6).

[202] 王光远,周东强,赵煜.遥感卫星在轨微振动测量数据分析[J].宇航学报,2015,36(3):261-267.

[203] Lin P P, Jules K. An intelligent system for monitoring the microgravity environment quality on-board the International Space Station[C]//IMTC 2001. Proceedings of the 18th IEEE Instrumentation and Measurement Technology Conference. Rediscovering Measurement in the Age of Informatics. IEEE,2002.

[204] Sicker R J, Kacpura T J. Advanced microgravity acceleration measurement systems being developed[R]. Cleveland,USA:NASA Glenn Research Center,March 2002.

[205] Dyne S J C, Tunbridge D E L, Collins P P. The vibration environment on a satellite in orbit[C]//High Accuracy Platform Control in Space, IEE Colloquium on. IET,1993.

[206] 赵煜,周东强."海洋二号"卫星主动段、自由飞行段力学环境测量与分析[J].航天器环境工程,2012,29(4):458-463.

[207] 高跃飞.结构动力学边界条件优化设计及工程实现方法研究[D].西安:西北工业大学,2006.

[208] 顾行发,李小英,闵祥军,等.CBERS-02卫星CCD相机MTF在轨测量及图像MTF补偿[J].中国科学:E辑,2005,(B12):26-40.

[209] 穆欣.基于空间光学传感器MTF补偿的遥感图像复原[D].长春:中国科学院长春光学精密机械与物理研究所,2012.

[210] 惠雯,郭强,吴琼,等.FY-2G静止气象卫星遥感图像质量评价[J].地球物理学进展,2016,31(5):1902-1910.

[211] 卢有春.S波段SAR在轨测试技术的方案论证与评价[D].成都:电子科技大学,2006.

[212] 郭兆曾,周凡.卫星遥感图像几何质量的仿真评价[J].中国空间科学技术,1994,14(06):26-33.

[213] 王光霞,冯华君,徐之海,等.基于块匹配的低光度图像对融合方法[J].光子学报,2019,48(04):210-219.

[214] 张峥,李奇,徐之海,等.结合颜色线和暗通道的遥感图像去雾[J].光学精密工程,2019,27(01):181-190.

[215] 许越,徐之海,冯华君,等.双场景类型遥感图像的配准拼接优化[J].浙江大学学报(工学版),2019,53(01):107-114.

[216] 常猛,冯华君,徐之海,等.单张LDR图像的曝光校正与细节增强[J].光子学报,2018,47(04):175-184.

[217] 许越,冯华君,徐之海,等. 敏捷卫星同轨多条带成像拼接重叠像元数阈值分析[J]. 光电工程,2017,44(11):1066-1074,1124.

[218] 唐超影,陈跃庭,李奇,等. 基于视频重建的颤振探测与图像复原方法[J]. 光学学报,2015,35(04):114-122.

[219] 江燊煜,陈阔,徐之海,等. 基于曝光适度评价的多曝光图像融合方法[J]. 浙江大学学报(工学版),2015,49(03):470-475,481.

[220] 何丽蓉,黄加紫,冯华君,等. 基于颤振探测和编码曝光的快速图像复原方法[J]. 光学学报,2014,34(09):110-117.

[221] 张天煜,冯华君,徐之海,等. 基于强边缘宽度直方图的图像清晰度指标[J]. 浙江大学学报(工学版),2014,48(02):312-320.

[222] 赵巨峰,冯华君,徐之海,等. 基于模糊度和噪声水平的图像质量评价方法[J]. 光电子·激光,2010,21(07):1062-1066.

[223] 毛成军,李奇,徐之海,等. 任意运动形式模糊图像的恢复[J]. 光子学报,2009,38(08):2126-2130.

[224] 陈远,徐之海,冯华君. 可应用于CMOS彩色图像传感器的两层垂直层叠结构及其色彩特性的研究[J]. 光学学报,2009,29(05):1264-1269.

[225] 付中梁,冯华君,徐之海,等. 基于快速CCD位移探测的运动模糊图像的恢复[J]. 光电工程,2009,36(03):69-73.

[226] 冯华君,陶小平,赵巨峰,等. 空间变化PSF图像复原技术的研究现状与展望[J]. 光电工程,2009,36(01):1-7.

[227] 戴朝约,冯华君,徐之海,等. 针对特定场合的图像恢复算法试验研究[J]. 光学技术,2008,34(S1):160-162.

[228] 徐之海,冯华君. 超高分辨光电成像技术的研究进展[J]. 红外与激光工程,2006,(04):456-463.

[229] 叶鹏钊,冯华君,徐之海,等. 基于块效应抑制的压缩降质模糊图像盲复原[J]. 浙江大学学报(工学版),2018,52(02):406-412.

[230] 伍文双,冯华君,徐之海,等. 基于MEMS陀螺仪的光学图像拼接[J]. 光子学报,2018,47(03):133-141.

[231] 唐超影,陈跃庭,李奇,等. 基于视频重建的颤振探测与图像复原方法[J]. 光学学报,2015,35(04):114-122.

[232] 何丽蓉,黄加紫,冯华君,等. 基于颤振探测和编码曝光的快速图像复原方法[J]. 光学学报,2014,34(09):110-117.

[233] 冯华君,邓勤,郑珍珍,等. 卫星颤振光学成像仿真模型分析[J]. 光电工程,2013,40(02):1-7.

图 3-21 六分量测力平台

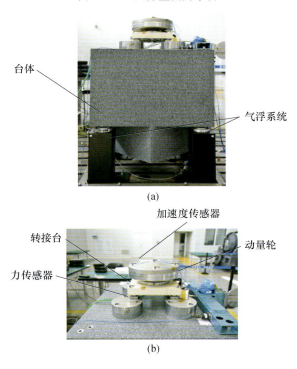

图 3-28 测量设备及安装状态
(a)测力台主要构成;(b)测试现场。

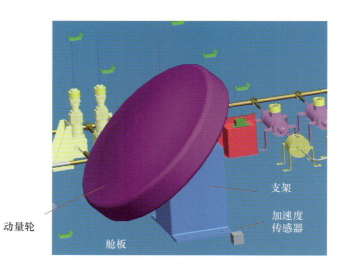

图 3-40 测点布置示意图

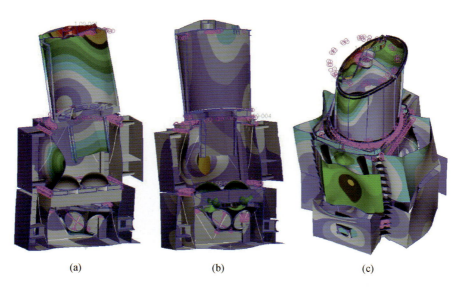

图 4-20 抖动敏感模态振型
(a) 相机一弯耦合模态；(b) 相机二弯耦合模态；(c) 相机呼吸耦合模态。

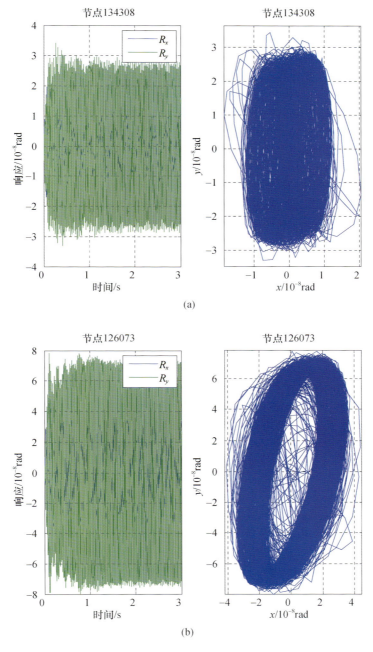

图 4-23 无隔振状态响应
(a) 主镜;(b) 次镜。

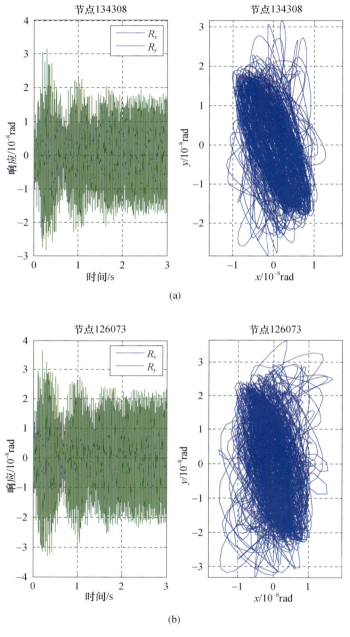

图 4-24 隔振状态响应

(a) 主镜；(b) 次镜。

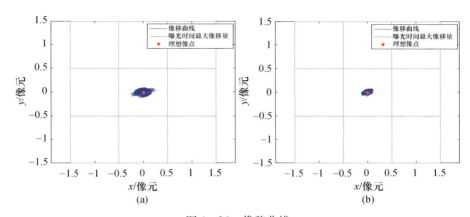

图 4-26 像移曲线
(a)无隔振状态;(b)隔振状态。

(a)

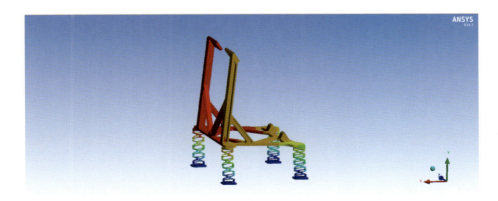

(b)

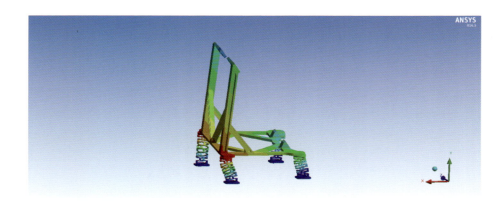

(c)

图 6-18　第 4 阶至第 6 阶振型

(a)第 4 阶；(b)第 5 阶；(c)第 6 阶。

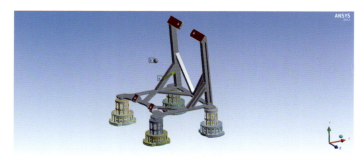

图 6-22　与集中载荷关联的作用面(图中红色区域)

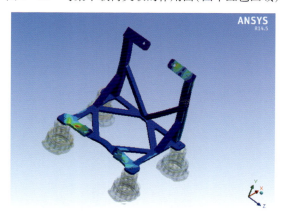

图 6-24　支架的应力云图

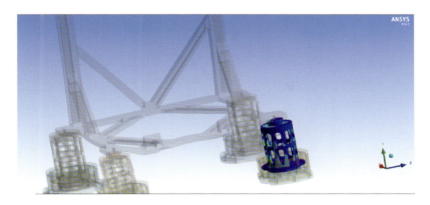

图 6-25 外壳的应力云图

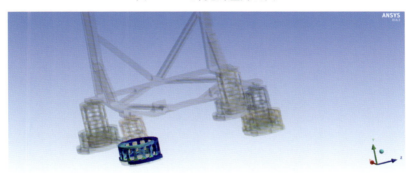

图 6-26 套筒的应力云图

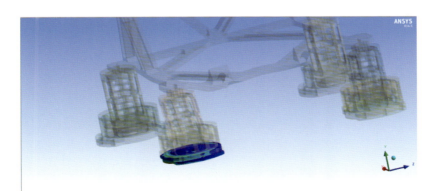

图 6-27 底板的应力云图

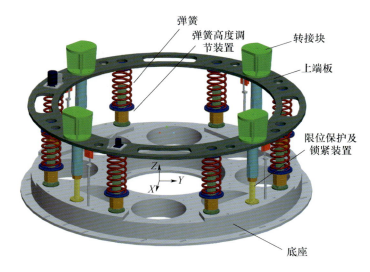

图 8-4 支撑式自由边界条件模拟装置示意图

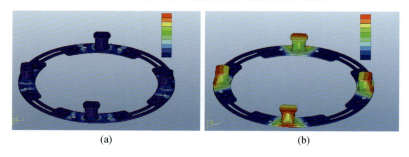

图 8-12 静载强度分析结果
(a)试验工况最大应力;(b)试验工况最大变形。

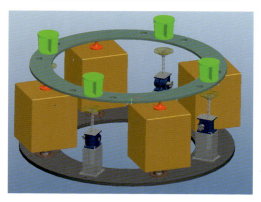

图 8-13 近零刚度边界系统原理示意图

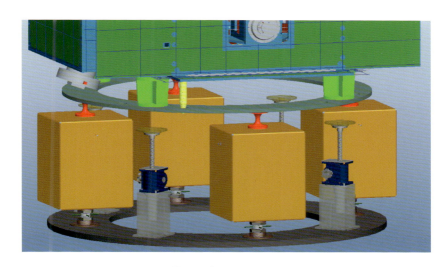

图 8-14　模拟平台与卫星连接状态示意图

图 8-15　零刚度弹簧外观

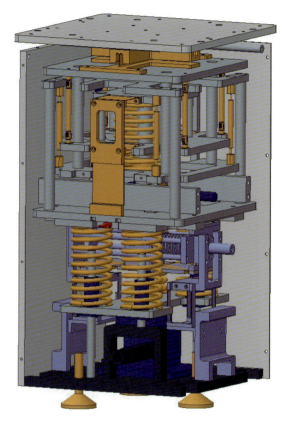

图 8-16　零刚度弹簧内部结构

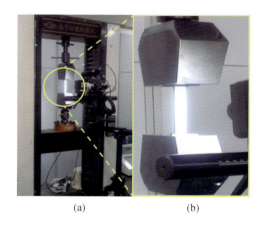

(a)　　　　　　　　(b)

图 8-23　钛合金试件拉伸试验

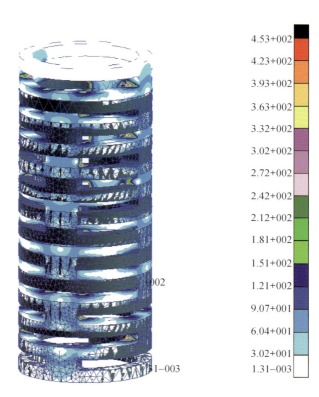

图 8-25 轴向施加 5mm 位移约束的应力分布

图 8-26 横向施加 5mm 位移约束的应力分布

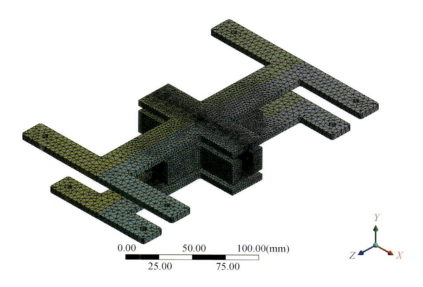

图 8-29 挠性铰有限元模型

图 8-30 光斑位置敏感器器件实物图

图 8-34 反射镜和漫反射纸粘贴示意图

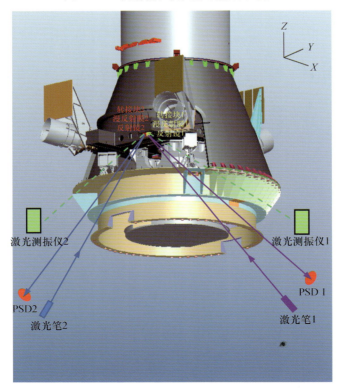

图 8-35 高精度角位移测量系统示意图